Table des matières

Faire face à l'urgence par l'histoire. Enjeux et perspectives de recherche sur les pollutions en Suisse

Nicolas Chachereau, Alexandre Elsig, Sabine Pitteloud, Tiphaine Robert

En 2022, l'environnement occupait la première place du baromètre des préoccupations de la population suisse.[1] La même année, le Conseil fédéral notait avec inquiétude le dépassement, à l'échelle internationale, de quatre limites planétaires concernant le climat, la biodiversité, la déforestation et les excédents de phosphore et d'azote, tout en relevant la responsabilité du pays dans cette dynamique en raison de son importante consommation de ressources.[2] Le rapport faisait alors la liste des effets délétères avec lesquels il faudrait compter: «dommages aux infrastructures, dépenses de santé, décès prématurés, rendements agricoles affaiblis ou pertes économiques imputables aux catastrophes naturelles».[3] En outre, il notait que, passé un certain seuil, certains écosystèmes entiers pourraient basculer, entraînant des extinctions massives et des dégâts à la société dans des «proportions imprévisibles».[4]

Outre ces changements qui se manifestent à l'échelle globale, la Suisse est également touchée par des problèmes sérieux de pollution sur son sol, qui affectent de manière très concrète la santé de sa population et la qualité de son environnement. Chaque année, 14 000 tonnes de macro et microplastiques se retrouvent dans la nature, principalement en raison de l'usure des pneus (8 900 tonnes) et du littering (2 700 tonnes).[5] De récentes études

---

1 GFS, Baromètre des préoccupations 2022, sur mandat du Crédit Suisse, 23.11.2022, https://www.gfsbern.ch/fr/news/barometre-des-preoccupations-du-credit-suisse-2022/#:~:text=L'environnement%20est%20d%C3%A9sormais%20la,parmi%20les%20dix%20principales%20pr%C3%A9occupations (29.1.2024).

2 Rapport du Conseil fédéral, Environnement Suisse 2022, p. 25. https://www.fedlex.admin.ch/filestore/fedlex.data.admin.ch/eli/fgae/2022/5/fr/pdf-a/fedlex-data-admin-ch-eli-fgae-2022-5-fr-pdf-a.pdf (29.1.2024).

3 *Ibid.*, p. 27.

4 *Idem.*

5 Rapport du Conseil fédéral donnant suite aux Postulats Thorens Goumaz; Munz; Flach; Groupe PDC, Matières plastiques dans l'environnement, 23.9.2022, p. 17–18. «Un

ont dévoilé que les substances per- et polyfluoroalkylées (PFAS), qualifiées de polluants éternels, sont non seulement présentes dans des quantités inquiétantes sur 130 sites en Suisse, mais qu'on les retrouve aussi dans une panoplie de biens de consommation courants, allant de nos vêtements à notre fil dentaire, en passant par le fart des skis et les poêles en Téflon.[6] Même les problèmes traités par les autorités politiques depuis plus d'un siècle, comme la pollution de l'air, semblent loin d'être résolus. Selon l'Office fédéral du développement territorial, les poussières fines que l'on retrouve dans l'atmosphère sont annuellement responsables de 2300 décès prématurés et de près de 7 milliards de dépenses de santé.[7]

Dressé ainsi, le tableau apparaît sombre. Il appelle à un engagement renouvelé de la communauté scientifique dans son ensemble, y compris des historiennes et historiens. C'est ce constat d'urgence qui est à l'origine de ce numéro thématique d'Itinera. Au vu des effets néfastes des multiples crises écologiques, il semble en effet nécessaire de comprendre quels mécanismes ont généré des formes d'inaction et d'inertie politique, alors même que les discours ne cessaient de «verdir».

Ce regard critique assumé a ses vertus, puisqu'il amène à se détacher d'une vision lénifiante et linéaire de l'histoire, selon laquelle l'humain apprend de ses erreurs et la qualité de l'environnement s'améliore à mesure d'avancées législatives. Le fait que la Suisse ait pu être pionnière dans certains domaines en matière de régulation environnementale et plutôt «bonne élève» en comparaison internationale a probablement contribué à un manque de problématisation de ces enjeux dans une perspective historique. L'impression d'une situation qui va en s'améliorant a vraisemblablement été aussi renforcée par l'invisibilisation de certains phénomènes par leur externalisation,

rapport épingle la Suisse en matière de lutte contre les déchets plastiques», RTS, 29.11.2023, https://www.rts.ch/info/suisse/13686354-un-rapport-epingle-la-suisse-en-matiere-de-lutte-contre-les-dechets-plastiques.html (12.1.2024).

6 Interview de Nathalie Chèvre, écotoxicologue à l'Université de Lausanne, dans le cadre du Forever Pollution Project, Heidi.news, 3.3.2023, https://www.heidi.news/sante/polluants-eternels-tous-les-suisses-sont-contamines-aux-pfas (29.1.2024).

7 Office fédéral de l'environnement, Effets de la pollution atmosphérique sur la santé, https://www.bafu.admin.ch/bafu/fr/home/themes/air/info-specialistes/effets-de-la-pollution-atmospherique/effets-de-la-pollution-atmospherique-sur-la-sante.html (12.1.2024).

comme lorsque des productions polluantes ont été délocalisées dans les pays du Sud ou lorsque des déchets toxiques ont été exportés hors des frontières nationales.[8] Or, si de la même réalité nous considérons plutôt le verre à moitié vide qu'à moitié plein, cela nous incite à mettre l'accent sur les échecs et les blocages et à considérer comment la tolérance à certains poisons se construit socialement, quand elle n'est pas légalisée juridiquement et imposée politiquement.[9] Prendre acte des graves problèmes environnementaux et climatiques qui se posent nous pousse aussi à identifier sérieusement les acteurs à l'origine de l'obstruction politique et qui ont profité du statu quo. Tout en restant fidèle aux faits et aux impératifs scientifiques, prendre conscience de l'intérêt de la recherche historique pour le débat politique a alors toute sa pertinence pour apporter un regard novateur sur les trajectoires historiques de la régulation environnementale.[10] En outre, ces «savoirs agissants»[11] sont au moins à même de réduire un sentiment de découragement et d'impuissance.

Si beaucoup reste à faire, ce numéro ne sort pas d'un néant historiographique. Il doit beaucoup à des chercheurs et chercheuses suisses qui ont posé de premiers jalons et ouvert la voie dans l'étude des régulations politiques des pollutions. Il puise également son inspiration dans un renouveau historiographique international, où d'importantes contributions invitent à repolitiser l'histoire environnementale, à replacer la question des pollutions

8 En 2022, le Conseil fédéral estimait que deux tiers de l'empreinte environnementale de la Suisse était engendrés par des activités hors des frontières nationales. Outre les pollutions issues des sites de production d'entreprises helvétiques délocalisés à l'étranger, d'autres impacts invisibles sur l'environnement découlant directement de la prospérité matérielle des Suisses et de ses entreprises sont à prendre en compte: hub du commerce international de matières premières, le secteur financier et ses investissements dans les énergies fossiles ou encore les accords commerciaux internationaux. Voir: Rapport du Conseil fédéral, Environnement Suisse, p. 25–35.

9 Nathalie Jas, Soraya Boudia, Gouverner un monde toxique, Paris 2019.

10 David Motadel, The Political Role of the Historian, in: Contemporary European History 32/1 (2023), p. 38–39.

11 Adeline Grand-Clément [et al.], Ce que les ravages écologiques font aux disciplines scientifiques. Pour une histoire impliquée, in: Les Cahiers de Framespa. e-STORIA 40 (2022). https://doi.org/10.4000/framespa.13269 (12.1.2024).

et de leur régulation dans les dynamiques politiques et économiques, notamment celles du capitalisme, et à questionner les mécanismes d'obstruction et de gouvernement des critiques. Dans les lignes qui suivent, nous revenons sur les fondements historiographiques sur lesquels s'appuient les articles de ce numéro. Nous soulignons également comment les développements historiographiques à l'international peuvent aider à renouveler les programmes de recherche.

Une historiographie des pollutions

L'étude des pollutions n'était pas au centre des préoccupations des précurseurs de l'histoire environnementale qui émerge aux États-Unis dans les années 1970. Fortement militant et américano-centré, ce courant était principalement axé sur l'histoire de la conservation de la nature. Son récit très décliniste a toutefois rapidement pris en considération les dégâts de l'industrialisation et du colonialisme sur la nature.[12] À partir des années 1980, les pollutions sont saisies comme objet d'investigation propre principalement par deux champs historiographiques: l'histoire urbaine et l'histoire des sciences et des techniques. Aux États-Unis, les travaux portent notamment sur le métabolisme urbain, les flux de matière et la gestion des déchets, ainsi que sur les interactions entre environnement «construit» et environnement «naturel».[13] Cette première approche a été complétée par des réflexions en sociologie portant sur la justice environnementale, montrant les inégalités d'exposition aux substances toxiques selon les classes sociales et les catégories

12 Jean Baptiste Fressoz [et al.], Introduction à l'histoire environnementale, Paris 2014. Grégory Quenet, Qu'est-ce que l'histoire environnementale?, Seyssel 2014.

13 Martin V. Melosi, Garbage in the Cities: Refuse, Reform, and the Environment, 1880–1980, College Station 1981; Joel A. Tarr, The Search for the Ultimate Sink: Urban Pollution in Historical Perspective, Akron 1996. Voir aussi l'ouvrage, devenu une référence, de William Cronon, Nature's Metropolis. Chicago and the Great West, New York / London 1990.

ethniques.[14] En Europe, sans renoncer à l'approche urbaine,[15] la problématique des pollutions a été abordée de façon prépondérante par l'histoire des sciences et des techniques et l'histoire de l'industrie avant que les premiers réseaux qui se structurent autour de l'histoire environnementale ne s'emparent de cet objet, à l'instar de ce qui se passe aussi sur d'autres continents.[16] Au cours des années 2000, plusieurs tentatives d'écrire une histoire environnementale mondiale ont mis la question des pollutions au centre de leur focale. Dans son ouvrage phare, *Something New Under the Sun*, John McNeil détaille les causes et les conséquences de plusieurs fléaux, des pluies acides au déclin de la biodiversité en passant par les catastrophes nucléaires. L'historien décrit alors le 20e siècle comme une réelle rupture en raison de

14 Robert D. Bullard, Dumping in Dixie. Race, Class, and Environmental Quality, Boulder 2000; Geneviève Massard-Guilbaud, Richard Rodger (éds), Environmental and Social Justice in the City, Cambridge 2011; Renaud Bécot, Stéphane Frioux, Anne Marchand, Santé et environnement. Les traces d'une relation à haut risque, in: Écologie & Politique 58 (2019), p. 9–20.

15 Peter Brimblecombe, The Big Smoke. A History of Air Pollution in London Since Medieval Times, London / New York 1987; Voir aussi les travaux de Sabine Barles sur le métabolisme urbain et les déchets: Sabine Barles, L'invention des déchets urbains: France 1790–1970, Seyssel 2005; Écologie territoriale et métabolisme urbain: quelques enjeux de la transition socioécologique, in: Revue d'Économie Régionale & Urbaine 5 (2017), p. 819–836.

16 Franz-Josef Brüggemeier, Das unendliche Meer der Lüfte. Luftverschmutzung, Industrialisierung und Risikodebatten im 19. Jahrhundert, Essen, 1996; Christoph Bernhardt, Geneviève Massard-Guilbaud (éds), Le démon moderne. La pollution dans les sociétés urbaines et industrielles d'Europe, Clermont-Ferrand 2002; Frank Uekötter, Von der Rauchplage zur ökologischen Revolution. Eine Geschichte der Luftverschmutzung in Deutschland und den USA, 1880–1970, Essen 2003; Peter Thorsheim, Inventing Pollution. Coal, Smoke, and Culture in Britain Since 1800, Athens 2006; Frank Uekötter, The Age of Smoke: Environmental Policy in Germany and the United States, 1880–1970, Pittsburgh 2009; Salvatore Adorno, Simone Neri Serneri (éds), Industria, ambiente e territorio. Per una storia ambientale delle aree industriali in Italia, Bologna 2009; Geneviève Massard-Guilbaud, Histoire de la pollution industrielle: France, 1789–1914, Paris 2010; Thomas Le Roux, Le laboratoire des pollutions industrielles: Paris, 1770–1830, Paris 2011. Pour une synthèse globale: François Jarrige, Thomas Le Roux, La contamination du monde. Une histoire des pollutions à l'âge industriel, Paris 2017.

l'établissement de l'hégémonie des énergies fossiles et de ses dérivés (automobiles et plastique), de l'urbanisation et du dogme de la croissance économique et du productivisme.[17]

En Suisse, la production historiographique sur les enjeux de la pollution a suivi une trajectoire distincte des pays voisins. L'histoire environnementale a pourtant connu un développement pionnier dès les années 1980, notamment grâce aux apports de Christian Pfister et de François Walter. Dès les années 1970, Christian Pfister, à l'Université de Berne, avait porté son intérêt sur les relations entretenues par les sociétés humaines avec leur environnement naturel, en s'intéressant dans sa thèse de doctorat aux relations entre la conjoncture agricole et les phénomènes climatiques et météorologiques.[18] Quant à François Walter, nommé professeur à l'Université de Genève en 1986, il commence dès ce moment à s'intéresser à l'histoire des représentations de la nature. Tous deux participent en novembre 1987 à la réunion annuelle que la Société suisse d'histoire économique et sociale consacre à la thématique de «l'environnement comme problème des sciences historiques et économiques».[19] L'ouvrage publié par Walter en 1990, *Les Suisses et l'environnement. Une histoire du rapport à la nature du XVIIIe siècle à nos jours* (traduit en allemand en 1996) rencontre un écho important. Comme le suggère son sous-titre, ce travail précoce met l'accent sur une «histoire du rapport à la nature», sur le changement des idéologies et des imaginaires de la nature. Il contient également des indications importantes sur la réalité des pollutions et sur les groupes organisés qui en portaient la critique.[20] Dans les années 1990, l'histoire environnementale a assurément le vent en poupe en Suisse. En témoignent les nombreux mémoires de licence qui abordent la question des mobilisations environnementales autour de controverses com-

---

17 John Robert McNeil, Something New under the Sun. An Environmental History of the Twentieth-Century World, New York 2001.

18 Daniel Krämer, Stephanie Summermatter, Nachhaltige Geschichte – eine Einleitung, in: André Kirchhoffer, Daniel Krämer, Christoph Maria Merki [et al.] (éds), Nachhaltige Geschichte. Festschrift für Christian Pfister, Zürich 2009, p. 9–18.

19 Umwelt als Problem der Wirtschafts- und Geschichtswissenschaften / Histoire écologique, Société suisse d'histoire économique et sociale 6/6 (1988).

20 François Walter, Les Suisses et l'environnement. Une histoire du rapport à la nature du XVIIIe siècle à nos jours, Genève 1990.

me la construction des autoroutes, le nucléaire ou la mort des forêts.[21] Christian Pfister développe quant à lui le concept diffusé bien au-delà de la Suisse du «syndrome des années 1950» pour décrire une rupture écologique provoquée par une consommation énergétique fortement accrue, qui découlerait principalement du coût bon marché du pétrole.[22] Un intérêt pour l'histoire environnementale se manifeste également à Bâle, notamment par l'organisation d'une *Ringvorlesung*,[23] puis d'une exposition sur les relations entre l'humain et l'environnement dans la région.[24] L'attention s'y porte plus qu'ailleurs sur les pollutions, stimulant entre la fin des années 1980 et le début des années 2000 une série de travaux sur l'industrie chimique locale.[25]

---

21 Damir Skenderovic, Die Schweizerische Umweltschutzbewegung in den 1950er und 1960er Jahren, Opposition und Aktion, Freiburg 1992; Bernard Gutknecht, Der veränderte Fundamentalismus bei Oppositionsbewegungen. Wahrnehmungen des Nationalstrassenbaus in der Schweiz (1960–1986), Freiburg 1990; Lorenz Kummer, Erfolgschancen der Umweltbewegung. Eine empirische Untersuchung anhand von kantonalen politischen Entscheidprozessen, Bern 1994; Patrick Kupper, Abschied vom Wachstum und Fortschritt: Die Umweltbewegung und die zivile Nutzung der Atomenergie in der Schweiz (1960–1975), Zurich 1997; Vincenz Curdin, Das Waldsterben: Karriere eines Politikums. Eine historische Fallstudie zur Wahrnehmung und Bewältigung von Umweltgefährdungen in der Schweiz, Bern 1997.

22 Christian Pfister (éd.), Das 1950er Syndrom. Der Weg in die Konsumgesellschaft, Bern 1995.

23 Christian Simon, Umwelt und Geschichte. Eine Basler Forschungsaufgabe, in: Basler Stadtbuch 1992, 113 (1993), p. 241–246.

24 Arne Andersen (éd.), Perlon, Petticoats und Pestizide. Mensch-Umwelt-Beziehung in der Region Basel der 50er Jahre, Basel 1994.

25 Notamment: Martin Meier, Umweltverschmutzung am Beispiel der frühen Basler Anilinfarbenindustrie (1859–1873). Wahrnehmung und Reaktion von Fabrikanten, Behörden und betroffener Bevölkerung, Lizentiatsarbeit Basel 1988; Anthony S. Travis, Poisoned Groundwater and Contaminated Soil. The Tribulations and Trial of the First Major Manufacturer of Aniline Dyes in Basel, in: Environmental History 2/3 (1997), p. 343–365; Christian Simon, DDT. Kulturgeschichte einer chemischen Verbindung, Basel 1999; Martin Forter, Farbenspiel. Ein Jahrhundert Umweltnutzung durch die Basler chemische Industrie, Zürich 2000; Nicole Schaad, Chemische Stoffe, giftige Körper. Gesundheitsrisiken in der Basler Chemie, 1860–1930, Zürich 2003; Martin Forter, Falsches Spiel. Die Umweltsünden der Basler Chemie vor und nach «Schweizerhalle», Zürich 2010.

Sans doute faut-il y voir une conséquence de l'agitation causée par l'incendie d'un entrepôt de produits chimiques à Schweizerhalle près de Bâle en 1986, qui avait provoqué une importante pollution du Rhin.

Ce premier «moment» de l'histoire environnementale en Suisse – du moins est-ce ainsi qu'il apparaît rétrospectivement – n'est toutefois pas reçu sans ambiguïtés. Certains y voient un champ trop peu théorisé, ayant en particulier manqué le *cultural turn* et le *linguistic turn*.[26] En réalité, l'histoire environnementale pratiquée en Suisse s'inscrit tendanciellement dans une approche culturelle, comme le montre d'ailleurs le choix de traiter ce champ avec l'histoire culturelle dans la série de numéros historiographiques publiés par la revue *traverse* entre 2010 et 2013.[27] Si la question des pollutions et de leur régulation n'est pas totalement délaissée, comme le montrent les travaux d'Ueli Haefeli qui font toujours référence,[28] elle ne suscite pas un engagement significatif et renouvelé au-delà du début des années 2000. Christian Pfister, sans abandonner le concept de syndrome des années 1950 et un regard englobant de l'histoire environnementale, consacre principalement ses recherches à une histoire des catastrophes naturelles et des variations clima-

26 Thomas Hildbrand, Jacqueline Milliet, Albert Schnyder, Umweltgeschichte. Eine Geschichte neben dem Menschen?, in: traverse. Zeitschrift für Geschichte 4/2 (1997), p. 7–9. Monika Kalt, Jan Hodel, Umweltgeschichte – revisited, in: traverse. Zeitschrift für Geschichte 4/2 (1997), p. 13–30.

27 Christian Rohr, Chantal Camenisch, Daniel Krämer, Umweltgeschichtsforschung in der Schweiz und ihr Beitrag zur Kulturgeschichte, in: traverse. Zeitschrift für Geschichte, 19/1 (2012), p. 193–211.

28 Ueli Haefeli, Christian Pfister et Christoph von Arb, Lufthygieneforschung im Spannungsfeld zwischen wissenschaftlicher Kontinuität und gesellschaftspolitischen Forderungen, Bern 1990; Ueli Haefeli, Der lange Weg zum Umweltschutzgesetz. Die Antwort des politischen Systems auf das neue gesellschaftliche Leitbild «Umweltschutz», in: Mario König [et al.] (éds), Dynamisierung und Umbau. Die Schweiz in den 60er und 70er Jahren, Zürich 1998, p. 241–249; Ueli Haefeli, Luftreinhaltepolitik im Strassenverkehr in den USA, in Deutschland und in der Schweiz. Ein Vergleich der Entwicklung nach 1945, in: traverse. Zeitschrift für Geschichte, 6/2 (1999), p. 171–191. Cf. aussi David Gugerli, «Wir wollen nicht im Trüben fischen»: Gewässerschutz als Konvergenz von Bundespolitik, Expertenwissen und Sportfischerei (1950–72), in: Schweizer Ingenieur und Architekt / TEC21, 118/113 (2000), p. 281–287.

tiques.[29] Les travaux de François Walter portent quant à eux sur une histoire culturelle des paysages et, plus récemment, des saisons.[30] Ainsi, si l'histoire environnementale a continué de fleurir dans le paysage académique suisse, notamment autour des questions liées à l'espace (trans)alpin, aux forêts ou aux «communs», il est rare que les recherches portent spécifiquement sur les pollutions et leur gouvernance.

Cette question a davantage été traitée par d'autres disciplines, notamment les sciences politiques,[31] la géographie[32] ou les sciences de l'environnement.[33] Les analyses menées au sein des autres sciences sociales tendent toutefois à se concentrer sur les périodes récentes. De manière révélatrice, le chapitre consacré aux politiques environnementales dans l'édition la plus récente du *Manuel de la politique suisse* consacre cinq lignes à la période avant 1950.[34] Globalement, la littérature évoque peu les tentatives de régula-

29 Christian Pfister, Wetternachhersage. 500 Jahre Klimavariationen und Naturkatastrophen (1496–1995), Bern 1999; Christian Pfister (Hg.), Am Tag danach. Zur Bewältigung von Naturkatastrophen in der Schweiz 1500–2000, Bern 2002; Stefan Brönnimann [et al.], 1868 – Les inondations qui changèrent la Suisse. Causes, conséquences et leçons pour le futur, Berne 2018. En ligne: https://boris.unibe.ch/120883/1/hochwasser1868eA4_fr.pdf (5.2.2023).

30 François Walter, Les figures paysagères de la nation. Territoire et paysage en Europe (16e–20e siècle), Paris 2004.

31 Peter Knoepfel [et al.], Analyse des politiques suisses de l'environnement. Somedia Buchverlag, 2010; Werner Bussmann, Gewässerschutz und kooperativer Föderalismus in der Schweiz, Bern / Stuttgart 1980; Johannes Max Zürcher, Umweltschutz als Politikum, Bern 1978; Karin Ingold [et al.], Umweltpolitik der Schweiz. Ein Lehrbuch, Zürich 2016.

32 Elodie Charrière, Les immersions de munitions dans les lacs suisses et français (1919–aujourd'hui), de l'oubli à un statu quo évolutif, Bruxelles 2023. Voir aussi les travaux de Martin Forter précédemment cités.

33 Michael Breu [et al.], Bleibenzin – eine schwere Geschichte. Die Geschichte der Benzinverbleiung aus der Sicht der Politik, des Rechts, der Wirtschaft und der Ökologie, München 2002.

34 Karin Ingold, Stéphane Nahrath, Politiques environnementales et d'aménagement du territoire, in: Yannis Papadopoulos [et al.] (dir.), Manuel de la politique suisse, Zurich 2022, p. 835–856.

tion qui ont précédé les années 1970, considérant qu'il n'existe pas avant cette date de «sous-système de politiques environnementales cohérent».[35]

Dans l'ensemble, le constat formulé dans le bilan historiographique de *traverse* en 2012 reste valable: «eine umfassende historische Aufarbeitung des Themas Umweltverschmutzung in der Schweiz steht noch aus».[36] Des signes récents indiquent toutefois un renouveau de l'intérêt pour ces questions.[37] L'ouvrage récent édité par Harald Mieg et Ueli Haefeli, et soutenu par l'Office fédéral de l'environnement, témoigne d'un fort intérêt pour la recherche et la vulgarisation de ces questions en offrant un recueil interdisciplinaire combinant rétrospective historique et perspectives de praticiens sur la régulation des pollutions. En avant-propos, l'OFEV formule son souhait de voir ce livre «trouver des lectrices et lecteurs non seulement intéressés, mais aussi critiques, et espère qu'il aiguisera le regard sur l'évolution de la politique environnementale tant dans la pratique que dans les établissements d'enseignement et de recherche.»[38] Ce cahier d'Itinera entend participer à cet intérêt renouvelé et espère fournir une impulsion à de nouvelles recherches.

35 *Ibid.*, p. 840.

36 Rohr, Camenish, Krämer, Umweltgeschichtsforschung in der Schweiz, p. 202.

37 Coralie Neurohr, Le scandale du fluor en Valais, in: Annales valaisannes. Bulletin trimestriel de la Société d'histoire du Valais romand (2015), p. 43–89; Coralie Fournier-Neurohr, Le scandale du fluor en Valais (1975–1983), in: Malik Mazbouri, François Vallotton (éds), Scandale et histoire, Lausanne 2016, p. 181–197; Lukas Emmenegger, Die Verwendung von Radiumleuchtfarbe in der Schweizer Uhrenindustrie (1907–1963). Historischer Bericht im Auftrag des Bundesamtes für Gesundheit, Masterarbeit, Bern 2018; Alexandre Elsig, Quand la frontière est polluée. Protéger les eaux du lac Léman entre France et Suisse (1950–1980), in: Histoire des Alpes 23 (2018), p. 239–258. Claudia Aufdermauer, Vergiftete Schweiz. Eine andere Geschichte der Industrialisierung, Zürich 2024. Mattias Näsman et Sabine Pitteloud, The Power and Limits of Expertise: Swiss–Swedish Linking of Vehicle Emission Standards in the 1970s and 1980s, in: Business and Politics 24/3 (2022), p. 241–260; Tiphaine Robert, Political Acceptance of Dangerous Technology: The Example of Leaded Petrol through the Case Study of Switzerland (1921–1970), in: Environment and History, Ahead of Print, doi: 10.3828/whp.eh.63830915903593.

38 Thomas Göttin, Chef de la Division Communication de l'OFEV, Avant-propos, in: Harald A. Mieg et Ueli Haefeli (éds), La politique environnementale en Suisse: de la police des forêts aux écobilans. Berne 2020, p. 8.

La suite de cette introduction souligne les questions qui nous semblent particulièrement pertinentes de ce point de vue.

Acteurs, temporalités, espaces

Poser historiquement la question des pollutions, c'est à nos yeux poser celle de leur politique, c'est-à-dire de leur prise en compte ou non, des tentatives plus ou moins réussies de prévenir ou de réagir à leurs conséquences négatives. Certaines des interrogations classiques à l'égard des politiques publiques n'ont rien perdu de leur pertinence et les questionnements historiques peuvent s'inspirer des modèles théoriques de science politique, sans les appliquer de manière rigide ni à l'inverse chercher absolument à les renouveler. Il s'agit d'interroger en amont la fabrique de la décision politique, qu'il s'agisse de lois et règlements à valeur générale, ou de normes, autorisations ou interdictions concernant une situation spécifique, et de comprendre pourquoi et comment certains objets sont mis à l'agenda à un moment précis alors que d'autres sont ou restent invisibilisés. En aval, il s'agit de tenir compte du hiatus entre la règle et sa mise en œuvre, et autant que possible de l'étudier comme deuxième moment important, où se révèlent des rapports sociaux structurants. En effet, à l'examen, il convient parfois de classer une nouvelle régulation parmi les échecs et les atermoiements qui nous intéressent. Ainsi en est-il de la loi valaisanne de 1924 étudiée par Samuel Beroud: pionnière sur le papier dans sa volonté de protéger conjointement la santé humaine, celle des animaux et les cultures de toute émanation industrielle nocive, elle n'a pas eu l'effet espéré par ses initiateurs. Les milieux agricoles ont continué à dénoncer les méfaits des grandes usines électrochimiques sur leurs cultures pendant de nombreuses années, comme en témoigne notamment la «guerre du fluor» qui éclate pendant la Première Guerre mondiale et connaît son épilogue, si l'on écarte la problématique de la pollution des sols, au début des années 1980.

Ce cahier d'Itinera propose cependant de ne pas prendre systématiquement comme focale d'analyse les lois ou ordonnances jugées fondatrices, telles la première loi fédérale sur la protection des eaux de 1955 ou la loi fédérale sur la protection de l'environnement de 1983. Une telle approche institutionnelle et sectorielle de la régulation des pollutions (eau, air, sols, alimentation, hygiène industrielle, santé publique) mérite d'être complétée par la prise en compte de régulations plus ponctuelles. Des arrêtés, des décisions judiciaires, des normes techniques sous forme de recommandations, des règlements à l'amiable avec indemnisations au cours de conflits locaux sont autant de façon de négocier, encadrer ou encore de refuser un «droit à polluer».[39] Il est d'autant plus important de s'en souvenir que les phénomènes toxiques débordent constamment les frontières réglementaires dans lesquelles les autorités tentent de les contenir.[40] En outre, certaines améliorations sectorielles peuvent avoir des conséquences négatives sur d'autres espaces, comme le montre l'exemple de la protection des eaux, sur laquelle se focalisent longtemps les politiques publiques dans la première moitié du 20e siècle. Une fois que les rejets industriels ne peuvent plus se faire dans les eaux de surface, ce sont les sols, par le biais des décharges, qui deviennent leur «ultimate sink», pour reprendre une expression de Joel Tarr, et qui voient leur qualité se péjorer.[41]

Au sein de ce recueil de contributions, trois dimensions nous semblent mériter une attention particulière: les actrices et les acteurs; les temporalités; les espaces. Premièrement, les contributions réunies dans ce cahier placent au cœur de leur récit les actrices et acteurs impliqués dans les processus qui mènent à une régulation des pollutions ou, au contraire, qui la freinent. Comme historiennes et historiens, il nous semblerait malvenu d'en rester à présenter la régulation des pollutions comme le résultat de la volonté d'autorités publiques soucieuses d'un intérêt général allant de soi, voire de celle d'un «législateur» monolithique et abstrait – sans tomber pour autant dans un schéma manichéen opposant des mouvements sociaux ou des

39 Pour un appel à compléter l'étude des régulations par celle des conflits, voir: Thomas Le Roux, Michel Letté (éds), Débordements industriels. Environnement, territoire et conflit (XVIIIe–XXIe siècle), Rennes 2013.

40 *Ibid.*; Soraya Boudia [et al.], Residues. Thinking Through Chemical Environments, New Brunswick 2022.

41 Tarr, The Search for the Ultimate Sink. Sur la question de la gestion des déchets ménagers et industriels, voir aussi: José Ribeaud, Maudite décharge: histoire d'un site contaminé et de son assainissement à la frontière franco-suisse, Neuchâtel 2015; Matthias Nast, Die stummen Verkäufer: Lebensmittelverpackungen im Zeitalter der Konsumgesellschaft, Bern 1997.

lanceurs d'alerte héroïques à des alliances corruptrices entre capital et État. En somme, nous proposons d'étudier les configurations complexes d'actrices et d'acteurs divers et aux motivations changeantes.

Les temporalités constituent une deuxième thématique d'importance. Tout d'abord, si les intoxications aiguës retiennent l'attention à cause de leur caractère spectaculaire, l'ordinaire de la toxicité tient bien plus à l'accumulation chronique de doses infimes de substances dites CMR (cancérogènes, mutagènes, reprotoxiques) dans les sédiments, les sols ou les corps, ouvrant tout un temps de latence entre le moment de libération des substances toxiques et la mise à jour ou l'étude de l'ampleur des dégâts occasionnés. Aujourd'hui, les affaires récurrentes de «découvertes» de pollutions des sols (PFAS près des stands d'exercice de sapeurs-pompiers, dioxine près des incinérateurs d'ordure comme celui du Vallon à Lausanne...), des eaux (le fongicide Chlorothalonil se trouvant dans des nappes phréatiques) ou des bâtiments (la fibre d'amiante omniprésente dans le bâti des Trente Glorieuses) amènent, selon le principe du pollueur-payeur, à déterminer les responsabilités historiques. Ces contaminations remontent parfois à un siècle, comme dans le cas du mercure déversé par la Lonza dans les eaux du Rhône. Dans ces controverses médiatiques et juridiques, l'histoire peut être prise à partie, à charge ou à décharge par les différents actrices et acteurs. Pour le dire très schématiquement, les pollueurs auront tendance à insister sur l'incertitude qui régnait dans le passé quant à la toxicité des produits. Au contraire, les médias ou les associations écologistes montreront plutôt comment les alertes ont été minorées et comment l'on a ignoré ce que l'on savait, pour reprendre le titre d'un ouvrage de Jean-Noël Jouzel consacré aux pesticides.[42] Il n'est alors pas rare que des historiennes ou historiens soient amenés à réaliser des mandats de recherche sur ces affaires pour le compte des autorités, posant ainsi la question de l'hétéronomie des problématiques historiques dans ce type de recherche «embarquée».[43]

42 Jean-Noël Jouzel, Pesticides. Comment ignorer ce que l'on sait, Paris 2019.

43 Sur ce sujet, nous nous permettons de renvoyer à: Alexandre Elsig, Une histoire «serve» de l'environnement? Retour sur une expérience de recherche liée au cas d'une décharge polluée par des PCB en Suisse, in: Stéphane Frioux, Renaud Bécot (éds), Écrire l'histoire environnementale au XXIe siècle. Sources, méthodes et pratiques, Rennes 2022, p. 317–329.

À ces temporalités complexes des pollutions s'ajoutent des interrogations sur les périodisations classiques dans l'historiographie. La recherche a plaidé ces dernières années pour une émancipation de l'idée d'un tournant des années 1970, d'une «prise de conscience» des conséquences environnementales des actions humaines qui permettrait l'adoption de mesures enfin efficaces de protection de l'environnement.[44] Assurément, les contributions de ce cahier d'Itinera thématisent elles aussi les discussions et même l'adoption de mesures visant à lutter contre les pollutions avant la fameuse décennie 1970, généralement retenue comme un point d'inflexion fondamental dans les discours communs mais également dans la recherche historique. Cette décennie constitue indéniablement un tournant à plusieurs égards: discursif, puisqu'elle a vu l'introduction dans le discours public de la notion d'«environnement» ou d'*Umwelt*; social, avec l'émergence à l'échelle mondiale de mobilisations d'une ampleur nouvelle qui mèneront à la naissance de l'écologie politique; institutionnel, avec la création d'agences de l'environnement dans de nombreux pays. Bien des phénomènes majeurs ont pourtant des racines historiques plus profondes. Comme le rappellent certaines contributions de ce numéro, les pollutions ont un caractère politique bien avant le 20e siècle, au double sens qu'elles font débat et qu'on en appelle au pouvoir étatique pour trancher les conflits qu'elles créent. Ainsi, ce numéro suggère de ne pas étudier la régulation des pollutions seulement depuis l'émergence d'un discours clairement identifiable sur l'environnement, mais de s'intéresser à l'ère industrielle dans son ensemble, tant il est clair que l'industrialisation des sociétés occidentales a joué un rôle fondamental dans l'accroissement de rejets toxiques touchant la vie des humains comme des non-humains. En dehors de la question du poids à accorder aux années 1970, se détacher de l'idée d'un moment-clé de prise de conscience revêt pour nous un autre sens, plus général. Une connaissance répandue des conséquences néfastes d'une substance ou d'une activité risque d'être prise pour une condition nécessaire et suffisante à l'adoption de mesures politiques efficaces. En somme, la méconnaissance précéderait la connaissance qui ouvrirait la voie à l'action. Au contraire, s'inspirant de

44 Christophe Bonneuil, Jean-Baptiste Fressoz, L'événement Anthropocène. La Terre, l'histoire et nous, Paris 2016 [2013].

l'historiographie récente, ce cahier invite à considérer des temporalités plus complexes, des «chronologie[s] chaotique[s]» et «discontinue[s]» comme Judith Rainhorn l'écrit à propos de la peinture toxique au blanc de plomb.[45] Cette thématique est particulièrement manifeste dans la contribution de Tiphaine Robert et Sabine Pitteloud: l'adjonction de plomb dans l'essence se voyant interdite en 1925, autorisée en 1947 puis interdite à nouveau en l'an 2000.

Enfin, à cette question du temps répond celle des espaces et échelles de l'analyse, troisième thématique transversale aux contributions de ce numéro. Puisqu'on ne saurait présupposer que les résultats des recherches sur un espace donné s'appliquent simplement à un autre, et qu'en outre c'est bien aux échelons nationaux et infranationaux que prend majoritairement place la régulation des pollutions, ce cahier d'Itinera se focalise sur la Suisse. Les analyses qui suivent n'en démontrent pas moins qu'elles sont conscientes que le pays n'est pas une monade et elles considèrent de façon interconnectée les différents espaces – villes, cantons, régions linguistiques et Confédération.[46] Pour l'histoire des pollutions, la Suisse est en outre un cas intéressant du fait de l'ambiguïté de son inclusion internationale, combinant forte ouverture commerciale et isolationnisme politique partiel. Des flux de produits et de dispositifs techniques aux échanges de savoirs en passant par les principes des politiques elles-mêmes, il n'y a assurément pas que les pollutions qui ne s'arrêtent pas aux frontières.

Étudier les dynamiques économiques, politiques, scientifiques et médiatiques

Considérer les interrelations complexes entre acteurs, temporalités et échelles permet de mettre en lumière les processus qui conduisent parfois à l'inertie politique et à la tolérance des pollutions. Les luttes entre acteurs aux intérêts divergents se manifestent alors dans les sphères économiques, politiques,

45 Judith Rainhorn, Blanc de plomb. Histoire d'un poison légal, Paris 2019, p. 13.

46 Pour un exemple d'histoire «au ras du sol» des politiques publiques en France, voir: Stéphane Frioux (éd.), Territoire, politique et pollutions, in: Histoire @Politique 43 (2021).

médiatiques et scientifiques. Les contributions de ce numéro, considérées conjointement et placées en dialogue avec les études participant du renouveau historiographique en Suisse et à l'étranger, permettent de faire ressortir différents mécanismes de blocage et d'obstruction.

Il y a tout d'abord le poids des relations et des contraintes économiques. Ce facteur fondamental est mis en évidence dans l'historiographie et dans les contributions de ce numéro. Quelles sont, en effet, les configurations matérielles qui ont freiné, ou au contraire favorisé, l'adoption de mesures (efficaces) de lutte contre les pollutions? Que l'on préfère ou non le terme de «capitalocène» à celui d'Anthropocène[47] – les pays du soi-disant «socialisme réel» n'ayant pas brillé par leur souci des toxicités et des écosystèmes –, force est de constater que les analyses menées sur les liens entre dégradations environnementales et logiques économiques capitalistes ont leur pertinence pour l'étude du cas suisse. Regrettant que le champ ait trop longtemps négligé la part sombre des succès commerciaux en matière environnementale,[48] l'histoire des entreprises s'est intéressée aux efforts déployés dans ce domaine par certains acteurs économiques, aboutissant à mettre en évidence la forte contrainte exercée par la nécessité de réaliser des profits et les logiques de *race to the bottom* propres au contexte de concurrence internationale.[49] Les rapports de pouvoir internes aux entreprises influencent eux aussi la régulation des toxiques. Dans l'industrie chimique suisse de la fin du 19e et du début du 20e siècle par exemple, les entreprises renvoient les ouvriers auxiliaires dès les premiers signes d'intoxication, afin de se dédouaner de toute responsabilité.[50] L'activité des hygiénistes industriels et des

47 Bonneuil, Fressoz, L'événement Anthropocène; Armel Campagne, Le capitalocène. Aux racines historiques du dérèglement climatique, Paris 2017.

48 Ann-Kristin Bergquist, Renewing Business History in the Era of the Anthropocene, in: Business History Review 93/1 (2019), p. 3–24; Franck Aggeri, Olivier Godard, Les entreprises et le développement durable, in: Entreprises et histoire 45/4 (2006), p. 6–19; Hartmut Berghoff, Adam Rome (éds), Green Capitalism? Business and the Environment in the Twentieth Century, Philadelphia 2017.

49 Geoffrey Jones, Profits and Sustainability. A History of Green Entrepreneurship, Oxford 2017. Adam Rome, Beyond Compliance. The Origins of Corporate Interest in Sustainability, in: Enterprise & Society 22/2 (2021), p. 409–437.

50 Schaad, Chemische Stoffe, giftige Körper, p. 66–67.

toxicologues au sein même des entreprises conduit également à des résultats pour le moins ambivalents, ainsi qu'à un cloisonnement entre les questions de santé au travail et de santé environnementale.[51]

Le pouvoir des entreprises se déploie en outre à l'extérieur de leurs murs, en particulier lorsque leur activité occupe une place économique considérable. Dans le cas suisse, l'historiographie a par exemple discuté l'importance de l'industrie chimique dans le tissu économique de la région bâloise ou de la firme AIAG (Alusuisse) dans le canton du Valais, où elle est l'un des principaux employeurs. On retrouve ce facteur dans les contributions de Samuel Beroud et d'Alexandre Elsig. De manière peut-être plus inattendue, l'article de Claudia Aufdermauer montre comment une activité économique déployée dans des structures plus modestes, en l'occurrence la fabrication d'allumettes dans de petites fabriques, peut également acquérir un poids régional freinant l'interdiction de l'usage d'un toxique pourtant reconnu comme tel, le phosphore blanc.

L'analyse historique ne saurait toutefois suivre les acteurs historiques dans une opposition réductrice entre environnement et économie, ou même entre environnement et emplois. La *path dependency* suscitée par l'introduction de certaines technologies et des systèmes socio-techniques qui en découlent peut également créer de similaires effets d'ornière. Sabine Pitteloud et Tiphaine Robert analysent ainsi comment la généralisation de l'adjonction de plomb dans l'essence à l'échelle internationale, et la centralité croissante de l'automobile dans les déplacements ont conduit à un «verrou» empêchant la prise en compte de ses conséquences sanitaires et environnementales. De plus, les pollutions peuvent toucher à une variété d'intérêts économiques, parfois contradictoires. Les dépendances à certaines activités influencent la régulation des pollutions mais ne mènent pas nécessairement à l'inaction politique. La contribution de Nicolas Chachereau montre ainsi comment la prise en compte des rejets de la première grande raffinerie du pays est

51 *Ibid.*, p. 178–186; Christopher C. Sellers, Hazards of the Job. From Industrial Disease to Environmental Health Science, Chapel Hill 1997; Alexandre Elsig, Marianne Enckell, Magali Pittet (éds), Pour une histoire ouvrière de l'environnement, in: Cahiers d'histoire du mouvement ouvrier, 35 (2019); Renaud Bécot, Marie Ghis Malfilatre, Anne Marchand, Introduction. Pour un décloisonnement scientifique de la santé au travail et de la santé environnementale, in: Sociétés contemporaines 121/1 (2021), p. 5–27.

favorisée par le poids des milieux économiques qu'elle concurrence. Ceux-ci tentent d'entraver le projet en insistant sur les pollutions à venir.[52] Irene Pallua, traitant quant à elle du chauffage des bâtiments, évoque notamment le dégât économique que représentent les fumées pour le tourisme, tandis que l'incitation au chauffage au bois se fait au moins autant pour soutenir la sylviculture que pour des questions environnementales et climatiques.

Il s'agit ensuite d'articuler ces facteurs économiques aux processus de décision, et en particulier au fonctionnement et aux caractéristiques du système politique. Quels groupes sociaux ont droit à la parole et lesquels pèsent davantage sur la décision? Dans une imposante synthèse mondiale de l'histoire des pollutions à l'âge industriel, François Jarrige et Thomas Le Roux ont documenté la «fabrique de l'impuissance» règlementaire, c'est-à-dire la mise en place d'un arsenal législatif toujours plus poussé dont les effets ne parviennent pas réellement à enrayer la prolifération des phénomènes polluants, malgré quelques victoires d'étape. Pour le dire simplement, ce bilan globalement négatif s'explique notamment par les asymétries de pouvoir et de savoirs entre les acteurs profitant du statu quo et celles et ceux qui luttent contre les pollutions.[53]

Les asymétries de pouvoir dépendent pour partie de la multipositionnalité de certains acteurs, ou du moins de la proximité fréquente entre élites économiques et politiques. L'historiographie française a par exemple mis en évidence le rôle de Jean-Antoine Chaptal dans la genèse en 1810 d'un décret sur les établissements industriels insalubres. Chaptal, qui promeut en tant que ministre de l'Intérieur l'édiction de ce décret, est également chimiste, industriel, et directement concerné par cette nouvelle «loi pour protéger les pollueurs», selon une expression de Jarrige et Le Roux.[54] La *business history* a de son côté documenté la très forte mobilisation patronale sur le plan

52 Cf. également le cas de plaintes contre une usine chimique à Clermont-Ferrand, motivées par la spéculation foncière plutôt que par des rejets réellement problématiques: Massard-Guilbaud, Histoire de la pollution industrielle, p. 132–143.

53 Jarrige, Le Roux, La contamination du monde, notamment p. 353–366.

54 *Ibid.*, p. 92; Sur Chaptal et le décret de 1810, cf. Thomas Le Roux, Le laboratoire des pollutions industrielles, Paris, 1770–1830, Paris 2011; Massard-Guilbaud, Histoire de la pollution industrielle, p. 26–38.

politique pour contrer les régulations contraignantes au profit d'efforts d'autorégulation de la part des entreprises.[55]

Les asymétries de savoirs, quant à elles, découlent des relations et des contraintes qui pèsent sur la science et sur l'expertise censées légitimer et guider la régulation. En particulier, la «fabrique du doute» a beaucoup retenu l'attention. Face à la menace d'une intervention politique basée sur la reconnaissance d'un danger (conséquences sanitaires du tabagisme, pluies acides, dérèglement climatique), des discours se prévalant de l'autorité scientifique sont mis en circulation afin de maintenir une situation apparente d'incertitude épistémique et ainsi réduire l'argument savant comme fondement de l'action. Les milieux industriels, en particulier, sont généralement directement impliqués, notamment financièrement, dans cette production de l'incertitude.[56] Pour toute l'encre que cette fabrique du doute a fait couler, elle n'est pourtant que l'une des modalités de l'asymétrie des savoirs. L'«agnotologie», l'étude de la fabrique de l'ignorance, a aussi mis en valeur la «science non faite», c'est-à-dire la non-investigation de questions importantes telle que la toxicité de nouveaux produits ou les effets d'interactions entre plusieurs substances. Les liens entretenus par l'industrie avec les hommes et les femmes de science peuvent également ralentir la reconnaissance de certains problèmes, avant même qu'une insistance sur l'incertitude ne devienne nécessaire.[57]

Les contributions réunies dans ce cahier d'Itinera abordent ces questions d'asymétrie de pouvoir, montrant que les dynamiques suisses ne font pas exception, tout en ayant leurs particularités. C'est peut-être dans l'article consacré à l'ajout de plomb à l'essence qu'on retrouve le plus clairement tant la fabrique de l'ignorance, déployée ici à l'échelle mondiale, que la possibilité

55 Andrew J. Hoffman, From Heresy to Dogma. An Institutional History of Corporate Environmentalism, Stanford 2001; Rome, Beyond Compliance.

56 Naomi Oreskes, Erik M. Conway, Les marchands de doute. Ou comment une poignée de scientifiques ont masqué la vérité sur des enjeux de société tels que le tabagisme et le réchauffement climatique, Paris 2012.

57 Robert Proctor, Londa L. Schiebinger (éds), Agnotology. The Making and Unmaking of Ignorance, Stanford 2008; Soraya Boudia, Emmanuel Henry (éds), Politiques de l'ignorance, Paris 2022; Gerald E. Markowitz, David Rosner, Deceit and Denial. The Deadly Politics of Industrial Pollution, Berkeley 2002.

pour les milieux économiques concernés d'influencer le processus politique. Les travaux en histoire et en science politique sur le (néo)corporatisme libéral ont depuis longtemps rappelé l'importance prise en Suisse par ces formes usuelles et institutionnelles d'intégration des organisations patronales dans la production d'expertises, l'élaboration de politiques publiques et leur mise en œuvre.[58] Il est donc pertinent de se référer à cette riche littérature pour analyser la production des normes environnementales. Les associations patronales tendent à être très bien représentées pendant ce processus et l'intérêt en matière de santé publique se trouve mis en balance avec les intérêts économiques. Cette recherche d'équilibre participe souvent de la lenteur du calendrier régulatoire et de l'ajournement de mesures contraignantes. Ces dernières connaissent des adaptations dérogatoires qui peuvent les rendre plus malléables, comme en témoigne en 1982 le *Touring*, organe du TCS, qui titre au sujet de la décision de réduire les émissions polluantes des automobiles: «Nouvelles normes en matière de gaz d'échappement, surtout pas de panique!».[59]

Les formes corporatistes de la politique suisse ne se sont imposées que progressivement, notamment sous l'influence de l'introduction du référendum législatif en 1874, de l'initiative populaire en 1891 et des articles économiques dans la Constitution en 1947. Ces dynamiques gagneraient donc à être replacées dans la longue durée. Or, les pollutions au 19e siècle restent davantage dans l'ombre. À cette période, selon François Jarrige et Thomas Le Roux, «[d]ans la plupart des pays européens, la logique administrative et préventive instituée par le décret français de 1810 reste l'étalon».[60] En l'état actuel des connaissances, il est difficile de savoir si cette réglementation favorable à l'industrie a eu une influence en Suisse, et sur quels cantons. L'attention portée aux lois fédérales sur la protection de l'eau puis de l'environnement à partir des années 1950 tend aussi à laisser dans l'ombre la loi fédérale concernant le travail dans les fabriques de 1877, qui prévoyait

58 Cédric Humair [et al.], Les organisations patronales suisses entre coordination économique et influence politique, in: Vingtième Siècle. Revue d'histoire 115 (2012), p. 115–127.

59 J.-L. Werlen, Neue Abgasnormen. Nur keine Panik!, Touring, 10.06.1982.

60 Jarrige, Le Roux, La contamination du monde, p. 179.

pourtant la prise en compte des dangers pour «la santé et la vie des ouvriers et de la population avoisinante» avant et après l'ouverture de l'usine.[61] Les deux articles d'Irene Pallua et de Claudia Aufdermauer contribuent à éclairer la régulation des pollutions au 19e siècle, Aufdermauer soulignant en particulier l'impuissance de l'Inspectorat fédéral des fabriques.[62] Espérons que ces contributions inspirent de futures recherches, notamment sur les années postérieures à 1850, lorsque l'usage du charbon s'accroît fortement.[63]

L'influence économique gagne aussi à être appréhendée en fonction des jeux d'échelle. Les dépendances économiques, souvent régionales, susceptibles de freiner la régulation des pollutions, ont pu prendre un poids particulier au vu de l'organisation fédéraliste de la politique. Dans le cas de l'industrie chimique bâloise, Martin Forter a ainsi suggéré que les impulsions vers une production plus respectueuse de l'environnement ne viennent jamais des autorités locales, mais des pays en aval sur le Rhin ou de la Confédération.[64] Dans ce numéro, des articles décrivent des situations similaires, par exemple celui de Nicolas Chachereau montrant le rôle crucial de l'État fédéral pour la régulation des rejets des infrastructures pétrolières construites dans le Chablais. D'autres contributions apportent toutefois des nuances et suggèrent d'éviter des généralisations abusives, le caractère local des pollutions pouvant également forcer les autorités à intervenir, qu'il s'agisse des fumées des chauffages urbains (Irene Pallua) ou des émanations de fluor de la production d'aluminium en Valais (Samuel Beroud).

L'étude des sphères économiques, politiques et scientifiques permet donc d'éclairer la fabrique (ou la non-fabrique) de normes et de règles encadrant la pollution qui prend place dans l'administration, les commissions d'experts et les commissions (extra)parlementaires. On ne saurait pour autant négliger l'articulation entre ces espaces discrets et les discussions ou

61 Loi fédérale concernant le travail dans les fabriques (du 23 mars 1877), in: Feuille fédérale, 1877, vol. 2, p. 113–126 (article 4).

62 Voir aussi sur ce thème: François Cuche, La solitude des inspecteurs. L'Inspectorat fédéral des fabriques en Suisse romande (1925–1939), mémoire de licence non publié, Lausanne 2001.

63 Cédric Humair, Nicolas Chachereau, L'énergie en Suisse. De 1800 à nos jours, Lausanne 2024, p. 65–69, 77.

64 Forter, Falsches Spiel, p. 19.

débats publics et médiatiques. En politique des pollutions, comment le résultat est-il influencé par l'existence ou non de débats publics, et par la manière dont ceux-ci définissent le problème? Les recherches sur d'autres aspects historiques de la politique suisse et du rôle des groupes d'intérêts ont bien montré que ceux-ci préfèrent rester dans l'ombre et éviter l'attention publique.[65] Ces résultats, inspirés entre autres par les analyses du politiste Pepper Culpepper,[66] rejoignent notamment les suggestions de travaux en sociologie spécifiquement consacrés aux questions de pollution et de toxicité. Inversant la question classique des processus menant à la «mise à l'ordre du jour» d'un problème, des études récentes ont entrepris d'interroger les facteurs qui mènent au contraire à ce qu'un problème ne soit pas discuté, en dépit de forts impacts sociaux, sanitaires ou environnementaux. Proposant une synthèse dans un ouvrage récent, le sociologue du politique Emmanuel Henry, spécialiste de l'amiante, met en évidence le rôle de la production d'ignorance, qui joue dans ce cas un rôle central, mais insiste également sur l'invisibilisation des problèmes et la préférence pour la discrétion des groupes d'intérêts.[67] Il existe d'autres manières de réagir aux débats publics. Des mesures étatiques comme l'établissement de commissions de contrôle ou la fixation de seuils limites – même si elles visent à une amélioration – constituent aussi une forme de «gouvernement de la critique»[68] et participent en outre à légitimer la présence de substances toxiques dans l'environnement.[69]

Face à ces constats, il nous semble donc important d'interroger les dynamiques de «publicisation» des problèmes. On sait le poids des images et de la médiatisation dans les débats environnementaux après 1970, par

65 Pierre Eichenberger, Mainmise sur l'État social. Mobilisation patronale et caisses de compensation en Suisse (1908–1960), Neuchâtel 2016; Sabine Pitteloud, Les multinationales suisses dans l'arène politique, Genève 2022.

66 Pepper D. Culpepper, Quiet Politics and Business Power. Corporate Control in Europe and Japan, Cambridge 2011.

67 Emmanuel Henry, La fabrique des non-problèmes. Ou comment éviter que la politique s'en mêle, Paris 2021, p. 39–42.

68 Sezin Topçu, La France nucléaire. L'art de gouverner une technologie contestée, Paris 2013.

69 Jas, Boudia, Gouverner un monde toxique.

exemple autour des marées noires comme celle du Torrey Canyon. Néanmoins, la visibilité d'un phénomène peut mener à une variété de résultats. Dans le cas de l'essence au plomb, si la médiatisation des accidents au cours de la production a alerté les autorités sanitaires américaines, elle a aussi contribué à détourner l'attention d'un autre danger, celui de l'intoxication à petites doses et dans le temps long par les émissions des moteurs des véhicules automobiles. De fait, au moment de tolérer ce poison en 1947, les autorités suisses ont eu tendance à prendre des mesures efficaces pour éviter les accidents lors de la manipulation à la pompe, donnant l'impression d'écarter ainsi tout danger. De manière générale, les effets des discussions publiques résultent de dynamiques complexes, et notamment des transformations des rapports de force entre les acteurs. Nos interrogations peuvent ici s'appuyer sur l'histoire des organisations de protection de la nature dès le tournant du 20e siècle (*Naturschutz*, mais aussi *Heimatschutz*), des mobilisations environnementales et des partis écologistes.[70] De ce point de vue, il faudrait en outre s'interroger sur les effets à plus long terme des débats publics. Lorsque ceux-ci facilitent le passage d'une régulation, qu'en est-il de l'application de cette dernière, une fois l'attention retombée? Cette question est cruciale dans le contexte des initiatives populaires: une fois le vote passé, le problème peut paraître traité, ou encore légitimement enterré en cas de refus. Nous sommes donc face à un instrument démocratique puissant pour placer les questions de pollution au cœur de l'agenda politique, mais dont les effets à long terme restent à investiguer.

On est donc loin, dans ce type d'analyse, d'un modèle de la prise de conscience menant automatiquement à la régulation. Cela n'empêche pas de s'interroger sur ce que l'idée de «conscience environnementale» sert communément à désigner, c'est-à-dire d'examiner les réflexions collectives sur les conséquences des actions des humains dans leurs interactions avec les

70 Stefan Bachmann, Zwischen Patriotismus und Wissenschaft. Die schweizerischen Naturschutzpioniere (1900–1938), Zürich 1999; Skenderovic, Die Schweizerische Umweltschutzbewegung; Sarah Büttikofer, Werner Seitz, Les Vert·e·s en Suisse. Évolution – action – perspectives, Zurich / Genève 2023; Patrick Kupper, Atomenergie und gespaltene Gesellschaft. Die Geschichte des gescheiterten Projektes Kernkraftwerk Kaiseraugst, Zürich 2003; David Häni, Kaiseraugst besetzt! Die Bewegung gegen das Atomkraftwerk, Basel 2018.

écosystèmes dont ils dépendent. Quels rejets et quelles substances ont été vus comme posant problème, et posant problème pour quoi ou pour qui? Plus largement, comment ces phénomènes ont-ils été perçus et compris? Dans quelle mesure ces définitions ont-elles constitué des freins ou des moteurs à la régulation? Une large part de la littérature historique sur les pollutions a en effet retracé comment les inquiétudes autour des pollutions ont évolué d'une focalisation sur les «fumées» et leur caractère salissant et «incommode» à une insistance sur les problèmes sanitaires et environnementaux causés par des pollutions potentiellement invisibles.[71] La focalisation ancienne sur les «miasmes» et les odeurs de décomposition organique a pu mener à légitimer les nouvelles pollutions, présentées comme désinfectantes. À l'inverse, aux États-Unis par exemple, la lutte contre les fumées noires du charbon dès le début du 20e siècle a mené à la création d'institutions qui resteront importantes jusqu'au fameux tournant écologique des années 1970.[72] En Suisse, l'interdiction de l'essence au plomb en 1925 s'appuie sur la volonté de préserver la santé publique, mais il est intéressant de noter que les médecins à l'origine de cette ordonnance avaient évoqué de manière plus générale les risques posés par son usage pour l'air et les sols. Les recherches existantes ont aussi suggéré comment l'impuissance réglementaire découle de la domination d'un esprit productiviste refusant de considérer toute limite au paradigme de la croissance économique.[73] De tels résultats incitent donc à porter également une attention accrue à l'envers matériel des imaginaires de croissance et de progrès, entre autres ceux diffusés depuis les «Trente Glorieuses».[74] Bien que ces problématiques n'occupent pas une place centrale dans les travaux ici réunis, elles y figurent néanmoins, notamment à travers la réflexion sur les paradigmes ou schémas de pensée (*Denkmuster*) abordée

71 Voir par exemple Thorsheim, Inventing Pollution.

72 Uekötter, The Age of Smoke, p. 3.

73 Matthias Schmelzer, The Growth Paradigm. History, Hegemony, and the Contested Making of Economic Growthmanship, in: Ecological Economics 118 (2015), p. 262–271; Pierre Charbonnier, Abondance et liberté. Une histoire environnementale des idées politiques, Paris 2020.

74 Céline Pessis, Sezin Topçu, Christophe Bonneuil (éds), Une autre histoire des «Trente Glorieuses». Modernisation, contestations et pollutions dans la France d'après-guerre, Paris 2013.

dans l'article d'Irene Pallua. Pour conserver leur pertinence, ces questionnements doivent, selon nous, être mis en dialogue avec les thématiques qui viennent d'être évoquées. Pour ne prendre qu'un exemple, la domination de certains paradigmes dépend aussi de l'état des rapports de force ainsi que des efforts conscients déployés par certains acteurs. La *business history* a ainsi montré le rôle non négligeable joué par les associations patronales pour remplacer l'idée de «limites à la croissance» économique par une rhétorique du «développement durable» relativisant la nécessité de réformer le modèle économique.[75]

Pour des savoirs agissants

Les articles rassemblés dans ce numéro d'Itinera démontrent que même en temps d'accélération du dérèglement climatique et de sentiment d'urgence, il n'est pas vain de prendre le temps de regarder en arrière. En remettant en cause les récits linéaires ou encore en révélant les dynamiques de pouvoir et les processus complexes de dilution qui ont façonné la régulation des pollutions, les historiens et historiennes peuvent jouer un rôle public important. L'histoire en tant que discipline n'intente pas de procès rétrospectifs, mais offre matière au débat en rendant intelligible les trajectoires, les choix conscients et inconscients qui nous ont conduits à la situation actuelle.[76] L'histoire est également une ressource pour s'inspirer des mobilisations environnementales passées et leur donner un sens, comprendre l'ambiguïté de certains outils politiques, comme l'initiative populaire, ou encore anticiper les limites de certains modes de régulation. Si l'histoire n'offre pas de recettes toutes faites et de modes d'emploi, elle informe et permet de mettre en perspective les solutions débattues actuellement. Elle rappelle aussi les problèmes non résolus de pollution, à l'heure où l'attention

75 Ann-Kristin Bergquist, Thomas David, Beyond Planetary Limits! The International Chamber of Commerce, the United Nations, and the Invention of Sustainable Development, in: Business History Review, 97/3 (2023), p. 481–511; Ben Huf, Glenda Sluga, Sabine Selchow, Business and the Planetary History of International Environmental Governance in the 1970s, in: Contemporary European History 31/4 (2022), p. 553–569.

76 Motadel, The Political Role of the Historian, p. 42.

médiatique et politique se focalise sur le dérèglement climatique. Les récits historiques, du moment où ils sortent de la tour d'ivoire du monde académique, ont donc le pouvoir d'influencer les visions que la société se fait de son passé et, *in fine*, de son futur. Ainsi, d'une lecture critique et d'un constat global d'échec peuvent éclore des savoirs agissants…[77]

77 Grand-Clément [et al.], Ce que les ravages écologiques font aux disciplines scientifiques. Ce cahier est issu d'un double panel aux Journées suisses d'histoire 2021. Nos remerciements à Naomi Oreskes et Ueli Haefeli pour leur précieuse expertise lors de ce panel, ainsi qu'aux reviewers anonymes de cette introduction.

Das Gift in der Zündholzschachtel. Erste Regeln zur Eindämmung der Gesundheitsgefahren im Zeitalter der Industrialisierung

Claudia Aufdermauer

Abstract

The Poison in the Matchbox. Early Regulations of Health Hazards in the Age of Industrialisation

At the beginning of the 19th century the freedom of the Swiss entrepreneurs was almost unlimited, whereas in the last quarter of the 19th century more and more regulations were introduced. The use of yellow Phosphorits in match factories as well as the common practice of child labour were two of the main factors that prompted the state to start enforcing controls over factories. The example of match production in Frutigen is presented to show how dangerous factory work could be, and why the abolition of the occupational disease phosphorus necrosis lasted for more than 50 years, even though the disease was well known.

Als zu Beginn des 19. Jahrhunderts in St. Gallen, Winterthur und Zürich die ersten mechanischen Baumwollspinnereien gegründet wurden und die Industrialisierung nach und nach einzelne Gebäude und schliesslich ganze Regionen erfasste und umwälzte, gab es wenig Regeln und Gesetze, welche die Unternehmen und Fabriken in ihrer Freiheit eingeschränkt hätten. Der Pakt zwischen dem Arbeitgeber und dem Arbeitnehmer oder der Arbeitnehmerin, auch wenn es sich um Kinder handelte, beruhte auf Freiwilligkeit. Hinsichtlich der industriellen Verwendung von Chemikalien existierten ebenfalls keine Richtlinien.[1]

Am Ende des 19. Jahrhunderts war die Kinderarbeit verboten, die Nacht- und Sonntagsarbeit eingeschränkt, die Höchstarbeitszeit auf elf Stunden festgelegt. Zudem sollten Unternehmen Fabrikordnungen aufstellen und sich um den Schutz der Arbeiterinnen und Arbeiter vor Berufskrankheiten

1 Im 19. Jahrhundert waren Inspektoren und Landjäger Männer, unter den Unternehmern, Fabrikanten und Arbeitgebern gab es nur wenige Ausnahmen, in denen Frauen, insbesondere Witwen, einen Betrieb führten.

und Unfällen sowie um die Einhaltung von Gewässerschutzrichtlinien kümmern.

Die zunehmende Regulierung war kein Zufall. Die Bundesverfassung von 1874 hatte die Wende gebracht, indem sie dem Bund die Befugnis erteilte, bezüglich Fischerei, des Einsatzes von Kindern in den Fabriken sowie zum Schutz der Arbeiterinnen und Arbeiter entsprechende Gesetze aufzustellen. Darauf gestützt wurde 1877 das erste Fabrikgesetz verabschiedet. Dass das Fabrikgesetz und das zeitgleich eingesetzte eidgenössische Fabrikinspektorat einen Paradigmenwechsel mit sich brachten, war den Zeitgenossen durchaus bewusst. Der Bundesrat schrieb denn auch, dass sich der Staat ins Fabrikwesen einmischen müsse, weil die Individuen, welche einer industriellen Tätigkeit nachgehen müssten, in zwei Richtungen Kräften gegenüberstünden, denen sie nicht gewachsen seien: «in der einen Richtung den Kräften der Mechanik und Technik mit ihren Gefahren und der damit verbundenen Einrichtung in den Fabriken; in der andern der Gewalt des Kapitals, welche verbunden eine solche Macht ausüben, daß der Schutz für den Einzelnen gegen allfällige Vergewaltigung und Ausbeutung nur in der Gesammtheit gefunden werden kann».[2] Zu den gefährlichen Techniken, die das Leben der Arbeiterinnen und Arbeiter gefährden konnten, gehörten auch die giftigen Substanzen, die in der Industrie zur Anwendung kamen. Die sogenannte Gewerbehygiene war die wissenschaftliche Disziplin, welche sich im 19. Jahrhundert um die gesundheitsgefährdenden Auswirkungen von Chemikalien kümmerte.

In gewerbehygienischer Hinsicht war das Bundesgesetz betreffend die Haftpflicht in den Fabriken von 1881 grundlegend. Dieses bestimmte, dass Unternehmer von Industrien, welche gefährliche Krankheiten erzeugen, für den durch die Krankheit einer Arbeiternehmerin oder eines Arbeitnehmers entstandenen Schaden haften mussten, «wenn die Erkrankung erwiesenermassen und ausschliesslich durch den Betrieb der Fabrik erfolgt ist». Die eidgenössischen Fabrikinspektoren, die eine Liste der betroffenen Industrien er-

2 Botschaft des Bundesrathes an die hohe Bundesversammlung, betreffend den Gesezesentwurf über die Arbeit in den Fabriken (vom 6.12.1875). In: BBl 1875 IV, S. 931. Vgl. Bundesverfassung der Schweizerischen Eidgenossenschaft (vom 29.5.1874), Art. 25, 34; Bundesgesez über die Fischerei (vom 18.9.1875). In: BBl 1875 IV, S. 653–659.

stellen sollten, bemängelten, dass es im konkreten Fall schwierig sei, nachzuweisen, dass eine Krankheit ausschliesslich von der Fabrikarbeit ausgelöst wurde. Auch hielten sie eine Liste der betroffenen Industrien nicht für zielführend, da sich die Rezepte in den Fabriken jederzeit ändern könnten. Hingegen kamen die Fabrikinspektoren zum Schluss, dass vier Substanzen unzweifelhafte Symptome auslösten, die sich von allen anderen Krankheitsformen unterschieden und daher als Berufskrankheiten angesehen werden müssten. Diese Substanzen seien Phosphor, Blei, Quecksilber und Arsenik.[3]

Dieser Beitrag zeigt anhand der Verwendung des gelben Phosphors in den Zündholzfabriken, welche Probleme sich bei der Umsetzung von Richtlinien ergeben konnten. Er stützt sich wesentlich auf die Masterarbeit von Fiona Vicent, die sich 2019 mit den Folgen der Phosphornekrose für die erkrankten Arbeiterinnen und Arbeiter und den staatlichen Regelungen zu ihrem Schutz befasst hat. Im Unterschied zur Arbeit von Vicent konzentriert sich der vorliegende Beitrag auf die Zündholzfabrikanten im Frutigland, da die Quellenlage im Berner Staatsarchiv im Vergleich zu derjenigen anderer Zündholzfabrik-Kantone wie beispielsweise Thurgau, Zürich und Zug sehr ergiebig ist. Für die Untersuchung der Zündholzindustrie im Frutigland spricht zudem die Tatsache, dass diese Region lange Zeit ein Zentrum der schweizerischen Zündholzfabrikation war. Dies blieb auch der Kulturgutstiftung Frutigland sowie den von ihr beauftragten Autoren Hans Egli und Rudolf Egli nicht verborgen, die der regionalen Geschichte dieses Industriezweigs 2020 eine Publikation gewidmet haben, in welcher sie auch auf die neuere Geschichte der regionalen Zündholzindustrie eingehen. Im Unterschied zu dieser Publikation soll im vorliegenden Beitrag der nicht linearen Entwicklung hin zum Bundesgesetz von 1898 und der unterschiedlichen Sichtweise von Bund und Kanton bezüglich armutsgefährdeter Gebiete mehr Gewicht beigemessen werden.[4]

3 Bundesgesez betreffend Haftpflicht aus Fabrikbetrieb (vom 25.6.1881). In: BBl 1881 III, S. 550. Vgl. Bericht von Fridolin Schuler an das schweiz. Handelsdepartement in Bern, Mollis, 14.12.1882 (BAR E 7202-1000/1081-84).

4 Vgl. Fiona Vicent, Von der Entdeckung der Phosphornekrose zur sozialpolitischen Zündhölzchenfrage (1845–1900). Debatten und Massnahmen zum Schutz der Arbeiter_innen in der Schweizer Zündholzindustrie, Thürnen 2019; Hans Egli, Ruedi Egli, Die

Bei den Beschäftigten in der Zündholzindustrie handelte es sich um Fabrikarbeiterinnen und Fabrikarbeiter, wobei heute wahrscheinlich etwas anderes darunter verstanden wird. Zum einen bezeichnet der Begriff «Fabrik» heute für gewöhnlich einen Betrieb, in welchem Personen serienmässig und arbeitsteilig mit Maschinen Produkte herstellen. 1877 hingegen war gemäss Fabrikgesetz von 1877 jeder Betrieb, in welchem «gleichzeitig und regelmäßig eine Mehrzahl von Arbeitern außerhalb ihrer Wohnungen in geschloßenen Räumen beschäftigt wird», eine Fabrik. Bei den Zündholzfabriken handelte es sich in der Regel um Kleinstbetriebe, in welchen eine Handvoll Arbeiterinnen und Arbeiter in Handarbeit Zündhölzer herstellten.[5]

Da es nur wenige Beschäftigte in diesen kleinen Betrieben gab, war das Machtgefälle zwischen Fabrikinhaber und Angestellten nicht gross. Sowohl Inhaber wie Arbeiterinnen und Arbeiter waren in der Regel nicht reich und wurden es durch die Fabrikation von Zündhölzern auch nicht. Gewerkschaften gab es keine, und da sowohl Angestellte wie Inhaber in den Zündholzfabriken arbeiteten, konnte die Berufskrankheit beide gleichermassen treffen. Nicht die Position innerhalb der Fabrik, sondern die Tätigkeit innerhalb der Fabrik erhöhte oder verminderte das Risiko, an Phosphornekrose zu erkranken. Das Bestreichen der Hölzchen mit der Zündholzmasse galt wegen der dabei entstehenden Dämpfe als besonders gefährlich.

Als die ersten Zündholzfabriken in der Schweiz ihren Betrieb aufnahmen, war die Giftigkeit des gelben Phosphors bereits bekannt und wurde auch von den Fabrikanten nicht verleugnet. Es stellt sich folglich die Frage, wieso trotz Kenntnis der gesundheitsschädlichen Wirkungen des gelben Phosphors auf den Menschen so lange an der industriellen Verwendung dieser Substanz festgehalten wurde. Die Rede ist hier nicht von ein paar Jahren, sondern von einem Zeitraum von mehr als einem halben Jahrhundert. Es

---

Zündholzindustrie im Frutigland, Frutigen 2020; Walter Amstutz, Die schweizerische Zündholz-Fabrikation, Weinfelden 1928. – Zum Kanton Zug vgl. Renato Morosoli, Phosphordämpfe in der Schwefelküche. Eine Geschichte der Zündholzfabrik Bechelen in Oberwil bei Zug, in: Tugium 2013 (29), S. 7–19. – Zu den Quellen vgl. Bestand im Staatsarchiv (StABE B IV 2964).

5 Bundesgesetz betreffend die Arbeit in den Fabriken (vom 23.3.1877). In: BBl 1877 II, Art. 1, 2.

wird die These aufgestellt, dass dies einerseits auf den Gegensatz zwischen föderalen und zentralistischen Strukturen und Ansichten zurückzuführen ist. Anderseits wurde oft auch darauf hingewiesen, dass der Geschmack der Konsumentinnen und Konsumenten und die damit einhergehende Nachfrage die vonseiten des Bundes gewünschte Substituierung des gelben Phosphors lange verzögerte. Hier stellt sich die Frage, ob die Konsumentinnen und Konsumenten wirklich dafür zur Verantwortung gezogen werden können oder ob diese Argumentation allenfalls vonseiten der Zündholzfabrikanten ein Vorwand gewesen sein könnte, sich nicht auf eine andere Produktionsweise umstellen zu müssen. Wie im vorliegenden Beitrag am Beispiel des Frutiglands im Berner Oberlands gezeigt wird, hatten Bund und Fabrikinspektoren jedenfalls eine andere Sichtweise auf die Zündholzfabriken als die regionalen Landjäger und der Regierungsrat des Kantons Bern.

Erste Massnahmen gegen die Phosphornekrose

Da die Elektrizität und Gasherde erst gegen Ende des 19. Jahrhunderts aufkamen, basierte das Kochen während Tausenden von Jahren auf der Kunst des Feuermachens. Noch im 18. Jahrhundert war das Feuermachen mit dem Hantieren mit Feuerstein, Feuerstahl und Zunder verbunden. Erst die Chemie ermöglichte es ab den 1820er-Jahren, mit einem imprägnierten Holzstäbchen, einem Zündkopf und einer Reibfläche Feuer zu machen. Die Herstellung von Zündhölzchen benötigte wenig Startkapital: Es genügten eine Schwefelpfanne auf dem heimischen Herd und eine Zündmasse, mit welcher die Hölzchen bestrichen werden konnten. Die Innovation wurde sogleich in die Schweiz importiert, ab den 1840er-Jahren wurden im Berner Oberland und im Kanton Zürich Zündholzfabriken errichtet.

Wie Mediziner ebenfalls bereits in den 1840er-Jahren nachweisen konnten, war die Zündmasse, die aus gelbem Phosphor und weiteren Chemikalien bestand, giftig. Die Phosphordämpfe lösten eine Krankheit aus, die Phosphornekrose genannt wurde. Nach Ansicht eines Fabrikinspektors handelte es sich dabei um eine «furchtbare, schmerzhafte Krankheit, welche das Ausfallen der Zähne zur Folge hat, mit vollständiger und rascher Zerstörung und Zersetzung endigt und die unglücklichen Kranken häufig nach unsäglichen Leiden einem frühen Tode zuführt». Auch wenn in Spitälern die entzündeten und im Absterben begriffenen Ober- oder Unterkiefer von betroffenen Arbeiterinnen und Arbeitern entfernt werden konnten, brachte dies langfristig nicht viel: Die Erkrankten litten nach der Operation unter der Entstellung ihrer Gesichter und starben trotzdem, die Krankheit war nicht heilbar.[6] Von 80 Zündholzarbeiterinnen und Zündhölzarbeitern im Kanton Zürich wurden 1883 20 mit schweren Phosphorkrankheiten ins Spital gebracht. Neben chronischen Vergiftungen, zu denen die Phosphornekrose gehörte, führte das Schlucken von gelbem Phosphor auch zu akuten Vergiftungen. Wegen des auffälligen Geschmacks von gelbem Phosphor handelte es sich dabei hauptsächlich um Suizide: «Fünf bis zehn Rappen genügen, um mit einigen Päckchen der Gifthölzchen sich auch das Lebenslicht auszublasen!»[7]

Neben seiner Giftigkeit besass und besitzt der gelbe Phosphor eine weitere gefährliche Seite: Er ist äusserst leicht entzündlich und kann nur unter Wasser aufbewahrt und transportiert werden. Der Sohn eines Zündholzfabrikbesitzers, welcher die Fabrik besuchte und zum späteren Anschauen ein «leuchtendes» gelbes Phosphorstückchen in die Hosentasche steckte, bezahlte seine Neugier beinahe mit seinem Leben: Das Phosphorstückchen entzündete sich und verbrannte das Bein, sodass er auch nach ein paar Monaten noch das Bett hüten musste. Wie ein Gelb-Phosphor-Gegner ausrechnete, gingen bis 1875 188 Brandfälle darauf zurück, dass Kinder mit Zündhölzchen «spielten».[8]

Da es üblich war, Kinder in der Landwirtschaft und in der Heimarbeit zu beschäftigen, störte sich in den 1840er-Jahren niemand daran, dass Kinder auch in den Zündholzfabriken beschäftigt wurden. Kinderhände konnten

6 Edmund Nüsperli, Ueber die Gefahren bei der Fabrikation und dem Gebrauch der neuen Zündhölzchen, Bern 1881 (SozArch KS 331/103). Vgl. Emil Theodor Kocher, Zur Kenntnis der Phosphornekrose. Bericht, erstattet im Auftrage des schweiz. Industrie- u. Landwirtschaftsdepartements, Biel 1893 (SozArch KS 331/103). – Die Zündmasse bestand aus Phosphor, Schwefel, Kaliumchlorat, Kreide und Klebestoff.

7 Gustav Custer, Fort mit dem Gift der Phosphor-Zündhölzchen! Populäre Beleuchtung einer brennenden, gesundheitlichen und humanitären Tagesfrage mit besonderer Berücksichtigung der schweizerischen Phosphorzündholz-Industrie, Zürich / Stuttgart 1887, S. 24 (SozArch KS 331/103). – Zu Phosphor vgl. Karsten, Strey, Die Welt der Gifte, Berlin 2011, S. 61–64.

8 Custer, Gift, S. 31, 33.

fast noch besser als erwachsene Hände Zündhölzchen in Rahmen einlegen und in Schachteln abfüllen. Ausserdem kosteten sie weniger. 1865 erkannten die Berner Behörden aber, dass die in der Zündholzindustrie beschäftigten Kinder, «die oft kaum 7 Jahre alt sein mögen» und teilweise auch in der «phosphorgesättigten Fabrikatmosphäre» ihr «Mittagsbrod» einnahmen, potenziell gefährdet sein konnten. Der Berner Regierungsrat änderte die bisherige Praxis deshalb etwas ab: Neu durften Kinder unter sieben Jahren nicht mehr und Kinder zwischen sieben und zehn Jahren nur noch höchstens zehn Stunden pro Tag in den Zündholzfabriken beschäftigt werden. Strengere Regeln wurden mit dem Fabrikgesetz von 1877 in Kraft gesetzt: Die Kinderarbeit unter 14 Jahren wurde gänzlich verboten, und für eine Beschäftigung im Umfeld von giftigen Substanzen wie Phosphor galt ein Mindestalter von 18 Jahren.[9]

Die Fabrikinspektoren kamen nach ihrer ersten Inspektionsreise 1879 zum Schluss, dass auch die erwachsenen Arbeiterinnen und Arbeiter vor den Gefahren der Phosphornekrose nicht genügend geschützt waren und dass dies auch nicht mit besseren Ventilationsvorschriften erreicht werden könnte. Die einzige Möglichkeit, die Berufskrankheit Phosphornekrose zu verhindern, liege in einem Verbot des gelben Phosphors. Tatsächlich wurde noch 1879 ein Bundesgesetz verabschiedet, welches die Fabrikation, die Einfuhr und den Verkauf von Gelb-Phosphor-Zündhölzchen verbot. Dieses Gesetz hätte eigentlich den Schlusspunkt in Bezug auf die industrielle Verwendung von gelbem Phosphor setzen können. Nach drei Jahren hob die Bundesversammlung das Gesetz – entgegen den Wünschen der Fabrikinspektoren und des Bundesrats – wieder auf. Dass das Gesetz, das die Arbeiterinnen und Arbeiter effektiv vor dieser Berufskrankheit geschützt hätte, wieder aufgehoben wurde und die Substituierung des gelben Phosphors nicht wie gewünscht gelang, lag – angeblich – zu einem grossen Teil am Geschmack der Schweizer Kundschaft.[10]

9 Bericht an die Direktion des Innern über das Ergebniß einer Untersuchung der Zündwaarenfabriken im Oberland, 1865 (StABE B IV 2964). Vgl. Entwurf einer Verordnung über die Zündwaaren-Fabriken, 1865 (StABE B IV 2964); Bundesgesetz betreffend die Arbeit in den Fabriken (vom 23.3.1877). In: BBl 1877 II, Art. 16.

10 Vgl. Bundesgesez betreffend die Fabrikation von Phosphorzündhölzchen und Streichkerzchen (vom 23.12.1879), in: BBl 1880 I, 1–2; Bundesgesetz betreffend die Fa-

Der Einfluss der Konsumentinnen und Konsumenten

Die Fabrikinspektoren waren, als das Verbot der Gelb-Phosphor-Zündholzfabrikation 1879 in Kraft trat, davon ausgegangen, dass die Schweizer Zündholzfabrikanten von nun an Sicherheitszündhölzchen herstellen würden. Diese Zündhölzchen waren in Schweden erfunden worden. Sie verwendeten anstelle des gelben Phosphors roten, ungiftigen Phosphor. Die Konsumentinnen und Konsumenten waren es indes gewohnt, dass sich Zündhölzchen, wie es die Gelb-Phosphor-Zündhölzchen taten, durch Reiben an nahezu allen Oberflächen entzünden liessen. Die Sicherheitszündhölzchen taten dies nicht, sie benötigten eine spezifische Reibfläche und waren zudem teurer. Dazu kam, dass etliche Packungen der in der Schweiz produzierten Sicherheitszündhölzchen zunächst gravierende Sicherheitsmängel aufwiesen: Es kam vor, dass die Streichflächenmasse auf die innere Seite des Schachteldeckels durchdrang, worauf ein Zündholzköpfchen durch Berührung mit der durchgedrungenen Masse sofort Feuer fing und die gesamte Schachtel «in der Hand des Consumenten» explodierte.[11]

Um die Nachfrage nach überall entzündbaren Zündhölzchen zu bedienen, experimentierten Frutiger Zündholzfabrikanten ab 1879 mit verschiedenen Zündmassen. Teilweise gelangten noch nicht vollständig erprobte Fabrikate in den Umlauf, Brandwunden bei Arbeiterinnen und Arbeitern und Konsumentinnen und Konsumenten waren die Folge. Auch die Direktion der Schweizerischen Centralbahn beschwerte sich im Hebst 1881 über die nicht ausgereiften Produkte aus dem Frutigland. Als ihre Angestellten sechs Kisten Zündholzschachteln von Thun nach Aarau transportierten, habe sich beim «blossen Umlegen einer Kiste eine Schachtel nach der andern» entzün-

brikation und den Verkauf von Zündhölzchen (vom 22.6.1882) (StAZG CC 16.4.10); Kreisschreiben des Bundesrats an sämtliche eidgenössische Stände, 4.7.1882 (StABE B IV 2964); Vicent, Entdeckung, S. 46–53.

11 Brief Edmund Nüsperli an Zündholzfabrikanten, 5.5.1881 (StABE B IV 2964). Vgl. A. Rossel, Ueber die neuen schweizerischen Zündhölzchen, Winterthur 1881.

det: «Es liegt auf der Hand, dass der Vertrieb solcher Waare äusserst gefährlich ist».[12]

Die Explosionen und Unglücksfälle hatten zur Folge, dass der Absatz stagnierte und die Frutiger Zündholzfabrikanten auf ihrem Vorrat an Sicherheitszündhölzchen sitzenblieben. Dass die Vorschriften in Bezug auf Verpackung und Transport immer wieder abgeändert wurden, trug nicht zur Zufriedenheit unter der Bevölkerung bei: «Hunderte von armen Leuten», darunter auch zahlreiche heimarbeitende Familien, welche mit der manuellen Herstellung von Zündholzschachteln für Gelb-Phosphor-Zündhölzchen ihren Lebensunterhalt verdient hatten, standen im Berner Oberland zu Beginn der 1880er-Jahre vor einem Verdienstausfall. Auch die Fabrikinspektoren prophezeiten diesen Tälern «auf den Winter grosse Noth».[13]

Da die Gelb-Phosphor-Zündhölzchen bei den Konsumentinnen und Konsumenten weiterhin viel beliebter als die Sicherheitszündhölzchen waren, wurden sie über die Landesgrenze geschmuggelt. Zudem war nur die Einfuhr von Gelb-Phosphor-Zündhölzchen verboten, nicht aber die Einfuhr von gelbem Phosphor an sich. Vor diesem Hintergrund hatten die Zündholzfabrikanten in Frutigen grundsätzlich zwei Optionen: Sie konnten sich dem Gesetz fügen und Verluste erleiden, oder sie konnten widerrechtlich erneut mit der Produktion von Gelb-Phosphor-Zündhölzchen beginnen und dabei von den gestiegenen Preisen für Gelb-Phosphor-Zündhölzchen profitieren. Immer mehr Fabrikanten wählten die zweite Option. Wurden sie erwischt, erhielten sie milde Strafen.[14]

Dass es mit der Umsetzung des Bundesgesetzes im Kanton Bern haperte, blieb den Bundesbehörden nicht verborgen. Mehrmals wurde der Berner

---

12 Brief Directorium der schweizerischen Centralbahn an Regierungsrat des Kantons Bern, 2. 9. 1881 (StABE B IV 2964). Vgl. Brief Regierungsrat des Kantons Bern an A. Karlen, 27. 8. 1881 (StABE B IV 2964).

13 Bericht über die Fabrikinspektion, 1881, S. 43; Rapport vom Landjägerposten in Frutigen betr. die hies. Zündholzfabriken, 20. 9. 1881 (StABE B IV 2964).

14 «Die Phosphorzündholzfabrikanten werden derart gebüsst, dass sie nur darüber lachen». Brief Edmund Nüsperli an Regierungsrat des Kantons Bern, 6. 12. 1881 (StABE B IV 2964). Vgl. Bericht über die hiesigen Zündhölzlifabriken von Landjäger Künzi, 20. 12. 1881 (StABE B IV 2964); Brief von drei Zündholzfabrikanten aus Frutigen an den Regierungsrat des Kantons Bern, 21. 3. 1881 (StABE B IV 2964).

Regierungsrat vom Bundesrat ermahnt, mit allen ihm «zu Gebote stehenden Mitteln und mit aller Strenge gegen die Fabrication und den Verkauf» von Gelb-Phosphor-Zündhölzchen einzuschreiten. Erst die vierte bundesrätliche Ermahnung scheint etwas bewirkt zu haben. Wie der Landjäger im Frühling 1882 rapportierte, fand die Gelb-Phosphor-Zündholzproduktion nun nur noch heimlich, in Privatwohnungen, Scheunen und Ställen statt, und Fuhrwerke wurden nur noch in der Nacht mit der verbotenen Ware beladen. Die Tatsache, dass nur noch in ungeeigneten und ungenügend ventilierten Räumen Gelb-Phosphor-Zündhölzchen produziert werden konnten, führte dazu, dass die Anzahl der Phosphornekrosefälle noch mehr anstieg.[15]

Weder Landjäger, welche angesichts der «Noth und Verdienstlosigkeit» der armen Leute Mitleid mit den zu kontrollierenden Menschen hatten, noch Zündholzfabrikanten noch der Regierungsrat des Kantons Bern, welcher der Ansicht war, dass in anderen Kantonen mehr Nachsicht gegenüber der Zündholzindustrie geübt werde, waren mit der neuen Situation zufrieden. Einzig Bundesrat und Fabrikinspektoren zeigten sich erfreut. Im Sommer 1882 wandten sich die Frutiger Zündholzfabrikanten direkt an die Bundesversammlung. Sie baten diese mit einer Petition, die Fabrikation von Gelb-Phosphor-Zündhölzchen «unter Vorbehalt der nothwendigen sanitarischen Vorschriften für den Betrieb derselben» doch wieder zu gestatten. Die Bundesversammlung kam diesem Wunsch nach. Die Petition der Frutiger Zündholzfabrikanten wurde auch von Jakob Schären, dem amtlich bestellten Aufsichtsarzt von Frutigen, der die auftretenden Phosphornekrosefälle notieren musste, unterschrieben. Schären hätte aus nächster Nähe eigentlich die Folgen des gelben Phosphors auf die menschliche Gesundheit kennen müssen. Dies hinderte ihn aber nicht daran, selbst Inhaber einer Gelb-Phosphor-Zündholzfabrik zu werden.[16]

15 Brief Bundesrat an den Regierungsrat des Kantons Bern, 4.2.1882 (StABE B IV 2964). Vgl. Brief Bundesrat an den Regierungsrat des Kantons Bern, 6.4.1881, 11.8.1881, 11.11.1881 (StABE B IV 2964); Bericht vom Landjägerposten in Frutigen über die Zündhölzlifabriken, Landjäger Künzi, 23.3.1882 (StABE B IV 2964).

16 Bericht vom Landjägerposten in Frutigen über die Zündhölzlifabriken, Landjäger Künzi, 23.3.1882 (StABE B IV 2964); Petition der sämmtlichen Gemeinderäthe und der Zündhölzchen-Fabrikanten des Amtsbezirks Frutigen an Bundesversammlung, 9.6.1882

Beständiges Ringen zwischen Fabrikanten und Fabrikinspektoren

Nach der Aufhebung des Verbots der Gelb-Phosphor-Zündholz-Produktion erteilte die Bundesversammlung 1882 dem Bundesrat den Auftrag, die Zündholzfabrikation sicherer zu gestalten. Er sollte dafür sorgen, dass die Gelb-Phosphor-Zündhölzchen ohne Bedenken für die Gesundheit verpackt, transportiert und verkauft werden konnten und entsprechende Reglemente erlassen würden. Aus Sicht der Fabrikinspektoren war dies vergebliche Liebesmüh: «Nur von Einer Industrie ist stets das Gleiche zu berichten: mit den Zündholzarbeitern ist nichts anzufangen».[17]

Von Bundesratsseite kam zu Beginn der 1890er-Jahre auch die Idee auf, die Zündholzproduktion zu monopolisieren respektive die Fabrikation, die Einfuhr und den Verkauf von Zündhölzchen unter staatliche Aufsicht zu stellen. Der Bundesrat beabsichtigte durch die Errichtung eines Monopols, «die Arbeiterschaft der Zündhölzchenindustrie von der Phosphorkrankheit zu befreien». Mit der «Verbannung des gelben Phosphors aus der staatlich gewordenen Fabrikation» sollte der gegenwärtige Zustand, welcher ein «Hohn» in Bezug auf die sonstigen «humanitären Bestrebungen» sei, endlich beendet werden. Im Parlament war das staatliche Zündhölzchenmonopol mehrheitsfähig, in der Volksabstimmung wurde das Monopol aber abgelehnt.[18]

Wie die Fabrikinspektoren wiederholt feststellten, nützten die vom Bundesrat aufgestellten Reglemente nichts. Selbst minime Reinlichkeitsvorschriften würden von den Zündholzfabrikanten nicht eingehalten. Auch gebe es Zündholzfabriken, welche keinen einzigen Arbeiter mit gesunden Zähnen hätten. Dies, obwohl seit den 1840er-Jahren aufgrund der durchgeführten Tierversuche bekannt sei, dass verletzte Kiefer und karieshaltige Zähne die

(StABE B IV 2964). Vgl. Brief Bundesrat an Regierungsrat des Kantons Bern, 21.4.1882 (StABE B IV 2964); Egli, Zündholzindustrie, S. 38.

17 Bericht über die Fabrikinspektion, 1892/93, S. 41. Vgl. Reglement über die Fabrikation und den Verkauf von Zündhölzchen (vom 17.10.1882) (StAZG CC 16.4.10).

18 Botschaft des Bundesrathes an die Bundesversammlung, betreffend Einführung des Zündhölzchenmonopols (vom 20.11.1891), in: BBl 1891 V, S. 434. – Zum Monopol vgl. Vicent, Entdeckung, S. 56–63.

Betroffenen besonders anfällig für Phosphornekrose machten. Zwischenzeitlich empfahlen die Fabrikinspektoren den Zündholzfabriken die Anschaffung eines technischen Hilfsmittels mit dem Namen «Freiluftathmer», eine Art Atemschutzgerät, welches frische Luft von aussen zur Arbeiterin oder zum Arbeiter pumpen sollte. Wie aus den Berichten hervorgeht, hatten die Fabrikinspektoren keine Hoffnung, dass sich die Situation in den Gelb-Phosphor-Zündholzfabriken jemals werde verbessern lassen. Resigniert listeten sie jedes Jahr die neuen Phosphornekrosefälle auf; bisweilen mit der Bemerkung, dass die Zündholzindustrie «wiederum ihre Opfer gefordert und erhalten» habe.[19]

1894 erfuhren die Fabrikinspektoren, dass ein Landjäger in Frutigen, der von Amtes wegen die Beschäftigung von Kindern in den Zündholzfabriken hätte verhindern müssen, seine eigenen Kinder in der Zündholzindustrie beschäftigen liess. Neben solchen Einzelfällen waren es vorwiegend strukturelle Probleme, welche die Fabrikinspektoren frustrierten. Gemäss Haftpflichtgesetz musste ein Arbeitgeber für den Schaden aufkommen, «wenn die Erkrankung erwiesenermassen und ausschliesslich durch den Betrieb der Fabrik erfolgt ist». Angesichts der eindeutigen Krankheitssymptome und der bekannten giftigen Substanz waren die Arbeiterinnen und Arbeiter, die an der Phosphornekrose erkrankten, haftpflichtberechtigt. Trotz dieser klaren Gesetzeslage sahen Erkrankte im Normalfall dennoch kein Geld, weil die Zündholzfabrikanten oft mittellos und zahlungsunfähig waren. Versicherungen, die den Zündholzfabrikanten die Verantwortlichkeit in Bezug auf die Haftpflicht abgenommen hätten, existierten aufgrund des hohen Erkrankungsrisikos in der Zündholzindustrie nicht.[20]

Die Fabrikinspektoren blieben während Jahrzehnten der Meinung, dass nur ein erneutes Verbot des gelben Phosphors die Phosphornekrose gänzlich

19 Bericht über die Fabrikinspektion, 1896/97, S. 237. Vgl. Bericht über die Fabrikinspektion, 1886/87, S. 26, 114 f.; 1892/93, 41; Bericht des eidgenössischen Fabrikinspektorats an das schweizerische Handels- und Landwirthschaftsdepartement, betreffend Fabrikation von Zündhölzchen mit gelbem Phosphor (vom 24.10.1886), in: BBl 1886 III, S. 566–579.

20 Bundesgesez betreffend Haftpflicht aus Fabrikbetrieb (vom 25.6.1881). In: BBl 1881 III, S. 550. Vgl. Bericht über die Fabrikinspektion, 1892/93, S. 41; 1884/85, S. 102; 1894/95, S. 209; 1896/97, S. 48; Schuler, Revision, S. 39.

beseitigen könne. 1898 wurde schliesslich erneut ein Bundesgesetz verabschiedet, das die Fabrikation, die Einfuhr, Ausfuhr und den Verkauf von Gelb-Phosphor-Zündhölzchen verbot. Die Neuauflage des Bundesgesetzes untersagte im Unterschied zu demjenigen von 1879 nun auch den Import von gelbem Phosphor, was die geheime Fabrikation von Gelb-Phosphor-Zündhölzchen massgeblich erschwerte.[21]

Die Schweiz war 1898 das dritte europäische Land, welches die Herstellung von Zündhölzchen mit gelbem Phosphor verbot – nur Finnland (1874) und Dänemark (1875) waren schneller. 1906 schlossen die Schweiz und sechs andere europäische Länder überdies ein internationales Abkommen zum Verbot von gelbem Phosphor in der Zündholzproduktion ab.[22] Mit dem Verbot des gelben Phosphors verschwand auch die Berufskrankheit Phosphornekrose. 1913 schrieb ein Gewerbehygieniker, dass der Phosphor «als gewerbliches Gift seit 1903 nur noch von historischer Bedeutung» sei.[23]

21 Vgl. Kreisschreiben des Bundesrates an sämtliche Kantonsregierungen, Vollziehungsverordnung zum Bundesgesez betreffend die Fabrikation und den Vertrieb von Zündhölzchen (vom 30.12.1899), in: BBl 1900 I, S. 12–14, Briefe der Oberzolldirektion betreffend Einfuhr von gelbem Phosphor, 1900–1902 (BAR E 6351 A-1000/1038-1657).

22 Die anderen sechs europäischen Länder an der internationalen Arbeiterschutzkonferenz von 1906 waren Dänemark, Deutschland, Frankreich, Italien, Luxemburg und die Niederlande. 1923 schloss sich China als 21. Land dieser Phosphor-Konvention an. Vgl. Extrait du Procès-Verbal de la séance du Conseil fédéral Suisse, 12.12.1923 (BAR E 7350-1000/1104-335). – Auch in Bezug auf die Anwendung von Arsenik gab es internationale Vorstösse. 1883 wünschte die britische Regierung vom Bundesrat alle in der Schweiz geltenden Gesetze und Reglemente über die «Herstellung, die Verwendung und den Verkauf von Farbstoffen, welche Arsenik oder andere giftige Substanzen enthalten», zu kennen, da sie die schädlichen Wirkungen gewisser in Tapeten und ähnlichen Fabrikaten enthaltenen Farbstoffe bekämpfen wolle. Kreisschreiben des Bundesrats an sämmtliche eidgenössischen Stände, 24.2.1883 (StAAR Ca.C12-40-14-05-03). Vgl. Bundesratsprotokoll, 5.10.1860, 23.2.1883; Bericht von Fridolin Schuler an das schweiz. Handelsdepartement, 14.12.1882 (BAR E 7202-1000/1081-84).

23 J. Spinner, Arbeiterschutz und gewerbliche Vergiftungen in der Schweiz. Bern 1913, S. 1 (SozArch KS 331/103).

Schadenersatzforderungen

Die Tatsache, dass die Gelb-Phosphor-Zündholzproduktion 1898 definitiv verboten wurde, nahmen die Frutiger Zündholzfabrikanten nicht einfach hin. Mit einer neuerlichen Petition wandten sie sich an die Bundesversammlung und baten diese, das Verbot entweder aufzuheben oder die Frist, innert welcher noch Gelb-Phosphor-Zündhölzchen produziert werden dürften, zu verlängern. Wie die Fabrikanten schrieben, würden durch das Gelb-Phosphor-Verbot «sehr wertvolle Maschinen und technische Einrichtungen», Arbeitslokale sowie eine unerhebliche Menge von vorhandenen Rohstoffen unbrauchbar und nahezu wertlos. Belastend sei die Situation für sie zudem dadurch, dass die Produktion von Sicherheitszündhölzchen viel teurer als diejenige von Gelb-Phosphor-Zündhölzchen sei. Das für die Produktion der Sicherheitszündhölzchen benötigte Aspenholz, der Holzdraht und die Schachteln müssten aus dem Ausland bezogen werden. Es entstünden «bedeutende Fracht- und Zollspesen», während die Gewinne aus der Produktion von Sicherheitszündhölzchen äusserst zweifelhaft seien. Zu alledem lauere die ausländische Konkurrenz nur darauf, «den schweizerischen Zündholzmarkt an sich zu reißen».[24]

Die Bundesversammlung überwies die Petition dem Bundesrat zur Berichterstattung. Dieser kam zum Schluss, dass das Gesuch der Zündholzfabrikanten abzulehnen sei. Auf allfällige Schadenersatzforderungen sei ebenfalls nicht einzutreten. Da es sich nicht um eine Enteignung von Privatrechten handle, könne von einer Schadenersatzpflicht des Bundes keine Rede sein. Wohl könne dem Einzelnen durch die Abänderung der gesetzlichen Bedingungen «durchaus ein Schaden erwachsen». Dies sei aber auch 1884 der Fall gewesen, als der Bundesrat wegen der Bleivergiftungen bei den Jacquardwebern angeordnet habe, dass alle Bleigewichte an den Webstühlen innert zwei Jahren durch Eisengewichte ersetzt werden müssten. Die Weber hätten infolge dieses Verbots auf eigene Kosten ihre Webstühle umändern müssen. Wenn die Zündholzfabrikanten nun entschädigt würden, wo bliebe «da die

24 Bericht des Bundesrates an die Bundesversammlung, betreffend das Gesuch von 24 schweizerischen Zündholzfabrikanten um Schadenersatz (vom 13.11.1900). In: BBl 1900 IV, S. 565 f.

Gleichheit vor dem Gesetz?»[25] Da sich der Bundesrat 1891 wegen der eventuellen Verstaatlichung der Zündholzindustrie detailliert mit den Kosten und Erträgen aus der Zündholzproduktion befasst hatte, wusste er auch, dass die Entschädigungsansprüche der Petenten zu hoch berechnet waren. Gemäss Fabrikinspektoren wären die Zündholzfabrikanten – diese «Vergiftungsanstalten» – seit jeher finanziell «gar nicht mehr lebensfähig» gewesen, wenn die geltenden Gesetze einmal korrekt angewandt worden wären.[26]

Fazit

Wie die politischen und wirtschaftlichen Debatten und Massnahmen rund um die Zündholzindustrie illustrieren, konnten giftige Substanzen und damit zusammenhängende Berufskrankheiten allgemein anerkannt sein, Regeln und sogar Kontrollen existieren und sich die Zustände dennoch während Jahrzehnten nicht verbessern.

So wie es die Fabrikanten zu Beginn der 1880er-Jahre schilderten, wollten die Konsumentinnen und Konsumenten aus Bequemlichkeitsgründen nicht auf die überall entzündbaren Zündhölzchen verzichten. Die neu herzustellenden Sicherheitszündhölzchen würden sich aus diesem Grund und weil sie teurer seien zu wenig verkaufen, weshalb die Fabrikanten sich wiederum gezwungen sehen würden, mit überall entzündbaren Zündmischungen zu experimentieren. Ob dies wirklich so war, ist aufgrund der zeitlichen Distanz

25 Bericht des Bundesrates an die Bundesversammlung, betreffend das Gesuch von 24 schweizerischen Zündholzfabrikanten um Schadenersatz (vom 13. 11. 1900). In: BBl 1900 IV, S. 568, 570. – Der Bundesrat konsultierte diesbezüglich auch die Fabrikinspektoren und die Experten des Justiz- und Polizeidepartements.

26 Als Rechnungsgrundlage nahmen die Petenten 1000 Franken für jede in der Zündholzindustrie beschäftigte Arbeiterin oder jeden Arbeiter an. Die Zündholzfabrikanten bezifferten den für sie aufgrund der neuen Gesetzgebung entstandenen Schaden 1900 auf 300.000 bis 400.000 Franken. Bericht des Bundesrates an die Bundesversammlung, betreffend das Gesuch von 24 schweizerischen Zündholzfabrikanten um Schadenersatz (vom 13. 11. 1900). In: BBl 1900 IV, S. 570. – «Wir möchten daher von vornherein von jeder Ueberschätzung des Monopols als reiche Einnahmsquelle abmahnen.» Gutachten der eidgenössischen Fabrikinspektoren, betreffend das Zündhölzchenmonopol. In: BBl 1891 V, S. 454 f.

und Quellenlage schwierig zu beurteilen. Nicht auszuschliessen ist es auch, dass sich der Sachverhalt umgekehrt zugetragen haben könnte: Die Zeitungsberichte über die explodierenden Schachteln der Sicherheitszündhölzchen priesen diese nicht als Lösung an, zudem wussten die Konsumentinnen und Konsumenten wohl auch von den Problemen, welche die Zündholzfabrikanten mit ihren experimentellen Zündmassen hatten. Entsprechend war die Nachfrage nach Zündhölzchen aus Frutigen zu dieser Zeit nicht besonders gross.

Gesichert scheint, dass die Frutiger Zündholzfabrikanten während des ersten Gelb-Phosphor-Verbots von 1879 bis 1882 auf ihren Neuerfindungen und Sicherheitszündhölzchen sitzenblieben. Auch für die heimarbeitenden Familien, welche ihren Lebensunterhalt mit der manuellen Produktion von Zündholzschachteln für Gelb-Phosphor-Zündhölzchen verdient hatten, war die Lage in diesen Jahren problematisch. Da im 19. Jahrhundert noch kein Arbeitslosengeld und keine anderweitige staatliche Unterstützung existierten, musste sich die Bevölkerung im Frutigland selbst zu helfen wissen. Einige wählten den Weg der illegalen Gelb-Phosphor-Zündholzproduktion, einige – möglicherweise auch dieselben – setzten sich zudem für die Aufhebung des Gelb-Phosphor-Verbots ein.

Die wirtschaftlichen Hintergründe liefern wohl auch die Erklärung, wieso die föderalen und zentralistischen Ansichten und Handlungsanweisungen so weit auseinandergingen. Für den Bundesrat und die Fabrikinspektoren war die Phosphornekrose eine Berufskrankheit, welche durch das Verbot des gelben Phosphors abgeschafft werden konnte und folglich abgeschafft werden musste. Für den Berner Regierungsrat hingegen war es wichtig, dass in den ohnehin schon armen Tälern keine wirtschaftliche Not ausbrach. Auch wenn mit der Globalisierung und dem dichter werdenden Eisenbahnnetz die Versorgungsmöglichkeiten immer besser und Hungersnöte immer seltener wurden, sollte nicht vergessen werden, dass noch um die Jahrhundertmitte des 19. Jahrhunderts zahlreiche Familien in armen Tälern an Hunger starben. Gesichert ist dies im Fall des Aargauer Ruedertals, in welchem von November 1854 bis April 1855 53 Personen verhungerten. Regional konnten die Unterschiede beträchtlich sein, was sich auch in den wiederholten Auswanderungswellen zeigte, die je nach Region unterschiedlich stark ausfallen konnten. Dies könnte erklären, wieso von den jeweiligen Behörden unmittelbare wirtschaftliche Interessen und gesundheitliche Langzeitfolgen auf unterschiedliche Art und Weise bewertet und gewichtet wurden. Überspitzt gesagt konnte man im 19. Jahrhundert aus «humanitären Bestrebungen» für und gegen die Produktion von Gelb-Phosphor-Zündhölzchen plädieren.[27]

27 Vgl. Thuner Wochenblatt, 30.7.1881; Täglicher Anzeiger für Thun und das Berner Oberland, 14.5.1881. – Zur Situation im Aargauer Ruedertal vgl. Ursula Maurer, Hungerland. Armut und wirtschaftliche Not im Ruedertal um 1850. Baden 2019; zu den verschiedenen Auswanderungswellen vgl. André Holenstein, Patrick Kury, Kristina Schulz, Schweizer Migrationsgeschichte. Von den Anfängen bis zur Gegenwart. Baden 2018.

Des fumées et leur écran. Éteindre les polémiques au sujet des rejets industriels de fluor et de mercure dans les Alpes suisses (1900–1950)

Alexandre Elsig

Abstract

Smoke Screens. Putting an End to the Controversies About Fluoride and Mercury Pollution in the Swiss Alps (1900–1950)
This article explores two cases of industrial pollution that affected the canton of Valais from 1910 to the present day. Driven by hydroelectricity, this agricultural canton entered industrial modernity in the space of two generations and discovered its externalities with fluoride and mercury residues that ravaged crops and made workers, residents and their livestock suffer. The article shows how a small world of experts favourable to the aluminium (AIAG) and carbochemistry (Lonza) industries was set up that first dismissed the lay knowledge denouncing pollution as superstitious, then contradicted Prof. Hector Cristiani's discoveries about industrial fluorosis, and finally controlled the technical choices made in water purification. A community of interests developed between a few recognised experts (Heinrich Zangger, Louis Michaud, Maurice Vouga) and the companies, leading to the imposition of compensation for damages as the standard regulation for the victims of pollution.

L'actualité est marquée à intervalles réguliers par les révélations stupéfaites de l'héritage toxique laissé par les générations précédentes à mesure que les sols sont carottés et analysés.[1] Il n'est alors pas rare que les explications données allèguent que ces polluants se sont accumulés faute de connaissances scientifiques assez avancées pour en mesurer la dangerosité. À rebours de ce discours, les recherches historiques de ces dernières années ont bien montré que ce legs toxique n'est pas le produit d'une ignorance généralisée des risques, mais le résultat de processus cherchant soit à faire accepter ces dégâts

1 Pour ne citer que quelques exemples en Suisse romande: détection de PCB dans les sédiments de la Sarine à Fribourg annoncée en 2009, de mercure et de benzidine dans les sols du Haut-Valais respectivement en 2014 et 2019, de dioxines dans les sols lausannois en 2021.

* L'écriture de cet article a bénéficié du soutien à la recherche d'une bourse Vallesiana du canton du Valais.

comme l'envers nécessaire du progrès économique et technique, soit à les occulter consciemment.[2] Le savoir sur la toxicité industrielle ne relève donc pas d'une simple accumulation patiente et continue de connaissances, mais bien plus d'un rapport de force entre producteurs de connaissances et producteurs d'ignorance. L'ignorance n'est pas seulement l'expression d'un manque, mais elle peut être volontairement générée, d'autant plus facilement que les rapports de cause à effet entre polluants et dommages laissent une large place à l'incertitude et à l'interprétation.[3] Ainsi, il s'écoule parfois des décennies entre le moment des premières alertes sur la toxicité et les réactions législatives pour la limiter, comme le montre la trajectoire de nombreuses substances dangereuses.[4]

C'est dans ces intervalles temporels entre le moment de l'alerte et celui de la réaction politique, dans le temps long de l'invisibilisation puis de l'oubli, que s'insère le travail de l'historienne et de l'historien. Qui savait quoi, et quand? Telle est la question posée par les autorités, la justice et l'opinion pour comprendre le régime des responsabilités qui a rendu ces contaminations possibles. Cette question pertinente doit pourtant être complétée par une réflexion nourrie par les apports de l'histoire des sciences et des savoirs et de l'histoire environnementale: pourquoi savait-on ce que l'on savait et qui décidait de ce qui faisait consensus sur le plan scientifique? Et, pour faire écho aux questionnements de ce numéro d'Itinera, comment ces connaissances interagissaient-elles avec les politiques de gestion des ressources naturelles mises en place par les autorités?

---

2 Pour une synthèse, voir François Jarrige, Thomas Le Roux, La contamination du monde. Une histoire des pollutions à l'âge industriel, Paris 2017.

3 Concernant l'étude de l'ignorance, voir Matthias Gross, Linsey McGoey (éds), Routledge International Handbook of Ignorance Studies, London 2022; Robert Proctor, Londa L. Schiebinger (éds), Agnotology. The Making and Unmaking of Ignorance, Stanford 2008.

4 Parmi une riche littérature, mentionnons: Judith Rainhorn, Blanc de plomb. Histoire d'un poison légal, Paris 2019; Emmanuel Henry, Amiante, un scandale improbable. Sociologie d'un problème public, Rennes 2007; Gerald Markowitz, David Rosner, Deceit and Denial. The Deadly Politics of Industrial Pollution, Berkeley 2002; Christian Simon, DDT. Kulturgeschichte einer chemischen Verbindung, Basel 1999; ainsi que les contributions de Claudia Aufdermauer et de Sabine Pitteloud et Tiphaine Robert dans ce volume.

Ces questions sont au cœur de cet article, qui propose de relire deux affaires de pollution au fluor et au mercure qui ont marqué la plaine valaisanne au 20e siècle et qui symbolisent bien le déploiement de la deuxième industrialisation en Suisse. Le décollage industriel du pays est principalement lié au développement de l'hydroélectricité à partir des années 1880, qui atteint des zones alpines encore largement agraires au tournant du 20e siècle, et qui s'effectue parallèlement au décloisonnement de ces territoires par le percement de tunnels ferroviaires. De grands complexes usiniers s'installent en contrebas des torrents de montagne pour turbiner les eaux, notamment avec les usines d'aluminium de Chippis (AIAG en 1905) et Martigny (Giulini Gebrüder en 1908), ou encore avec les usines électrochimiques de Viège (Lonza en 1909) et Monthey (Fabrique électrochimique en 1905, la future Ciba). Dès 1895, l'économie valaisanne devient une économie d'exportation et le solde migratoire commence à se retourner avec l'arrivée de travailleurs italiens.[5] Portée par des capitaux et des cadres venus de Zurich ou Bâle, cette entrée rapide dans la «modernité» industrielle entraîne son lot de pollutions et de conflits sur l'usage des ressources, opposant agriculteurs et pêcheurs aux industriels sous l'arbitrage de l'État valaisan. Face aux controverses scientifiques qui éclatent, ce dernier s'appuie sur diverses expertises pour déterminer les causes des brûlures qui apparaissent sur les arbres, des maladies qui déciment le cheptel, ou encore des hécatombes de poissons dans le Rhône. L'industrie de l'aluminium ou du carbure cherche alors à occulter les connaissances en invoquant des causes alternatives aux dégâts, notamment des conditions «naturelles» défavorables: épisode de gel, sécheresse du climat, pauvreté du sol, maladies parasitaires... Un argumentaire se met en place, qui traversera quasiment tout le 20e siècle.

Pour comprendre cette longue histoire de pollutions présentes aujourd'hui encore dans les sols, il faut donc se pencher à la fois sur les fumées qui sortaient des cheminées d'usine et des lanterneaux de l'AIAG et de la

5 Alain Clavien, La modernisation du Valais, 1848–1914, in: Jean-Henry Papilloud [et al.] (éds), Histoire du Valais, tome 3, Sion 2002, p. 581–635. Concernant l'industrialisation valaisanne, consulter aussi Luc van Dongen, Grégoire Favre (éds), Mémoire ouvrière. Ouvriers d'usines et industrie en Valais: à la croisée de l'histoire, de la mémoire et de l'art, Sierre 2011; Werner Bellwald, Sandro Guzzi-Heeb (éds), Un peuple réfractaire à l'industrie? Fabriques et ouvriers dans les montagnes valaisannes, Lausanne 2006.

Lonza, mais aussi sur les écrans de fumée stratégiquement entretenus par ces entreprises pour protéger leurs intérêts. La littérature consacrée à l'étude de la production d'ignorance, ou agnotologie, s'est largement appuyée sur les cas des grandes multinationales du pétrole ou du tabac du second après-guerre, principalement aux États-Unis.[6] Cet article propose de décentrer le regard sur des stratégies plus anciennes, consubstantielles au processus d'industrialisation et qui anticipent les formulations théoriques faites aussi bien par les «marchands de doute» liés aux agences de relations publiques que par les économistes de l'OCDE avec le «principe du pollueur-payeur».[7] C'est donc sur l'espace d'un territoire passant d'une économie agraire à la domination du secteur secondaire en deux générations que porte cet article, qui espère contribuer aux discussions portant sur le modèle de gestion de la toxicité de ces «usines à la campagne», ou plutôt ici d'usines à la montagne, qui parviennent à imposer un caractère monoindustriel à certaines régions alpines.[8] Il s'agira également de comprendre comment interagissent les différents échelons politiques (communes, canton et Confédération), de même que les différentes divisions administratives qui cadrent ces problématiques (hygiène industrielle, protection de la pêche et politique agricole). L'analyse s'appuie sur une historiographie de l'aluminium et de ses pollutions désormais bien établie,[9] ainsi que sur la consultation de plusieurs fonds

6 Naomi Oreskes, Erik M. Conway, Merchants of Doubt. How a Handful of Scientists Obscured the Truth on Issues from Tobacco Smoke to Global Warming, New York 2010. Voir aussi David Michaels, Doubt is Their Product. How Industry's Assault on Science Threatens Your Health, New York 2008.

7 Jean-Baptiste Fressoz, Payer pour polluer. L'industrie chimique et la compensation des dommages environnementaux, 1800–1850, in: Histoire & Mesure, 18/1 (2013), p. 145–186.

8 Laure Bonnaud, Emmanuel Martinais, Des usines à la campagne aux villes industrielles. La cohabitation ville / industrie saisie à travers l'histoire du droit des établissements classés, in: Développement durable et territoires 4 (2005).

9 Sur la «guerre du fluor», qui éclate sous ce nom dans le Fricktal argovien dans les années 1950 avant de connaître son paroxysme dans le Valais des années 1970, voir Coralie Neurohr, Le scandale du fluor en Valais (1975–1983), Lausanne 2014; Dominic Ruch, Une route ardue pour un si léger métal. 100 ans d'Aluminium Martigny SA, Zurich 2009; Simon Schwery, Silence et combats autour des émanations nocives des usines d'aluminium de l'AIAG à Chippis, 1908–1930, Lausanne 2005. Voir aussi l'ouvrage contempo-

d'archives publiques (commune de Chippis, Inspection fédérale et cantonale des fabriques, Service cantonal de la pêche)[10] et privées (archives de l'AIAG et les fonds déposés par les deux acteurs principaux de la «guerre du fluor», François Piot et Gérard Vuffray, ainsi que celui du toxicologue Heinrich Zangger).[11] Dans un premier temps, l'article examinera les efforts menés par l'AIAG pour empêcher la reconnaissance des fluoroses industrielles et éteindre les polémiques. Il étudiera ensuite la façon dont la Lonza est parvenue à faire obstacle à la survenue de débats publics autour de ses rejets de mercure dans l'environnement et dans les corps ouvriers. La conclusion mettra en évidence la communauté d'intérêts formée entre industriels et scientifiques, qui a entravé la pleine reconnaissance des maladies industrielles dans et hors des usines de l'AIAG et de la Lonza.

rain du journaliste Urs P. Gasche, Le scandale Alusuisse. La guerre du fluor en Valais, Lausanne 1982. Pour une approche comparative avec la France et notamment la vallée de la Maurienne en Savoie, voir Olivier Chatterji, La «vallée de l'aluminium», une histoire environnementale des territoires alpins face aux pollutions de la grande industrie, Grenoble 2022; Muriel Le Roux, Les industries chimiques et l'environnement. Le cas de l'aluminium, in: Andrée Corvol (éds), Les sources de l'histoire de l'environnement, t. 3, Paris 2003, p. 171–195. Relevons que le conflit lié aux émanations de mercure de la Lonza ou de la Ciba n'a pas encore fait l'objet de la même attention, comme le souligne aussi la contribution de Samuel Beroud dans ce numéro.

10 Par exemple: Archives d'État du canton du Valais (ci-après AEV), AC Chippis; AEV, 3510-2, Inspection des fabriques, 1875–1984; AEV, 5350-1, 2.8., Service de la chasse, de la pêche et de la faune, Souillure des eaux, 1888–1950; Archives fédérales suisses (ci-après AFS), E7201#1987/94#451, Inspection fédérale du travail, Lonza SA, Viège: Correspondance, 1920–1937.

11 Archives économiques suisses (ci-après SWA), PA 600, Firmenarchiv Alusuisse, 1853–2009; AEV, François Piot, 1921–2009; AEV, Gérard Vuffray, 1. Fluor. Lutte contre les émanations de fluor des usines d'aluminium en Valais, 1920–1994; Zentralbibliothek Zurich (ci-après ZB), Nachlass Heinrich Zangger, 279, Gutachten und Unterlagen Chippis-Aluminiumfabrik 1921–1924, 1928, 1933. Cf. François Piot, Baroud de survie. Les abricots au fluor, Lausanne 2010.

Des causes naturelles pour exonérer l'industrie

L'expression «écran de fumée» désigne initialement une stratégie militaire de camouflage des troupes. Au sens figuré, cette expression s'applique bien à l'exemple des pollutions fluorées et mercurielles et à leur occultation par les leviers de la science et de la technique. Ces pollutions sont étroitement liées au contexte de décollage des productions électrochimiques durant la Première Guerre mondiale. Neutre sur le plan militaire, la Suisse commerce avec l'ensemble des belligérants et profite de l'explosion de la demande pour certains produits stratégiques.[12] C'est le cas notamment de l'aluminium, métal léger coulé pour la première fois de façon industrielle en Europe près des chutes du Rhin à Neuhausen en 1888 et dont l'usage s'étend rapidement à l'industrie automobile, ferroviaire ou aéronautique, aux armements, à la vaisselle de guerre. Or l'électrolyse de ce métal est extrêmement énergivore, ce qui a poussé les industriels à s'intéresser à la déclivité des territoires alpins et à leurs chutes d'eau.[13] En 1905, une grande usine s'installe à Chippis dans le Valais central sous l'emblème de l'Aluminium-Industrie-Aktien-Gesellschaft (AIAG, qui prend le nom d'Alusuisse en 1963). Est-elle alors l'usine de production d'aluminium la plus puissante d'Europe, comme l'affirme fièrement une plaquette commémorative en 1942?[14] Il s'agit en tout cas d'un bon exemple de la deuxième vague d'usines d'électrolyse inaugurées dans les années 1900 avec des capacités renforcées, comme celle des Plans à Saint-

12 Roman Rossfeld, «Abgedrehte Kupferwaren». Kriegsmaterialexporte der schweizerischen Uhren-, Metall- und Maschinenindustrie im Ersten Weltkrieg, in: Jahrbuch für Wirtschaftsgeschichte, 56/2 (2015), p. 515–552. Cf. Richard P. Tucker [et al.] (éds), Environmental Histories of the First World War, Cambridge 2018; Philippe Mioche, L'industrie de l'aluminium dans la Première Guerre, in: Patrick Fridenson, Pascal Griset (éds), L'industrie dans la Grande Guerre: Colloque des 15 et 16 novembre 2016, Paris 2018, p. 357–379.

13 Sur l'industrie de l'aluminium, voir Mimi Sheller, Aluminium Dreams. The Making of Light Modernity, Cambridge 2014; Adrian Knoepfli, Im Zeichen der Sonne. Licht und Schatten über der Alusuisse, 1930–2010, Baden 2010; Paul Morel, Ivan Grinberg (éds), Histoire technique de la production d'aluminium. Les apports français au développement international d'une industrie, Grenoble 1992.

14 AIAG, Geschichte der Aluminium-Industrie-Aktien-Gesellschaft Neuhausen, 1888–1938, t. 1, Chippis 1942, p. 134. On parlait alors au pluriel des usines de Chippis.

Jean-de-Maurienne ou celle de Massena de l'autre côté de l'Atlantique. Au cours de sa deuxième année d'exploitation, l'usine de Chippis produit presque 1 900 tonnes d'aluminium primaire et près de 6 700 tonnes à la veille de la Première Guerre mondiale, loin devant le tonnage des autres usines du groupe.[15] Le village de Chippis, qui comptait 282 habitant·e·s en 1900, change complètement de physionomie. Blotti contre les flancs de la montagne par peur des crues du Rhône, il s'étend alors dans la plaine et compte déjà 887 habitant·e·s en 1910. De nombreux bâtiments sont construits avec l'aide de l'AIAG: nouvelle école en 1908, abattoirs, hôtel et poste entre 1909 et 1911.

Formée par l'alliance de capitaux suisses et allemands, l'AIAG profite de ses liens privilégiés avec les Empires centraux durant la Première Guerre mondiale, y exportant jusqu'à 80 % de sa production. À Chippis, la production compte 600 fours en 1914. Il y en a 900 en 1916 et 1250 l'année suivante.[16] La main d'œuvre suit cette courbe ascendante, tout comme le capital-actions et les bénéfices de l'entreprise qui doublent entre le déclenchement du conflit et l'armistice.[17] En 1917, l'usine tourne à plein régime et les fumées goudronnées ou fluorées défrayent la chronique, d'autant plus qu'elles ont tendance à stagner dans la cuvette de ce fond de vallée lors des phénomènes d'inversion de température. La production d'aluminium dépend d'un processus électrolytique qui dissout dans un bain un mélange de bauxite, de cryolithe et de sels fluorés chauffé à près de 1000° C. Se dégagent alors du monoxyde et dioxyde de carbone, du dioxyde de soufre, du gaz fluorhydrique et des poussières fluorées qui colorent la plaine d'un panache bleu, s'ajoutant au panache noir des hydrocarbures aromatiques polycy-

15 SWA, PA 600 b E 6-1-7, Management Seminar, 23 au 25 avril 1980.

16 SWA PA 600 b D 2-1-2, Procès-verbal de la séance du Conseil d'administration du 15 février 1917.

17 Cornelia Rauh, Schweizer Aluminium für Hitlers Krieg? Zur Geschichte der «Alusuisse» 1918–1950, München 2009, p. 8. Concernant les difficultés rencontrées vis-à-vis de l'Entente, voir: Anne de Steiger, Le séquestre des biens de l'Aluminium Industrie Aktiengesellschaft, 1914–1921. Lutte pour le contrôle d'une usine, Genève 1999. Sur les tensions sociales provoquées par la guerre: Alain Schweri, La grève de 1917 aux usines d'aluminium de Chippis. Un exemple de traumatisme industriel en pays agricole, Genève 1988.

cliques (HAP) libérés par la fabrique d'électrodes.[18] Les plaintes des milieux agricoles et sylvicoles dénoncent alors les «brûlures» provoquées par les «gaz délétères» de cette nouvelle industrie.[19] Ce conflit appelle à l'arbitrage de l'État, qui a besoin de l'éclairage de la science pour trancher, car les entreprises nient toute implication causale entre leur activité et les pertes agricoles. De multiples commissions paritaires d'enquête se mettent en place, sur les forêts et les arbres fruitiers, sur les vignes ou encore sur le bétail. Pour l'AIAG, les dégâts seraient dus à de mauvaises conditions climatiques et à un sol trop pauvre et mal entretenu, ce qui favoriserait les attaques d'insectes et de champignons. L'usine accepte l'installation de fumivores dans les fabriques d'électrodes en 1913, mais les halles d'électrolyse n'épurent pas leurs rejets gazeux. Surtout, la direction paie, de main à main, des indemnités auprès des plaignants les plus insistants, sans reconnaître une quelconque responsabilité, mais comme signe de bon voisinage et pour acheter le silence des riverains.[20] Les terres les plus exposées passent directement sous le contrôle de l'usine[21] et les cultures les plus sensibles sont abandonnées au profit de variétés plus résistantes. Les pommes remplacent les abricots, les mélèzes succèdent aux pins, et le directeur de la Station fédérale d'essais viticoles de Lausanne, l'agronome Henry Faes, constate l'excellente résistance des choux, protégés par leur enduit cireux. Il se demande «s'il n'y aurait pas impossibilité à associer sur certains points l'industrie de la choucroute à l'industrie électro-chimique».[22] Une ferme expérimentale est installée par l'AIAG pour montrer qu'il est possible d'obtenir de bons rendements

18 Daniel C. Ménégoz, Protection de l'environnement autour des usines d'électrolyse, in: Paul Morel, Ivan Grinberg (éds), Histoire technique de la production d'aluminium, Grenoble 1992, p. 131–174.

19 Des premiers articles de presse paraissent à ce sujet au début des années 1910: Le Confédéré, 5 août 1911; Le Nouvelliste, 12 septembre 1911.

20 Par exemple: Convention du 30 mars 1926 entre la Bourgeoisie de Sierre et la SAIA [AIAG], mentionnant un premier paiement pour des dommages sur la forêt bourgeoisiale de Finges le 8 septembre 1914.

21 Voir les actes consignés dans: Archives communales et bourgeoisiales de Chippis (AC Chippis), 2014/43, 9.3.1., AIAG.

22 Henri Faes, Les dommages causés aux cultures par les usines d'électro-chimie, Lausanne 1921, p. 103.

agricoles à proximité des usines. Son responsable est un spécialiste d'entomologie, l'ingénieur agronome Fritz Wille, également chargé à partir de 1921 du projet de reboisement de la forêt de Finges, lourdement attaquée par les gaz fluorés.[23] Dans une publication scientifique, Wille reconnaît les dommages, mais il les minimise et les attribue à d'autres causes que celles qui sont liées à la pollution. Sécheresse du climat, mauvaise imperméabilité des sols, vents de vallée puissants et fort risque de gel auraient favorisé la prolifération de maladies cryptogamiques, présentes dans d'autres régions de Suisse. Henry Faes ne partage pas ces conclusions et estime que les parasites sont des causes secondaires de brûlures par les gaz, ceux-ci affaiblissant les défenses des végétaux. Certes, écrit Faes, l'étude des parasites se fait au microscope mais il ne suffit pas d'être un «scientifique de cabinet» pour démontrer «que tel bostriche a pu tuer toute une forêt de pins au voisinage immédiat d'une usine».[24]

Les végétaux ne sont pas les seuls à souffrir des gaz rejetés dans l'atmosphère, les organismes aussi sont mis à rude épreuve. Dès 1917, les procès-verbaux du Conseil communal de Chippis soulignent l'importance centrale prise par ce problème de pollutions, alors que plusieurs «personnes du village se trouvent lésées dans leur santé par ces mêmes gaz délétères».[25] La polémique se concentre alors sur deux points: tout d'abord, l'état de santé des occupant·e·s d'un Institut pour enfants sourds et muets sur la colline de Géronde, situé directement en surplomb des cheminées de l'usine (fig. 1); ensuite, l'étrange maladie qui décime le bétail paissant dans la région. À Géronde, la Congrégation d'Ingenbohl, responsable de l'Institut, menace de déménager aux frais de l'usine suite à la constatation de problèmes de santé: seul un cinquième des sœurs et des enfants ne sont pas souffrants. L'État engage un expert, le professeur de pathologie interne de l'Université de

23 Fritz Wille, Die Rauchschadenfrage der Aluminiumfabriken, mit besonderer Berücksichtigung der Aluminiumfabrik Chippis, Berlin 1922. Wille se spécialise ensuite dans la désinfection des semences. De 1937 jusqu'à sa mort en 1948, il travaille pour la société J.R. Geigy à Bâle, notamment sur les propriétés des fongicides et l'homologation du fameux DDT. Voir Werkzeitung Geigy, octobre-novembre 1948.

24 Faes, Les dommages, p. 30.

25 AC Chippis, 2.1.12, Procès-verbal de la séance du Conseil communal du 28 août 1917.

Fig. 1: Carte postale représentant les usines d'aluminium de Chippis dans les années 1910–1920. On distingue l'Institut pour enfants sourds et muets sur la gauche de la colline de Géronde. La carte postale a été affranchie en 1930. © Phototypie Co., Neuchâtel (collection Pm Epiney, notrehistoire.ch).

Lausanne Louis Michaud, pour étudier la question, sur la recommandation de la direction de l'usine.[26] Son rapport confirme la très mauvaise santé des habitants: il y a des signes de tuberculose, de tachycardie, de pharyngite, d'asthme…[27] Mais Michaud, ancien Doyen de la Faculté de médecine, absout totalement l'industrie. Les fumées seraient trop diluées à cette distance pour provoquer de telles affections. Suivant le paradigme toxicologique énoncé par Paracelse, la dose fait le poison, et dans le cas présent, elle serait quasiment inexistante car l'Institut se trouve à 500 mètres à vol d'oiseau des halles. Pour Michaud, c'est «l'hygiène déplorable du couvent, à cause de l'entasse-

26 Lettre de Henri Détraz, directeur de la succursale de l'AIAG, au Département des finances du canton du Valais, Chippis, 10 mai 1920, reproduite dans Schwery, Silence et combats, p. 135–136.

27 AEV, Fonds Gérard Vuffray, 1.1.1/2, Prof. Dr. Michaud, Rapport d'expertise, Lausanne, 27 août 1920, 76 p.

ment à défaut de place»[28] qui est le principal facteur de la tuberculose, ce qui entraînerait les autres pathologies constatées au sein d'une population à la santé déjà fragile.

Le médecin Meinrad de Werra, qui est au contact des ouvriers et des riverains malades, rédige alors une contre-expertise dans laquelle il attaque ce «plaidoyer pro Aluminio»:

> Pour moi, je l'avoue au risque de passer pour un ignare ou un rustre, que je préfère à cette spécieuse dialectique le gros bons sens du populo qui trouve que, avant qu'il y eut des usines à Chippis, il n'y avait ni gaz ni fumées et l'on dormait en paix […]. Ceci posé, affranchissons-nous des sophismes des savants professeurs de l'université, laissons là le chancelant échafaudage pseudo-scientifique qu'ils ont édifié et écoutons la voix du bon sens qui est en même temps celle du droit, de la justice et de la vérité.[29]

Le rapport de Michaud clôt pourtant le débat et la polémique et illustre bien l'asymétrie de pouvoir symbolique entre certaines expertises officielles liées aux intérêts industriels et les savoirs dits «profanes» produits par des acteurs locaux.[30] Michaud lui-même établit une distinction entre les savoirs autorisés de la science qu'il représente et les savoirs locaux, relatifs aux sens et donc forcément trompeurs qu'il rejette: «Le laïque aura peut-être, à première vue, de la difficulté à adopter nos conclusions, car il voit une contradiction entre les plaintes et les faits (les religieuses ont senti, ont vu les fumées!). Néanmoins, […] les plaintes subjectives des religieuses et le fait que les émanations de l'Usine ne se trouvent dans l'air de Géronde que dans de très

---

28 Cité par le Rapport du Conseil d'État du canton du Valais sur sa gestion pendant l'année 1920, Sion 1920, p. 21–22.

29 Cité par Schwery, Silence et combats, p. 85.

30 Sur l'importance des savoirs profanes dans la naissance postérieure de l'épidémiologie populaire liée à l'exposition à des substances toxiques, voir Phil Brown, Retour sur l'épidémiologie populaire, in: Madeleine Akrich, Yannick Barthe, Catherine Rémy (éds), Sur la piste environnementale. Menaces sanitaires et mobilisations profanes, Paris 2010, p. 53–87.

faibles traces, n'apparaissent dans une contradiction qu'apparente.»[31] En 1921, le Conseil d'État propose le déménagement de l'Institut sans versement d'indemnités de la part de l'AIAG, une proposition qui se réalise en 1929.

De la difficulté de définir une nouvelle maladie industrielle, la «fluorose»

Michaud est également impliqué dans l'autre bataille d'experts qui se joue autour de la maladie de «raideur» du bétail.[32] En 1914, l'ensemble du bétail de la cure jouxtant les usines doit être abattu: les vaches maigrissent, ont des fractures spontanées, convulsent. En 1917 et 1918, avec l'augmentation des productions, la situation devient endémique et touche des animaux de rente paissant dans des communes voisines.[33] Dans cette affaire, l'AIAG ne peut se contenter d'une captation de l'expertise rejetant les savoirs profanes du côté de la superstition populaire. L'entreprise doit se battre sur le plan scientifique et juridique, car en 1922, un rapport défavorable pour l'industrie est établi par le professeur Hector Cristiani de l'Université de Genève, qui étudie la situation pour le compte des plaignants depuis quatre ans.[34]

Cristiani est un hygiéniste et spécialiste de bactériologie âgé d'une soixantaine d'années dont la carrière est faite. Par ses recherches en laboratoire, il parvient à démontrer l'effet pathologique du fourrage contaminé par le fluor sur le squelette de cobayes (fig. 2).[35] Son rapport de 1922 donne

31 AEV, Fonds Gérard Vuffray, 1.1.1/2, Prof. Dr. Michaud, Rapport d'expertise, Lausanne, 27 août 1920, p. 50. Les passages soulignés dans cet extrait sont directement repris du rapport original.

32 AEV, AC Chippis, 2.1.12, séance du Conseil communal du 15 septembre 1917.

33 Hector Cristiani, Raymond Gautier, Le fluor au point de vue de l'hygiène industrielle. Action du fluor sur les animaux, in: Annales d'hygiène publique, industrielle et sociale 3 (1925), p. 49–64.

34 AEV, Fonds Gérard Vuffray, 1.1.1/3, Hector Cristiani, William Silberschmidt, Rapport d'expertise concernant l'usine d'aluminium de Chippis, 14 janvier 1922. William Silberschmidt, professeur de l'Institut d'hygiène de l'Université de Berne, est l'expert désigné par l'AIAG.

35 L'ensemble de la documentation relative à ces expertises et aux contre-expertises diligentées par l'AIAG se trouve dans AEV, Fonds Gérard Vuffray, 1.1.1/1 à 1.1.1./5.

Fig. 2: Dans les années 1920, les expériences que Cristiani mène sur des cobayes lui permettent de définir une nouvelle maladie, la «fluorose». © Hector Cristiani, Les dommages causés à l'agriculture par les émanations des usines, Rome 1927, planche VI.

également des recommandations pour améliorer la situation: il s'agit de fixer ou neutraliser les gaz et poussières et donc de transformer les fours ouverts en fours fermés. Ces perfectionnements sont jugés «malaisés et coûteux», mais ils paraissent indispensables si l'usine devait retrouver son niveau de production du temps de guerre. Cristiani ne verra pas de son vivant de fours d'électrolyse capotés: ceux-ci ne seront développés qu'à la fin des années 1960 par des multinationales de l'aluminium mises de plus en plus sous pression par les dégâts environnementaux qu'elles provoquent.

Dans les années 1920, les implications possibles du rapport Cristiani inquiètent grandement l'AIAG, comme le montrent les archives de sa direction. Dès le début des travaux, plusieurs expertises ont été commandées en vue de porter la contradiction: étude du point de vue chimique et agricole par des membres de la Station fédérale de chimie agricole de Liebefeld, étude du point de vue biologique par Michaud, étude du point de vue médical et anatomo-pathologique par le professeur von Meyenburg de l'Université de

Lausanne.[36] En mars 1922, l'AIAG renforce encore le nombre de ses «conseillers et experts» en se mettant en contact avec le célèbre toxicologue zurichois Heinrich Zangger, sommité internationale dans ce domaine émergent qu'est la prévention des maladies professionnelles, et en débloquant une somme de 20 000 francs pour la réalisation d'études et d'essais.[37] Pour ces experts, le problème viendrait d'un manque d'engrais durant la guerre allié à de mauvaises conditions météorologiques, ainsi qu'à la pauvreté des sols de Chippis en acide phosphorique et en sels calcaires. La maladie constatée sur le bétail serait ainsi une banale ostéomalacie, comme il s'en trouve ailleurs en Suisse.[38]

Un groupe d'agriculteurs et la commune de Chippis réclament alors plus de 250 000 francs suisses pour les pertes occasionnées. Craignant une décision défavorable de la part des juges cantonaux, l'AIAG parvient à faire remonter directement l'affaire à l'échelon fédéral.[39] Cette stratégie recoupe l'avis de Zangger qui, s'il pense que l'expertise de Cristiani est facilement démontable sur le plan scientifique, craint tout de même les conclusions pratiques du rapport et estime qu'«une nouvelle surexpertise doit examiner l'ensemble des questions scientifiques».[40] Il faut dire que l'AIAG fait face à des vents contraires en Valais. Le Conseiller d'État Maurice Troillet, homme fort du gouvernement, entend défendre les intérêts du monde paysan contre

36 AEV, Fonds Gérard Vuffray, 1.1.1/3, Rapport d'Hector Cristiani du 28 juillet 1924.

37 SWA, PA 600 b E 1-1, Procès-verbal de la séance de direction du 19 mai 1922 et du 12 octobre 1923; PA 600 b D 3-1 II, procès-verbal de la séance de la délégation du conseil d'administration du 10 mars 1922.

38 SWA, PA 600 b E 1-1, Procès-verbal de la séance de direction du 5 janvier 1923, citant une analyse faite par le chimiste Charles Dusserre, directeur de la Station fédérale de chimie agricole à Lausanne. Sur les mauvaises conditions météorologiques du temps de guerre et ses implications sociales, voir Daniel Krämer, Christian Pfister, Daniel Marc Segesser (éds), «Woche für Woche neue Preisaufschläge». Nahrungsmittel-, Energie- und Ressourcenkonflikte in der Schweiz des Ersten Weltkrieges, Basel 2016.

39 SWA, PA 600 b E 1-1, Procès-verbal de la séance de direction du 19 novembre 1921.

40 SWA PA 600 b D 3-1 II, Procès-verbal de la séance de la délégation du Conseil d'administration du 4 août 1922 (notre traduction). Pour le détail des échanges entre Zangger et l'AIAG, voir ZB Nachlass Heinrich Zangger, 79, Gutachten und Unterlagen Chippis-Aluminiumfabrik 1921–1924, 1928, 1933.

une entreprise qui, dit-il à la tribune, «s'est implantée en Valais comme en pays conquis».[41] En mai 1922, Troillet convoque l'AIAG, qui refuse l'invitation car celle-ci ne permettrait pas d'avoir une «discussion objective des questions litigieuses»[42]. Le Département de l'intérieur envoie alors un commandement de payer 216 362 francs à l'entreprise. Celle-ci ne donnant pas suite, le canton exige l'installation de nouveaux filtres d'épuration ainsi que l'arrêt de la fabrique d'électrodes. Un projet d'ordonnance prévoit de fixer cette adaptation au 1er juillet sous peine de la décision d'arrêter les fabrications. Mais l'AIAG conteste: en accord avec l'Inspectorat fédéral des fabriques, la direction estime que l'article 9 de la loi fédérale sur les fabriques que compte évoquer le Conseil d'État statue sur la protection des ouvriers et de la population, mais non sur les dégâts agricoles.[43] Troillet accepte alors l'idée d'une nouvelle commission d'enquête auprès du Tribunal fédéral après une entrevue avec Gustave Naville, l'un des membres fondateurs de l'AIAG. En automne 1923, le Tribunal fédéral nomme ainsi comme experts de cette commission les professeurs Bruno Galli-Valério de l'Université de Lausanne, Maurice Askanazy, directeur de l'Institut de pathologie de l'Université de Genève et Heinrich Zangger, ces deux derniers ayant été proposés par l'AIAG.[44]

41 Bulletin des séances du Grand Conseil du canton du Valais, 18 novembre 1921, cité par André Guex, Maurice Troillet: 1880–1961, Zurich 1977, p. 60. Voir aussi Samuel Beroud, La «nationalisation du Valais» dans l'entre-deux-guerres et ses limites. Le projet de «colonisation intérieure» face aux intérêts des industries «étrangères», in: Vallesia LXXVI-LXXVII (2021–2022), p. 395–422.

42 SWA, PA 600 b E 1-1, Procès-verbal de la séance de direction du 20 avril 1922.

43 SWA, PA 600 b D 3-1-2, Procès-verbal de la séance de la délégation du conseil d'administration du 19 mai 1922. Voir également la contribution de Samuel Beroud dans ce volume, pour une discussion de cette carence juridique et son lien avec la préparation de la Loi cantonale du 23 mai 1924 «sur la protection de la santé des hommes et des animaux, ainsi que sur la protection des cultures».

44 SWA, PA 600 b E 1-1, Procès-verbal de la séance de direction du 12 octobre 1923. Le procès-verbal de la séance de direction du 20 avril 1923 mentionnait que l'AIAG allait essayer «de faire nommer M. le prof. Zangger comme président d'une éventuelle commission d'experts» (notre traduction).

La stratégie de l'AIAG consiste alors aussi bien à gagner du temps qu'à semer la confusion grâce à son aréopage d'experts. Les contre-expertises qu'elle soumet au Tribunal fédéral forment un véritable écran de fumées et remettent en question chaque affirmation faite par Cristiani dans son premier rapport. En 1924, 2 000 pages ont déjà été noircies par l'encre des différents experts.[45] Michaud produit par exemple une «étude critique» du rapport Cristiani qui contient 49 points.[46] Toutefois, l'enjeu central se situe dans la reconstitution des conditions vécues par la région durant la guerre, les experts étant d'accord pour considérer l'endémie du bétail comme terminée à partir de 1920 à la suite de la baisse de production. Il y a alors moins de 300 fours en activité contre 1200 au plus fort du temps de guerre. En juillet 1924, Cristiani répond aux différentes critiques dans un rapport de synthèse de 124 pages.[47] Le Genevois réalise une première mondiale en démontrant l'existence d'une nouvelle maladie. Décrivant l'effet pathologique du fourrage contaminé par du fluor sur le squelette de cobayes, il nomme cette affection une «fluorose ou cachexie fluorique» et publie cette découverte au sujet d'une intoxication chronique à partir de «doses relativement très petites».[48]

Cette avancée scientifique n'a pas les implications concrètes espérées par les agriculteurs de la région. Dès 1925, certains se sont rangés derrière un accord d'indemnisation et de taxation des dommages.[49] Quant aux autres, ils abandonnent le combat judiciaire en juin 1929, faute de moyens. Un accord à l'amiable est proposé mais seul un propriétaire le ratifie, les autres étant absents et «déclarent préférer voir continuer le procès» à l'aide des deniers publics, ce qui ne se fait pas.[50] Pour Cristiani, l'affaire est entendue. Ses

45 ZB, Nachlass Heinrich Zangger, 278, Lettre de Heinrich Zangger au prof. Galli-Valerio, Zurich, décembre 1924.

46 AEV, Fonds Gérard Vuffray, 1.1.1/4, Hector Cristiani, Réponse à l'«étude critique» de notre rapport par le Prof. L. Michaud, 25 avril 1924.

47 AEV, Fonds Gérard Vuffray, 1.1.1/3, Rapport d'Hector Cristiani du 28 juillet 1924.

48 Hector Cristiani, Une nouvelle maladie, la fluorose ou cachexie fluorique, in: Presse médicale, 30 (14 avril 1926), p. 469–470.

49 SWA, PA 600 b E 1-1, Procès-verbal de la séance de direction du 9 mars 1925.

50 AEV, Fonds Gérard Vuffray, 1.1.1/4, Lettre de Léon Zufferey à Raymond Evéquoz (avocat des plaignants), 5 juin 1929; Lettre de R. Evéquoz au Département de l'intérieur,

contradicteurs «n'ont pas apporté une lumière scientifique au problème [...] et ils l'ont plutôt embrouillé en généralisant des faits constatés actuellement [...]. Ils ont avancé des conclusions qui prises isolément sont fausses pour ce qui concerne l'endémie de 1917–1919.»[51] Pour le professeur genevois, la manoeuvre dilatoire de l'usine ne fait pas de doute: «[...] l'Usine [...] gagne ainsi du temps, ce qui lui permet d'apporter des perfectionnements à son outillage et à son travail, de manière que lorsque le Tribunal Fédéral nomma, d'accord avec les parties, trois experts, ceux-ci se trouvèrent en présence d'une usine répondant à peu près aux exigences légales et déclarèrent dans leur rapport qu'il leur a été impossible d'étudier les circonstances du passé.» Les quatre cas d'ostéomalacie observés depuis 1924 «ont permis aux experts actuels [...], par une extension abusive de faits isolés observés actuellement, de proclamer que la maladie de Chippis était une banale ostéomalacie!». Certes, Chippis ne vit plus de «désastre», mais la région fait face à une fluorose «latente qui paraît assez généralisée».[52] Les connaissances scientifiques produites dans les années 1930 au sujet de la fluorose confirmeront les travaux de Cristiani et sont discutées dans la conclusion de cet article.

La Lonza et les problèmes posés par le «vif-argent»

Certains savoirs experts sont à même de faire disparaître des cas de pollution de l'agenda politique, comme le montre également l'exemple des rejets de mercure de la Lonza. À Viège, ce sont avant tout les pêcheurs du Rhône qui se plaignent des rejets de cette usine carbochimique. Excroissance du pôle chimique bâlois, la Lonza est active dans la chimie du carbure de calcium et

24 février 1930; SWA, 600 b D 2-1-2, Procès-verbal de la séance du conseil d'administration du 31 mai 1929; AEV, Fonds François Piot, 3.5., Séance du tribunal fédéral suisse du 26 juin 1929, au sujet de la demande Fridolin Antille et consorts.

51 AEV, Fonds Gérard Vuffray 1.1.1/1, Hector Cristiani, Remarques et critiques sur les conclusions d'un rapport d'expertise rendues par les experts Askanazy et Zangger, Genève, 30 janvier 1929.

52 *Idem.* Cf. ZB, Nachlass Heinrich Zangger, 278, Lettre de Bruno Galli-Valerio à Heinrich Zangger, 24 janvier 1928, qui indique qu'il ne souhaite «pas continuer à [s']occuper de cette maudite expertise où il n'y a plus aucune base, car tout à Chippis a été changé.»

de l'acétylène, un gaz d'éclairage, dès 1897 à Gampel, puis en 1909 à Viège.[53] L'introduction de mercure dans le cycle de production doit également être liée à un contexte d'économie de guerre, non plus pour des questions d'opportunité d'exportation comme dans le cas de l'aluminium, mais pour des raisons de problème d'importation. Dès 1917, l'usine fabrique de l'alcool de synthèse suite à un accord avec la Régie fédérale des alcools, dans un contexte de pénurie de produits agricoles en Suisse et à l'étranger. Pour obtenir cet acétaldéhyde, du mercure doit être utilisé comme catalyseur dans le circuit de production de la halle de l'Hydrol.[54] Le directeur de la Régie estimait que l'oxyde de mercure allait se transformer en mercure métallique pour être recueilli sur le sol et réinjecté dans le cycle de production.[55] Pourtant, au moment de la mise en fonction des cuves, les responsables s'attendent à environ huit tonnes de perte dans l'année sur les vingt tonnes de mercure injecté.[56] Ces pertes vont poser principalement problème pour deux «réceptacles» – les eaux de surface et les corps ouvriers, qui relèvent d'une administration différente.

Les ouvriers sont aux premières loges des émanations de mercure, principalement à travers les vapeurs et les sels de mercure dégagés par les cuves. Le système nerveux de certains employés est atteint de *tremor mercurialis* et le tremblement ne leur permet plus d'écrire lisiblement (fig. 3).

53 Werner Bellwald, La Lonza. Du carbure à la biochimie, in: Bellwald, Guzzi-Heeb (éds), Un peuple réfractaire, p. 219–263; Lonza (éd.), 100 Jahre Walliser Industriegeschichte. 100 Jahre Lonza, Visp 1997. Voir également le rapport historique réalisé dans le cadre de la décision de répartition des coûts de la pollution des sols par le mercure: Christian Glenz, Jean-Robert Escher (FUAG – Forum Umwelt AG), Historische Untersuchung. Objekt Grossgrundkanal. Voruntersuchung von belasteten Standorten, Visp 2011; *Ibid.*, Ergänzungsbericht, Visp 2014.

54 Pour le détail des tractations aboutissant à la production de ce «*Karbidsprit*», ainsi que son échec patent dans les années 1920, voir AFS, E6400 A#1000/1054#699, Diverse Drucksachen, 1922–1928.

55 AFS, E6400 A#1000/1054#699, Dr. E. W. Millet, Procès-verbal de la réunion de la délégation de la commission parlementaire des alcools du 11 au 13 novembre 1917 à Brigue.

56 AFS, E6400 A#1000/1054#702, Lettre de la section Chimie du Département fédéral de l'Economie publique à Jules Grosjean, 31 mai 1918.

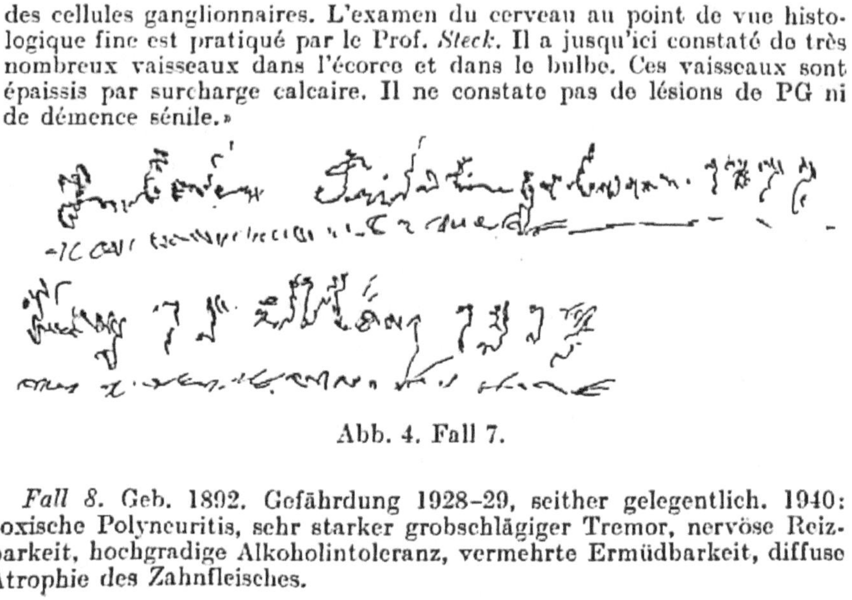

des cellules ganglionnaires. L'examen du cerveau au point de vue histologique fine est pratiqué par le Prof. *Steck*. Il a jusqu'ici constaté de très nombreux vaisseaux dans l'écorce et dans le bulbe. Ces vaisseaux sont épaissis par surcharge calcaire. Il ne constate pas de lésions de PG ni de démence sénile.»

Abb. 4. Fall 7.

Fall 8. Geb. 1892. Gefährdung 1928–29, seither gelegentlich. 1940: toxische Polyneuritis, sehr starker grobschlägiger Tremor, nervöse Reizbarkeit, hochgradige Alkoholintoleranz, vermehrte Ermüdbarkeit, diffuse Atrophie des Zahnfleisches.

Fig. 3: Les ouvriers de la Lonza intoxiqués par le mercure présentent de forts tremblements, comme en témoigne l'écriture de ce malade. © Paul Burgener, Andreas Burgener, Erfahrungen über chronische Quecksilbervergiftungen, in: Schweizerische Medizinische Wochenschrift, 8 (1952), p. 206.

La Caisse nationale suisse d'assurances en cas de maladie (CNA), fondée en 1918, gère alors l'indemnisation et la prévention des maladies professionnelles. C'est à Heinrich Zangger qu'elle fait appel pour expertiser le problème de l'hydrargisme dès l'été 1919.[57] Le procédé de production du bâtiment de l'Hydrol n'est pas réellement modifié, hormis le renforcement de la ventilation et un nettoyage plus complet des sols et des murs. C'est surtout du côté de l'hygiène personnelle que des mesures sont édictées. Des habits de protection, des pommades ou du dentifrice sont fournis aux travailleurs. Les

57 Voir ZB, Nachlass Heinrich Zangger, 182, Untersuchungsberichte Lonza-Werke Visp 1921–1931; *Ibid.*, 269, Gutachten über die Quecksilbergefahr in der Alkoholfabrikation der Lonza in Visp, 1919; Heinrich Zangger, Aufgaben der kausalen Forschung in Medizin, Technik und Recht. Medizin, Industrie-Gefahren, Prophylaxe, Versicherungen, Basel 1936, p. 134 sq.

douches deviennent obligatoires et les ongles doivent être nettoyés après chaque roulement. Surtout, un monitoring est mis sur pied avec un contrôle régulier des urines toutes les trois semaines. Si un certain seuil de mercure est dépassé, l'ouvrier est affecté à une autre halle, moins exposée. Ce tournus est généralisé et les ouvriers ne passent alors pas plus d'un à deux mois au contact des vapeurs mercurielles, voire encore moins pour les ouvriers traitant les déchets de mercure.[58] En dernier ressort, l'ouvrier qui tombe malade est renvoyé à sa propre condition, comme le relève le médecin chef de la CNA en 1939: «Il est bien connu que dans le cas d'intoxications chroniques, il n'y a pas seulement le poison qui joue un rôle causal, mais aussi l'organisme des malades.»[59] Donnant une lecture très positive de ce rapport, l'Inspectorat des fabriques estime alors que «les installations sont aménagées d'une façon qui ne donne lieu à aucune critique au point de vue de la prévention des accidents et des maladies professionnelles et qu'elles peuvent même être citées comme exemple à certains points de vue.»[60] Cet exemple de la dispersion de la charge mercurielle dans les corps ouvriers relève de stratégies d'hygiène industrielle qui consistent bien plus à adapter les travailleurs à la production que le contraire.[61] À Viège, malgré les mesures, environ 250 ouvriers intoxiqués sont indemnisés par la CNA, comme le relèvent les deux médecins généralistes qui y officiaient dans un article paru en 1952.[62]

58 AFS, E7201#1987/94#451, Lettre de la direction de la Lonza à l'Inspectorat fédéral des fabriques, 18 août 1924.

59 AFS, E7201#1987/94#452, Fritz Zollinger, Rapport de visite de la Lonza à Gampel et Viège, 23 mai 1939. Sur l'importance accordée aux facteurs individuels (*«Disposition»*) dans le déclenchement et la gravité des symptômes des intoxications professionnelles, voir Nicole Schaad, Chemische Stoffe, giftige Körper: Gesundheitsrisiken in der Basler Chemie, 1860–1930, Zürich 2003, p. 197 sq.

60 AFS, E7201#1987/94#452, Inspectorat fédéral des fabriques au Conseiller d'État Karl Anthamatten, 27 mai 1939.

61 Sur le projet politique qui cherche à rendre le processus d'industrialisation acceptable, voir Caroline Moriceau, Les douleurs de l'industrie. L'hygiénisme industriel en France, 1860–1914, Paris 2009.

62 Paul Burgener, Andreas Burgener, Erfahrungen über chronische Quecksilbervergiftungen, in: Schweizerische Medizinische Wochenschrift 8 (1952), p. 204–210.

La régulation de la santé au travail reste confinée à un petit cercle d'experts, ce qui est également le cas pour les dégâts provoqués par les rejets de ce métal sur la faune piscicole. Les eaux résiduaires toxiques de l'Hydrol se retrouvent notamment dans le Rhône, des poissons en meurent et les pêcheurs se plaignent dès 1919. La Lonza conteste sa responsabilité en évoquant le pouvoir de dilution du fleuve, qui serait bien suffisant. Une grande enquête cantonale est ouverte, la gendarmerie constate la réalité de la disparition des poissons sur une partie du Rhône et le chimiste cantonal Benoît Zurbriggen relève la forte teneur en ammoniaque et l'alcalinité des eaux sur plusieurs sites industriels. Pour lui, la responsabilité causale de la Lonza et d'autres industries ne fait aucun doute. Les directions restent dans une position de déni. Celle de la Lonza reconnaît seulement qu'elle déverse du lait de chaux dans un marais, mais qu'aucune substance dommageable («*schädlich*») pour le poisson ne sort des usines.[63] Ces affirmations erronées passent d'autant mieux que le Conseil d'État se montre plutôt compréhensif vis-à-vis des besoins spécifiques de l'industrie. Lors d'une séance de conciliation en 1920, le fonctionnaire Joseph de Rivaz rappelle que la loi fédérale sur la pêche de 1888 n'a pas été pensée pour «nuire d'une manière quelconque à l'industrie ou [...] entraver son activité»: «[...] messieurs, nous n'avons nullement l'intention de charger les industries de tous les péchés d'Israël et avons la ferme conviction que, souvent, les pêcheurs lancent des critiques injustifiées à l'adresse de la direction des usines.»[64] Il appelle tout de même à une conciliation entre la protection de la faune piscicole et l'industrie. La raison évoquée par de Rivaz tient toutefois surtout du contrôle social de la main d'œuvre: «Et, Messieurs, puisque vous avez le privilège d'être à la tête des principales industries du pays, vous êtes, mieux que personne, à même de juger s'il est préférable pour l'ouvrier de consacrer ces moments de loisirs à l'exercice de la pêche ou de passer le dimanche accoudé à une table de café, rendez-vous des alcooloques [sic] et des nouveaux apôtres des idées subver-

63 Voir les pièces contenues dans AEV, 5350-1, 2.8.4.3/1, Lonza A.G. Viège, 1919–1926, notamment le questionnaire transmis par le Département des finances contenant les réponses de la Lonza, 1er juillet 1920.

64 AEV, 5350-1, 2.8.5.3., Communication sans en-tête signée par Joseph de Rivaz, annexée au procès-verbal de la conférence concernant la souillure des eaux, Sion, 7 juillet 1920.

sives et malsaines.» L'ouvrier-paysan, idéal-type du pouvoir conservateur craignant la montée du socialisme, est ici aussi un ouvrier-pêcheur.[65]

Pour tenter de trouver une solution technique à ce problème des eaux résiduaires, le canton mandate un expert extérieur en la personne de Maurice Vouga, inspecteur de la pêche du canton de Neuchâtel et ingénieur chimiste de formation. En 1920, il dresse des rapports très sévères pour la Lonza, dont les «explications [...] ne tiennent pas debout».[66] Le bâtiment de l'Hydrol déverse alors une «sauce brune»[67] dans les eaux du canal qui traverse l'usine. Vouga indique qu'il pourrait y avoir une forte amende pour la Lonza mais qu'un arrangement à l'amiable est préférable pour les deux parties. Dans l'attente de la construction de bassins de décantation, il propose d'aleviner un certain nombre de truitelles en guise de compensation.[68] Si la Lonza accepte ce mode opératoire, elle le fait sans reconnaître une quelconque responsabilité. Cette méthode de l'indemnisation ne règle pas le problème à la source et les plaintes des pêcheurs et les expertises se poursuivent, comme en novembre 1922, lorsque le chimiste cantonal mentionne la présence d'aldéhyde acétique dans les eaux et étudie le lavage des boues de mercure, ou en décembre 1925, lorsque des poissons sont retrouvés morts à vingt kilomètres en aval de l'usine. Le garde-pêche Pius Imhof dénonce le fait que les rempoissonnements ne font que déplacer le problème dans le temps, mais Vouga développe de son côté sa doctrine libérale pour justifier des solutions extrajudiciaires et compensatoires. Les acteurs impliqués savent, écrit Vouga, «avec quel souci de la vérité je défends la cause qui m'est chère: la vie du poisson en même temps que celles des industriels et des ouvriers [...]».

65 Sur la pluriactivité des populations de montagne, voir Luigi Lorenzetti, Destini periferici. Modernizzazione, risorse e mercati in Ticino, Valtellina e Vallese, 1850–1930, Udine 2010; Régine Pralong, L'ouvrier-vigneron d'Alusuisse: évolution de cette pluriactivité entre 1930 et 1980, in: Annales valaisannes 111 (2008), p. 111–139.

66 AEV, 5350-1, 2.8.5.3, Lettre de Maurice Vouga au Département des finances, Neuchâtel, 12 mai 1920.

67 Christian Fux, Zukunft mit Lonza seit 100 Jahren. 100 Jahre Lonza-Produkte: von der Carbidlampe zur Feinchemie, 1897–1997, Basel 1997, p. 40.

68 AEV, 5350-1, 2.8.4.3/1, Maurice Vouga, Rapport relatif à l'empoisonnement des eaux du Rhône et du Marais du Rohrfluh par les résidus de la fabrique de la Lonza à Viège, Neuchâtel, 4 septembre 1920.

L'inspecteur loue la «convention tacite, ce bon accord entre le gouvernement [...] et les industries du Valais» qui intervient «sans que l'attirail judiciaire prévu par la Loi fédérale sur la pêche ne soit mis en branle.» Si des poissons meurent dans le Rhône, cela serait dû à des inattentions individuelles et non à des défauts dans les systèmes d'épuration des eaux. L'expert piscicole reconnaît tout de même que pour certains cours d'eau, «on a fait momentanément la part du feu, en sacrifiant un petit tronçon de rivière, une partie d'un canal, qui demeure impropre à la vie du poisson, mais qui dilue, neutralise, oxyde, etc. Et permet finalement à la partie aval des eaux de demeurer saine [...].»[69] C'est le choix qui s'impose alors à Viège avec le «sacrifice» du Grossgrundkanal, ce canal qui recueille les eaux de l'usine et qui a été creusé dans la plaine du Rhône sur une dizaine de kilomètres entre Viège et Rarogne dans la deuxième moitié des années 1920, dans le cadre des travaux d'assainissement et de mise en culture de terres jusque-là marécageuses.[70]

Noyer le poison

Les difficultés économiques rencontrées par la Lonza à la sortie de guerre avaient pu être évoquées pour éviter la prise de mesures plus fermes de la part des autorités. En 1925, la situation financière de la société bâloise s'est pourtant améliorée avec la diversification de ses productions et l'acétaldéhyde est désormais devenu un produit utile à la fabrication de tablettes allume-feu vendues sous le nom de Meta, de fongicides et d'autres dérivés chimiques. De plus, la loi fédérale sur la pêche de 1888, première à réglementer les rejets industriels, avait été complétée par un Règlement spécial du 17 avril 1925 qui n'accordait l'introduction d'eaux résiduaires

69 Maurice Vouga, La pisciculture dans le canton du Valais, in: Bulletin de la Murithienne, 44 (1925), p. 19–33, ici p. 21–22. Cette méthode rappelle celle employée pour préserver la Ruhr par l'utilisation de la rivière Emscher au début du 20e siècle. Voir Joachim Radkau, The Age of Ecology. A Global History, Cambridge 2014, p. 27.

70 AEV, 5350-1, 2.8.5.5., Lettre du président de la commune de Viège Karl Anthamatten au Département de l'intérieur, Viège, 11 février 1932; Michel Salamin, Le Valais de 1798 à 1940, Sierre 1978, p. 243. Le Grossgrundkanal est aussi appelé Schnydrigenkanal.

industrielles dans les eaux poissonneuses que «si ces liquides ont été, avant de parvenir à la rivière, épurés par un procédé approprié (sédimentation, filtration ou tout autre procédé semblable.»[71] En 1926, Vouga rédige un rapport tenant compte de ce nouveau contexte réglementaire. Pourtant, la solution technique retenue n'est pas celle consistant à aménager des bassins de décantation des eaux à la sortie de l'usine, bien que Vouga ait déjà supervisé l'installation de tels étangs-tampons dans le cas de l'épuration des eaux de l'usine chimique de la Ciba à Monthey.[72] À Viège, l'ensemble du Grossgrundkanal doit servir de site de décantation. Le canal devient alors un cours d'eau non poissonneux et il est loué par l'usine pour la somme de 1 000 francs par an. L'expert estime alors préserver le Rhône des pollutions à un coût moindre.[73]

Des rapports annuels sont alors remis par Vouga au Département de l'intérieur de Maurice Troillet, qui a pris en charge ces questions piscicoles. Pourtant, les vagues empoisonnées continuent de se produire, entraînant de nouvelles plaintes des pêcheurs. Certes, dès 1919, l'usine dépose des boues contenant du lait de chaux ou du mercure dans la marais du Rohrfluh, site de l'actuelle décharge de Gamsenried et appelé Groenland ou glacier de la Lonza pour sa couleur blanche, et il y a bien un étang qui est installé à la sortie de la halle de l'Hydrol.[74] En outre, un puits perdu est construit en

71 Règlement reproduit dans Maurice Vouga, Alfred Comtesse, Emile André, La pollution des eaux : Les problèmes qu'elle pose. Leur solution pratique, Rapport et communications présentés à l'Assemblée générale de l'Association suisse de technique sanitaire à Baden, les 16 et 17 juin 1934, Neuchâtel 1934, p. 3–4.

72 Pour le détail des tractations, voir AEV, 5310-1, 2.8.4.2., Service de la chasse et de la pêche, Ciba SA Monthey, 1911–1945.

73 AEV, 5350-1, 2.8.4.3/1, Lettre de Maurice Vouga à Maurice Troillet, Neuchâtel, 15 avril 1926 et Rapport de Maurice Vouga sur la souillure des eaux poissonneuses du Rhône et du Grossgrundkanal par les résidus des fabriques de la Lonza à Viège et à Gampel, Etude biologique-piscicole, Neuchâtel, 11 avril 1926. À titre de comparaison, le bénéfice net de l'entreprise se montait pour 1925 à 2,73 millions de francs (Briger Anzeiger, 7 juillet 1926).

74 ZB, Nachlass Heinrich Zangger, 269, Expertise concernant le danger de mercure dans la fabrication d'alcool de la Lonza à Viège, 18 septembre 1919.

1930, mais il déborde après une année déjà.[75] En 1931, l'idée d'un grand bassin de décantation est relancée, sans qu'elle ne se concrétise. Vouga est-il alors aux ordres de l'usine? Il est difficile de connaître les rapports entre l'inspecteur piscicole et la Lonza sans consulter les archives de l'entreprise. Toutefois, le ton réprobateur des premiers rapports de Vouga fait place à un ton beaucoup plus conciliant au début des années 1930. L'expert reprend alors à son compte le discours de l'entreprise qui indique que des solutions techniques sont à l'étude. Une controverse éclaire son positionnement: en 1932, pour faire face à la crise, la ville de Viège occupe des chômeurs au curage du canal. Cette opération libère de nombreux polluants présents dans la vase et la vague empoisonnée qui est générée étend ses effets jusqu'à quarante kilomètres en aval de l'usine. Le professeur Galli-Valério, spécialiste de bactériologie humaine et animale, est chargé d'expertiser les poissons morts. Il conclut à un empoisonnement par du sulfate de chaux, ce qui accuse indirectement la Lonza. Vouga obtient alors une contre-expertise auprès d'une connaissance de l'Université de Neuchâtel, le professeur de biologie Otto Fuhrmann. Le conflit d'intérêts dans lequel se trouve Vouga se lit dans une missive qu'il envoie à Troillet. Le Neuchâtelois n'a pas voulu effectuer lui-même l'expertise car il est, écrit-il, «plus ou moins l'expert de l'usine de la Lonza».[76] L'expertise Fuhrmann conclut à un empoisonnement organique, une furonculose, qui, telle une maladie cryptogamique, exonère les rejets industriels de toute responsabilité. Vouga demande alors au Département de l'intérieur de ne pas informer les deux experts de leur désaccord. La science réglementaire, celle qui se mène au profit de l'appareil d'État, ne suit pas les mêmes règles que la science académique et n'a pas besoin de se mener devant les pairs. Le rapport final de Vouga conclut lui aussi à une épidémie de furonculose condamnant la ville de Viège et la Lonza à une amende.

En parallèle à ses écrits, Vouga mène à partir de 1927 de nombreuses expérimentations en laboratoire pour connaître la dangerosité des eaux

75 AEV, 5350-1, 2.8.4.3/2, Maurice Vouga, Rapport d'expertise, 16 juillet 1929 et 4 décembre 1931.

76 AEV, 5350-1, 2.8.5.5, Lettre de Maurice Vouga à Maurice Troillet, Neuchâtel, 28 janvier 1932.

résiduaires de l'usine. Il plonge pendant 24 heures des poissons dans un mélange d'eaux résiduaires de l'usine et d'eau propre. Certains résultats sont univoques: «À peine dans l'eau, les poissons cherchent à bondir hors de l'aquarium, ils sont sur le flanc au bout d'une minute et à l'agonie au bout de deux minutes. Le sang jaillit des branchies. Au bout de cinq minutes, tous les poissons sont sans vie au fond du récipient.»[77] À partir de 1933, les rapports de Vouga ne sont plus transmis depuis Neuchâtel, mais c'est la Lonza qui les transmet à l'État. Alors qu'aucune mesure supplémentaire d'épuration n'est imposée, Vouga y évoque les «énormes progrès» accomplis, la «large compréhension» et l'«extrême bonne volonté» de la direction de l'usine pour résoudre un problème qui est présenté comme trop complexe pour qu'une solution soit trouvée à court terme.[78] En parallèle, la pisciculture qu'a construite la Lonza en 1928 permet de fournir environ 120 à 130 000 alevins par an.[79] Pourtant, face aux empoisonnements réguliers, des voix plaident pour d'autres solutions techniques. En 1936, le pisciculteur cantonal Pius Imhof indique par exemple qu'il faut construire un vaste étang de décantation des eaux de 10 000 m^3. En 1943, la gendarmerie cantonale défend également cette idée suite à une nouvelle hécatombe de poissons. Face à ces requêtes, seuls de petits aménagements sont concédés par Vouga. Une écluse de sécurité est installée à la sortie de la fabrication du méthanal (nitrobenzène) et un petit étang retient l'aldéhyde crotonique à la sortie de l'usine. En 1948, Vouga justifie la lenteur des travaux concernant l'épuration des eaux par le fait que le problème est complexe et que les coûts seraient très élevés. Il relance l'idée de construire un grand bassin de décantation, mais l'année suivante, il revient sur ce projet car le directeur de l'usine a jugé que cette solution serait trop onéreuse. Vouga reprend alors les mots de la direction, qui propose un *statu quo ante*, c'est-à-dire d'utiliser le Grossgrundkanal comme étang mélangeur. Jugeant cette solution «élégante», il écrit: «Vous ne trouverez pas tous les jours une Direction aussi à la hauteur que celle que

77 AEV, 5350-1, 2.8.4.3./2, Maurice Vouga, Rapport d'expertise, 16 juillet 1929.

78 Voir les rapports conservés dans: AEV, 5350-1, 2.8.4.3/2, Lonza A.G. Viège, 1927–1950.

79 AEV, 5350-1, 2.8.4.3./2, Lettre de Maurice Vouga au Département de justice et police, Neuchâtel, 5 octobre 1938.

vous avez actuellement. Il faut que cela soit dit et [...] je suis complètement neutre dans cette affaire [...].»[80] C'est l'un des derniers rapports que Vouga rédige après plus de vingt ans d'expertises. Dans son rapport de gestion pour l'année 1950, le Conseil d'État précise alors, concernant l'épuration des eaux de la Lonza, que «les études préliminaires étant maintenant suffisamment au point, la Direction de cette entreprise va pouvoir aborder la phase exécutive.»[81] En prévision de la création d'un étang-tampon, le canal pourra être rendu à la pêche d'après les autorités. Ce projet n'est pas réalisé et il faut attendre la dénonciation de la contamination du lac Léman par le mercure de l'industrie valaisanne dans les années 1970 pour que des réductions drastiques de rejets interviennent à Viège, qu'une station d'épuration des eaux soit construite en 1976 et que ressurgisse publiquement, pour une courte période, la question de la contamination du Grossgrundkanal.[82]

Au-delà de la corruption, une communauté d'intérêts entre industriels et scientifiques

Ces controverses sur la gestion des rejets fluorés et mercuriels mettent en lumière des processus centraux dans la définition scientifique des dégâts industriels ainsi que dans la difficile construction d'un consensus à leur sujet. Premièrement, sur le plan politique, les entreprises naviguent entre différentes échelles pour obtenir une position favorable. Pour la Lonza, sa longue collaboration avec Maurice Vouga lui permet de maintenir les velléités plus interventionnistes de la gendarmerie ou du chimiste cantonaux à bonne distance, alors que l'AIAG préfère basculer à l'échelon fédéral pour contrer les ambitions du Département de l'intérieur dirigé par Troillet ainsi que les

80 AEV, 5350-1, 2.8.4.3./2, Maurice Vouga, Usines de la Lonza à Viège, Situation au 8 août 1949, Neuchâtel, 22 août 1949. Le dernier rapport rédigé par Vouga qui a été conservé dans les archives, datant du 6 décembre 1949, mentionne pour la première fois nommément le problème du mercure, une «matière très dangereuse».

81 Rapport du Conseil d'État sur sa gestion en 1950, Sion 1951, p. 158.

82 Alexandre Elsig, Quand la frontière est polluée: protéger les eaux du lac Léman entre France et Suisse (1950–1980), in: Histoire des Alpes 23 (2018), p. 239–258, ici p. 251 sq.

plaintes de la commune de Chippis. Il ne faut ainsi pas lire ce premier conflit à l'aune de la «guerre du fluor» des années 1970, durant laquelle le canton du Valais est brocardé par les arboriculteurs pour sa passivité. Le caractère monoindustriel de certaines communes de plaine explique alors en grande partie la tolérance légale et politique accordée aux phénomènes polluants. Cette lecture permet de rappeler le décalage du fait industriel en Valais par rapport au Plateau suisse. Si les emplois du secteur secondaire deviennent dominants au niveau national dès les années 1880, cette évolution intervient dans les années 1950 en Valais.[83]

Deuxièmement, sur le plan des savoirs, les causes alternatives des dégâts pointent vers des phénomènes «naturels» qui jouent un rôle dans les évolutions des cultures, des humains et des bêtes – furonculoses, tuberculoses, ostéomalacies –, mais ces causes permettent surtout de diluer et donc de minimiser la responsabilité causale des rejets industriels. La production d'ignorance vise alors tout autant à s'en prendre frontalement à la description des phénomènes toxiques – la contradiction multifactorielle portée contre Cristiani le montre bien – qu'à étudier de façon plus approfondie les autres phénomènes physiologiques pouvant interagir. Pour l'AIAG et les experts qui défendent cette entreprise, Cristiani a commis une «erreur capitale»[84] en n'étudiant que le seul facteur du fluor sans tenir compte des autres facteurs.

Ces remarques permettent de nuancer l'idée d'une simple «corruption» des experts scientifiques par les intérêts industriels. Il y a tout d'abord des convictions scientifiques qui entrent en ligne de compte: tant Zangger que Michaud fondent leur argumentation sur la nécessité d'une approche multifactorielle et sur des relevés chimiques effectués à distance des usines, lesquels ne permettraient pas de retrouver des concentrations d'acide fluorhydrique suffisantes pour qu'elles aient des effets. Ce paradigme de la dilution des substances dans l'air se retrouve pour les eaux avec l'exemple de Vouga et de la Lonza. Ensuite, ce combat mené par des scientifiques de

83 Micheline Cosinschi, Le Valais. Cartoscopie d'un espace régional, Lausanne 1994, p. 175.

84 ZB, Nachlass Heinrich Zangger, 353, Projet de formulation sur les réponses de Galli-Valerio aux deux questionnaires Evéquoz et de Torrenté, sans en-tête, s.l. et s.d.

renom aux côtés de l'électrochimie relève d'une communauté d'intérêts soudée. Les travaux historiques sur les «marchands de doute» ont clairement montré que des intérêts pécuniaires et de pouvoir pouvaient entrer en résonance avec des intérêts idéologiques.[85] Si Vouga ne cesse de militer en faveur de la supériorité des accords privés sur toute régulation étatique, aucune prise de position similaire n'a été relevée chez Zangger ou Michaud. Il n'empêche que les relations entre ces deux chercheurs et le monde industriel sont très étroites. Parallèlement aux expertises officielles destinées aux tribunaux ou aux autorités, des tractations et des échanges poussés sont menés sur la stratégie et les arguments à adopter dans ces controverses. Cela transparaît notamment dans la correspondance entre le directeur de l'AIAG, Julius Weber, docteur en chimie de l'Université de Zurich en 1903, et Zangger, docteur en médecine de la même Université en 1902 – échanges qui couvrent tout l'entre-deux-guerres.[86] Des services sont rendus en retour, comme lorsque l'AIAG recommande Zangger auprès de l'entreprise berlinoise Siemens.[87] Des amitiés sont également nouées, notamment entre Max Huber, président du Conseil d'administration de l'AIAG de 1929 à 1941 et Zangger, ou entre Michaud et ce dernier.[88] De l'argent est aussi en jeu. Au moment de préparer un numéro en hommage à Michaud pour ses 60 ans, sa femme, le Dr. Marthe Michaud-Elskes, fait les comptes des sommes reçues, notamment de la part de l'industrie, en écrivant à Zangger: «Vous aviez aussi parlé autrefois d'un fonds secret de Neuhausen. Je ne m'en souviens pas très bien.»[89] Sans en savoir plus sur ce fonds, il est possible de tracer des

85 Oreskes, Conway, The Merchants of Doubt, p. 248 sq.

86 Voir ZB, Nachlass Heinrich Zangger, cotes 116, 195, 278 et 279.

87 ZB, Nachlass Heinrich Zangger, 195, Lettre du directeur Julius Weber à A. Schalkau (Siemens-Schuckertwerke AG Berlin), Neuhausen, 26 novembre 1927.

88 Voir la préface signée «Dein Max Huber» de Festschrift Heinrich Zangger, Zürich 1935; Louis Michaud, Biographie [de Heinrich Zangger], in: Schweizerische Medizinische Wochenschrift 48 (1944), p. 1251. Cf. ZB, Nachlass Heinrich Zangger, 39, Briefe von Prof. Dr. Michaud, Lausanne, 1924–1949.

89 ZB, Nachlass Heinrich Zangger, 39, Lettre de Marthe Michaud-Elskes à Heinrich Zangger, Lausanne, 23 février 1940 (notre traduction). Il s'agit notamment de dons de 2 000 CHF de Nestlé, de 2 000 CHF de Hoffman La Roche, de 1 000 CHF de Sandoz et de 500 CHF du Dr. Weber.

collaborations directes entre certaines grandes entreprises suisses et ces deux chercheurs. Avec un collègue berlinois, Zangger pense demander un honoraire de 50 000 CHF à la Lonza pour avoir développé une technique de dénaturation devant empêcher les enfants de s'empoisonner en avalant des tablettes Meta, qui ressemblent alors fortement à des bonbons.[90] Il cosigne un article à ce sujet avec Michaud.[91] Celui-ci est connu de son côté comme l'initiateur du projet de la première clinique universitaire lausannoise, qui prend le nom d'Hôpital Nestlé en 1935, grâce à un don d'un million de l'entreprise veveysanne. Le Centre anticancéreux romand qu'il cofonde bénéficie également d'un don conséquent de l'AIAG.[92] Ces collaborations et partenariats public-privé ne suffisent pas à établir de quelconques preuves d'influence directe sur les travaux académiques de Zangger ou de Michaud. Mais elles n'empêchent pas non plus ceux-ci d'avoir été exempts de biais cognitifs au moment d'étudier les fluoroses industrielles, d'autant qu'ils ne publient pas d'articles scientifiques soumis à leurs pairs sur ce sujet précis.

L'histoire de la reconnaissance des fluoroses dans les années 1930 permet de faire une dernière remarque concernant la peur qu'avaient les industriels de voir ces problématiques déborder des murs de leurs usines et dépasser le contrôle qu'ils conservaient grâce à une approche d'hygiène industrielle. La diffusion des travaux pionniers de Cristiani illustre ce phénomène. Défaites sur le plan judiciaire, les recherches de Cristiani connaissent également un revers sur le plan de leur validation en Suisse, alors qu'ils sont plusieurs fois cités à l'étranger et que Cristiani rédige les notices consacrées au fluor et à l'aluminium dans l'ouvrage encyclopédique publié par l'OIT en 1930.[93] Les multiples tentatives du chercheur genevois pour obtenir le prix Marcel Benoist entre les années 1926 et 1930 se soldent par un échec. Le premier examen de ses recherches estime que «si ces faits étaient

90 ZB, Nachlass Heinrich Zangger, 196, Projet de lettre de Heinrich Zangger à la direction de la Lonza, Sils, 5 août 1930.

91 Rudolf Stähelin, Louis Michaud, Heinrich Zangger, Zur Frage der Therapie der Meta-Vergiftungen, in: Schweizerische Medizinische Wochenschrift 29 (1932), p. 674.

92 Pierre-Yves Donzé, L'ombre de César. Les chirurgiens et la construction du système hospitalier vaudois (1840–1960), Lausanne 2007, p. 132 sq.

93 Bureau international du travail, Hygiène du travail. Encyclopédie d'hygiène, de pathologie et d'assistance sociale, 2 vol., Genève 1930.

définitivement démontrés, ils constitueraient un enrichissement notable pour l'hygiène industrielle et pour l'hygiène alimentaire».[94] Mais une intervention de Zangger, membre de la commission de la fondation du prix et lui-même prix Marcel Benoist 1924, déclasse son dossier en arguant que la méthode probatoire utilisée reste incertaine. Ainsi, l'arène de la «science réglementaire», celle qui produit des savoirs influant les décisions administratives, politiques ou judiciaires, influe aussi sur l'arène académique.[95]

Il faut ainsi attendre les années 1930 pour que les symptômes de fluorose industrielle décrits par Cristiani sur le bétail soient également documentés sur les corps humains. Il s'agit d'abord des habitant·e·s de la région italienne de Mori dans le val Lagarina, qui souffrent des émanations de l'usine d'aluminium de la société Montecatini.[96] En 1932, cinq ans après le début de l'exploitation, des taches apparaissent sur la peau de plusieurs enfants et poussent les autorités à ordonner la fermeture de l'usine. Un service de contrôle sanitaire est créé, qui relève 788 cas de maladies en quatre ans. La correspondance de Zangger avec Weber permet de constater que l'AIAG, qui a elle aussi ouvert une usine d'aluminium près de Venise en 1927, suit cette affaire avec beaucoup d'inquiétude, car elle craint que n'arrive, comme l'écrit Zangger, «ce que nous voulions éviter par tous les moyens, c'est-à-dire la déconsidération des événements suisses, tribunal fédéral, etc.».[97] Grâce à la médiation de l'AIAG, le nom de Zangger est

94 AFS, E9510.10#1987/32#182*, Examen par le Dr. Henri Carrière, directeur du Service de l'hygiène publique, s.d. Cristiani alertait aussi sur les risques liés à l'utilisation des sels fluorés pour la conservation des aliments. Sur cette question de l'hygiène des denrées alimentaires, voir Florence Hachez-Leroy, Aluminium in health and food: a gradual global approach, in: European Review of History 20/2 (2013), p. 217–236.

95 Sur la science réglementaire: David Demortain, Expertise, regulatory science and the evaluation of technology and risk: Introduction to the special issue, in: Minerva 55/3 (2017), p. 139–159; Sheila Jasanoff, The Fifth Branch. Science Advisors as Policy Makers, Cambridge 1990.

96 Guido De Luigi, Edgar H. Meyer, Andrea F. Saba, La Società italiana dell'alluminio et son impact sur l'environnement dans la province de Trente (1928–1938), in: Cahiers d'histoire de l'aluminium 14 (1994), p. 38–53.

97 ZB, Nachlass Heinrich Zangger, 122, Projet de lettre de Heinrich Zangger à Julius Weber, 21 juin 1933 (notre traduction). Zangger demande notamment à être orienté par

évoqué pour siéger au sein d'une commission d'État instituée pour étudier la maladie et la Montecatini reçoit les rapports d'expertise menés dans le cadre des affaires de l'Institut de Géronde et du bétail de Chippis. Malgré un grand soulèvement populaire, ce n'est pas cette polémique italienne qui jette le discrédit sur les expertises menées. C'est du Groenland et du Danemark que celui-ci arrive. Au début des années 1930, la fluorose est décrite sur les travailleuses et travailleurs de la cryolithe, entre son extraction dans la mine d'Ivigtut à sa transformation à Copenhague.[98] En 1937, le travail de synthèse de l'hygiéniste Kaj Roholm, mandaté par le gouvernement danois, s'apprête à devenir une référence dans la littérature scientifique. Si Cristiani avait été défait sur le plan judiciaire, «le temps [lui] a toutefois donné raison», comme le reconnaît l'AIAG à la lecture de Roholm.[99] Malgré tout, l'œuvre de Roholm demeure sous l'influence du travail de sape de l'entreprise de Neuhausen, car l'hygiéniste émet des doutes sur la méthode probatoire utilisée par Cristiani et reprend l'idée qu'aucune trace de fluor n'est retrouvée à la sortie des cuves d'électrolyse.[100] Julius Weber tient Zangger au courant de ce travail et évoque un possible compte-rendu. Il estime toutefois que

> du point de vue de l'industrie de l'aluminium, il ne me semble guère opportun, d'un point de vue tactique, d'écrire un article critique aussi détaillé. Ces derniers temps, rien n'a été dit sur la question des dommages causés aux animaux, du moins chez nous. En ce qui concerne les dommages causés aux cultures, nous avons pu nous mettre d'accord assez facilement avec les propriétaires de terrains environnants ces dernières années.[101]

---

l'AIAG, dont les remarques pourraient servir «en cas d'une éventuelle situation judiciaire». *Ibid.*, Lettre de Heinrich Zangger à Julius Weber, 30 mai 1933.

98 P. Flemming-Møller, Sk. V. Gudjonsson, Massive fluorisis of bones and ligaments, in: Acta radiologica 13 (1932), p. 269–294.

99 ZB, Nachlass Heinrich Zangger, 116, Rapport n° 1039 d'Ernst Kocherhans, Neuhausen, 25 août 1937 (notre traduction).

100 Kaj Roholm, Fluorine Intoxication. A Clinical-Hygienic Study, Koppenhagen 1937, p. 39–40.

101 ZB, Nachlass Heinrich Zangger, 116, Lettre de Julius Weber à Heinrich Zangger, Neuhausen, 26 août 1937 (notre traduction).

En 1937, ces dédommagements se montaient à 300 francs.

L'indemnisation des dégâts et leur sous-reconnaissance deviennent ainsi la norme de régulation imposée aux victimes des pollutions fluorées. Après la Deuxième Guerre mondiale, la controverse connaît à la fois un prolongement – les gaz dilués d'acide fluorhydrique peuvent-ils brûler les récoltes d'abricots et les forêts à plusieurs kilomètres des usines? – et un déplacement, car les corps des ouvriers des halles ont connu une imprégnation suffisamment longue pour développer des signes de fluorose du squelette.[102]

La «guerre du fluor» connaît ainsi un temps de «guerre froide» des années 1920 aux années 1960 et cette oscillation entre l'ordinaire de la toxicité et l'extraordinaire de sa dénonciation se retrouve dans le cas du mercure de la Lonza. Si la passivité des autorités cantonales s'explique dans l'entre-deux-guerres par le contrôle que conserve Vouga sur la question durant toute la période, il reste à saisir pourquoi le mercure ne fait plus débat avant les premières alertes scientifiques sur la contamination du lac Léman au début des années 1970. En l'état des recherches, une hypothèse pourrait être que la question de la pollution des eaux, qui paraît prise en main avec la loi fédérale sur la protection des eaux de 1955, est éclipsée par la problématique de la pollution de l'air, qui préoccupe alors grandement la population viégeoise et sur laquelle se concentrent les expertises.[103]

Les décennies de déversement du métal ont ainsi fait leur œuvre et le mercure déposé dans les sédiments du Grossgrundkanal se retrouve largement dispersé dans cette plaine agricole de douze kilomètres de long sur deux de large. Ces boues sont considérées comme utiles pour le remblaiement des terrains de la région et particulièrement fertiles pour l'agencement des jardins et des champs. Au début des années 1980 pourtant, une étude calcule que la teneur en mercure des sédiments du canal dépasse parfois de

102 Sur la difficile reconnaissance de la fluorose par la CNA, voir Emmanuel Neuhaus, «Aus den Reihen der fachlich und charakterlich besonder qualifizierten Ärtze». Die Suva-Ärtze als Spezialisten für Humanfluorose in der Schweiz im 20. Jahrhundert, Bern 2019; Alexandre Elsig, Pour les ouvriers valaisans, la «guerre du fluor» n'a pas eu lieu, in: Cahiers d'histoire du mouvement ouvrier 35 (2019), p. 44–60.

103 Voir le détail dans AFS, E7184 A#2000/394#478*, Firmen A – Z. Lonza AG, Visp, 1966–1971, notamment les expertises de Dieter Högger, président de la Commission fédérale d'hygiène de l'air.

plus de 8 000 fois la teneur naturelle, mais la polémique est rapidement éteinte par des propos rassurants du Département des travaux publics, qui indique que les valeurs moyennes restent stables et que le problème est suivi de près.[104] Le canal disparaît ainsi à nouveau des radars pour une trentaine d'années. En 2011, des restrictions de pêche sont décidées sur le Grossgrundkanal car les poissons qui y sont pêchés contiennent trop de mercure. Les services de l'État «ne peuvent en expliquer clairement la provenance».[105] Ces oublis récurrents des contaminations industrielles invitent à examiner leur histoire au-delà des seuls moments où les polémiques ont éclaté, afin de comprendre comment celles-ci ont été étouffées, parfois à répétition.

104 Monique Viel, François Rapin et Jean-Pierre Vernet, Métaux lourds dans les sédiments fluviatiles, in: CIPEL (éd.), Le Léman. Synthèse 1957–1982, p. 559–565; Bulletin des séances du Grand Conseil du canton du Valais, session ordinaire de mai 1981, p. 241–242.

105 Dépêche de l'Agence télégraphique suisse, 16 juillet 2011. En 2014, l'État informe la population d'une contamination étendue de la plaine par le mercure. Dans les zones d'habitation, plus d'une centaine de parcelles ont dès lors été assainies.

Une pionnière impuissante? La loi valaisanne sur la «protection de la santé des hommes et des animaux» de 1924

Samuel Beroud

Abstract

A Powerless Pioneer? The 1924 Valais Law on the ‹Protection of Human and Animal Health›
In 1924, the Canton of Valais adopted a regulation to protect humans, animals and cultures from pollution. This was the result of more than 15 years of tensions between farmers and the electrochemical industry, which established itself in the canton in the early 20th century. At first sight, this law seemed groundbreaking as it provided much broader protection than the Swiss federal regulations. In practice, it never fulfilled its role because it did not provide the state with the power needed to enforce the law. The article argues that industrialists, initially a marginal political actor who repeatedly feuded with state authorities regarding pollution, had organised in the 1910s. By the 1920s, they had gained enough influence in the state parliament to defeat or reshape major projects presented by the government, including the regulation of pollution.

Canton avec la plus forte proportion de population agricole en Suisse durant la majorité du 20e siècle, le Valais se révèle être l'un des plus gravement touchés par les pollutions industrielles majeures. Mercure, dioxines, hydrocarbures aromatiques polycycliques et substances per- et polyfluoroalkylées se sont accumulés sur divers sites le long du Rhône depuis des décennies, atteignant parfois des concentrations extrêmes.[1] Face à l'indignation populaire, les autorités valaisannes et les dirigeants des grandes industries ont souvent joué la carte de l'ignorance et du relativisme: la toxicité des déchets était supposément méconnue et les questions environnementales n'étaient prétendument pas un enjeu avant le dernier tiers du 20e siècle.[2] Cette ligne de défense ne résiste pas à un examen historique. Les problèmes socio-

1 https://www.vs.ch/web/sen/cadastres-des-sites-pollues (28. 10. 2023).

2 Voir par exemple Télévision suisse romande, Temps Présent, «Alerte au mercure! Un scandale valaisan», 11 septembre 2014. https://pages.rts.ch/emissions/temps-present/6138112-c-est-une-saloperie-par-excellence-11-09-2014.html (28. 10. 2023).

environnementaux engendrés par le développement des usines d'électro-métallurgie et d'électro-chimie ont été une source de tensions importantes entre agriculteurs et industriels valaisans durant tout le premier tiers du 20e siècle.[3] Signe de la conscience aigüe de ces problèmes, une législation avant-gardiste en matière d'environnement est adoptée par le Canton en 1924, près d'un demi-siècle avant qu'une loi d'une portée similaire ne soit acceptée au niveau fédéral.[4] L'objectif de la loi valaisanne est particulièrement ambitieux: il s'agit de contraindre les entreprises soumises à la loi fédérale sur les fabriques à adapter leurs installations afin de supprimer le bruit, les mauvaises odeurs et toute émanation «pouvant porter préjudice à la santé des hommes, à celle des animaux, et aux cultures avoisinantes».[5] Un siècle plus tard, force est de constater que cette loi pionnière n'a pas joué son rôle protecteur.

Contribuant à la littérature émergente sur la pollution dans l'arc alpin au début du 20e siècle,[6] cet article étudie la genèse de cette loi et explore les raisons de son impuissance. Combinant histoire économique, politique, sociale et environnementale, il montre comment les rapports de force socio-politiques au sein du canton et les relations entre les autorités cantonales avec la Confédération et les grandes entreprises suisses ont façonné la réponse valaisanne aux problèmes de pollution. Attentif aux dommages que

3 Voir notamment Frank Garbely, Valais: le canton Alusuisse, in: Tobias Bauer [et al.] (éds), Alusuisse, 1888–1988, Lausanne 1989, p. 181–257 et Simon Schwery, Silence et combats autour des émanations nocives des usines de l'AIAG à Chippis (1908–1930), in: Annales valaisannes. Bulletin trimestriel de la Société d'histoire du Valais romand (2007), p. 197–220.

4 Dans cet article, *Canton* (avec une majuscule) désigne l'État valaisan, *canton* (avec une minuscule) est utilisé pour le territoire géographique.

5 Recueil des lois, décrets et arrêtés du canton du valais de 1923 à 1925, Loi du 23 mai 1924, additionnelle à la loi sur la police sanitaire du 27 novembre 1896, sur la protection de la santé des hommes et des animaux, ainsi que sur la protection des cultures.

6 Olivier Chatterji, Les débuts de l'aluminium en Maurienne: conflits et mobilisations contre les «émanations délétères» (1895–1914), in: Revue française d'histoire économique 4-5/2-1 (2015), p. 214–226; une esquisse d'agenda de travail peut être trouvée dans Alexandre Elsig, Pour une histoire environnementale de l'industrie alpine au 20ème siècle, in: Laboratorio di Storia delle Alpi. Percorsi di ricerca II/2 (2019), p. 35–42.

les usines causent à l'agriculture, un courant politique dit «conservateur progressiste» s'appuie sur la paysannerie pour s'affirmer au sein du Parti conservateur, grand dominateur de la politique cantonale. Au début des années 1920, ce courant devient majoritaire au gouvernement et son fer de lance, le Conseiller d'État Maurice Troillet, initie un projet ambitieux de loi cantonale sur la pollution. Toutefois, le processus déraille. Au lieu de doter le Canton des moyens d'action face à l'industrie pour atteindre les objectifs affichés, le Grand Conseil se contente d'institutionnaliser les procédures conciliatoires utilisées depuis le début du 20e siècle pour traiter les problèmes de pollution bien que celles-ci se soient révélées impuissantes. L'article explique cette décision par l'émergence des industriels comme force politique. En réaction à la montée en force du conservatisme progressiste et aux attaques dont ils font l'objet dans la presse, les industriels s'organisent à partir des années 1910. Alliés aux conservateurs traditionnels, ils parviennent à torpiller plusieurs projets du Conseil d'État qui menacent leurs intérêts au milieu des années 1920, dont une version plus ambitieuse de la loi sur la pollution. Le passage de la loi dans sa version finale sera une victoire à la Pyrrhus pour les milieux agricoles. De facto, il met fin à une décennie de pressions croissantes du Canton pour discipliner l'industrie et institutionnalise l'idée de *conciliation* des intérêts de divers secteurs économiques. À partir de la seconde moitié des années 1920, le Canton se révélera de moins en moins capable de s'opposer à l'industrie et d'accumuler les connaissances nécessaires à la gestion des pollutions chimiques sur son territoire.

L'émergence d'une pensée «environnementale» en Valais: l'industrie comme force étrangère menaçante

Loin d'être un phénomène récent, la prise de conscience des dégâts causés par la pollution industrielle est consubstantielle à l'implantation de grandes usines électrométallurgiques et électrochimiques entre 1895 et la Première Guerre mondiale. Notons à titre de remarque liminaire que si nous utilisons ici les concepts modernes de «pollution» et d'«environnement», la terminologie et la compréhension de ces problèmes sont différentes à l'époque étudiée. Rare, le concept de «pollution» s'employait alors principalement pour parler des eaux. Le terme de «souillure» lui était généralement préféré.

Le concept d'«environnement» était quant à lui inexistant dans son acception écologique. Il faut également souligner que le développement d'une forme de conscience environnementale en Valais s'est effectué dans le cadre d'un plus vaste débat au sujet des avantages et des méfaits de l'industrialisation. Si les milieux d'affaires présentent l'implantation d'usines comme une bénédiction pour sortir le canton d'une pauvreté endémique, d'autres segments de la société la redoutent à cause de leurs effets sur les structures socio-politiques, culturelles et religieuses: urbanisation, transformation des mœurs et de la morale, développement des idées socialistes, etc. Ce discours méfiant est d'autant plus porteur que l'industrialisation constitue un choc exogène, dominé par des capitalistes étrangers. La question de l'environnement se construit ainsi rhétoriquement selon une opposition entre un «nous» – paysans et ouvriers valaisans, aux mœurs montagnardes et traditionnelles, catholiques, vivant en symbiose avec la nature – opposé à un «eux» – industriels et capitalistes étrangers aux mœurs urbaines ou amenant le socialisme, de confession protestante ou juive et souillant la nature.

Jusqu'à la fin du 19e siècle, le Valais est un canton rural dans lequel l'économie de subsistance joue encore un rôle important. La grande majorité de la population est occupée dans l'agriculture et, de manière plus limitée, dans l'artisanat local et le tourisme naissant. Les percées technologiques de la fin du 19e siècle permettant la production d'acides organiques et d'aluminium par électrolyse à une échelle industrielle changent la donne. Resté à l'écart du développement du capitalisme industriel en Europe, le Valais attire l'attention des investisseurs suisses et européens en raison de son exceptionnel potentiel hydro-électrique.[7] Par ailleurs, la construction des tunnels du Simplon (1898–1906) et du Lötschberg (1906–1913) désenclave la vallée et la connecte directement aux régions industrielles de l'espace germanique et de la plaine du Pô.[8] Durant cette époque, le nombre de fabriques augmente

7 Pour un survol historique du développement industriel en Valais: Ferdinand de Torrenté, Le développement industriel du canton du Valais, Genève 1920; Marcel Zurbriggen, Le développement de l'industrie électrique en Valais, Sion 1952; Werner Bellwald, Sandro Guzzi-Heeb (éds), Un peuple réfractaire à l'industrie? Fabriques et ouvriers dans les montagnes valaisannes, Lausanne 2006.

8 Paul Perrin, Le chemin de fer en Valais (1850–1963), in: Annales valaisannes, 13, (1965), p. 307–324.

rapidement, passant de 20 en 1895 à 78 en 1911, puis il se stabilise jusqu'à la Seconde Guerre mondiale.[9] Si le degré d'industrialisation demeure faible en comparaison nationale, certaines usines sont d'une très grande taille et requièrent un capital conséquent pour mettre en œuvre une technologie de pointe. Quatre principaux pôles industriels se constituent et vont être au centre des débats sur la pollution. Chronologiquement, un premier foyer se forme dans le Haut-Valais autour des usines électrochimiques de la Lonza à Gampel (1897), puis à Viège (1909).[10] D'après les journaux valaisans, cette seconde usine est alimentée par la dynamo la plus puissante du monde à son ouverture et sera bientôt équipée du plus grand four du monde.[11] Plus impressionnante encore est la fabrique d'aluminium d'Aluminium-Industrie-Aktiengesellschaft (AIAG) à Chippis (1908) dans le Valais central. Avant la guerre, plus de 30 millions de francs y sont investis, faisant d'elle l'une des plus grandes productrices d'aluminium d'Europe.[12] À Monthey, dans le Bas-Valais, une importante usine produisant de la soude, du chlore et d'autres produits chimiques par électrolyse est fondée à la fin du 19e siècle, puis elle tombe sous le contrôle de la Gesellschaft für Chemische Industrie in Basel (CIBA). Finalement, un pôle industriel constitué d'usines de plus petite taille produisant de l'aluminium et divers produits chimiques (carbure, produits azotés, etc.) se constitue dans la région de Martigny.[13]

L'industrialisation est perçue, non sans raison, comme un phénomène «étranger». Les principales usines sont financées et contrôlées par des capitalistes vivant hors du canton. Les grandes familles valaisannes restent largement en dehors de telles entreprises. Elles n'ont ni le capital, ni le

9 Statistique historique de la Suisse, K.24. Personnel assujetti à la loi sur les fabriques par canton.

10 Sur la Lonza, voir Werner Bellwald, La Lonza. Du carbure à la biochimie, in: Werner Bellwald, Sandro-Guzzi-Heeb (éds), Un peuple réfractaire à l'industrie?, p. 219–264.

11 L'inauguration des Usines de Viège, in: L'Ami du Peuple valaisan, 13 octobre 1909; Chronique industrielle, in: Gazette du Valais, 6 novembre 1917.

12 Sur l'AIAG en Valais, voir Simon Schwery, Silence et Combats autour des émanations nocives de l'AIAG à Chippis, 1908–1930, Mémoire de la Faculté des Lettres, Université de Lausanne, Lausanne 2005.

13 Dominic Ruch, Une étonnante longévité. L'histoire d'une usine suisse d'aluminium à Martigny, in: Cahiers d'histoire de l'aluminium 42–43/1–2 (2009), p. 84–107.

réseau, ni l'expertise technique pour participer à des projets d'une telle ampleur. Contrairement à d'autres régions de Suisse, la bourgeoisie industrielle n'occupe donc pas une position hégémonique dans la société valaisanne. Les efforts de cooptation des élites locales restent limités dans les premières décennies du 20e siècle. La Lonza, qui compte deux membres valaisans dans son conseil d'administration, représente une exception.[14] Si le Valais a été surnommé *canton Alusuisse* dans les années 1980,[15] les relations entre l'entreprise et les politiciens et hauts fonctionnaires valaisans ne se sont développées que progressivement. Jusqu'aux années 1920, l'AIAG s'appuie principalement sur une poignée d'influents hommes locaux issus des grandes familles conservatrices pour protéger ses intérêts ainsi que sur quelques journaux complaisants pour défendre son image. Ces efforts sont néanmoins dénoncés par les milieux conservateurs progressistes et le *Nouvelliste valaisan.*[16] Provenant essentiellement de cantons protestants (Genève, Vaud, Zurich, Bâle) ou de l'étranger, les capitalistes cherchent également l'appui de l'Évêché de Sion. Même si celui-ci offre sa bénédiction lors de l'inauguration des usines, les demandes de dérogation pour le travail le dimanche dérangent dans ce canton encore profondément catholique.[17] Dans les périodes de tensions sociales, les facteurs ethniques et religieux vont être mis en avant par les adversaires des industriels. Cela sera particulièrement le cas avec l'AIAG, qui malgré ses efforts d'helvétisation au cours de la Première Guerre mondiale, est dénoncée comme une entreprise «allemande» et «juive».[18]

14 L'inauguration des Usines de Viège, in: L'Ami du Peuple valaisan, 13 octobre 1909.

15 Garbely, Valais: le canton Alusuisse.

16 Voir par exemple, Un peu d'histoire, in: Nouvelliste valaisan, 14 octobre 1913; Aux usines de Chippis, in: Nouvelliste valaisan, 31 mai 1917.

17 Voir Chippis, in: Nouvelliste valaisan, 8 juin 1909 et L'Inauguration des Usines de Viège, in: L'Ami du Peuple valaisan, 13 octobre 1909.

18 Voir par exemple, Deux esprits, in: Nouvelliste valaisan, 15 juin 1918.

La pollution comme défi économique, social et politique

Parallèlement à ces considérations socio-culturelles, un débat plus fondamental s'engage en Valais, avec un retard notable sur le reste de l'Europe, autour de la compatibilité entre le développement de l'agriculture et celui de l'industrie. L'arrivée des industries lourdes s'accompagne en effet de problèmes environnementaux qui impactent sérieusement le secteur primaire. Les fumées chlorées des usines chimiques du Haut-Valais et de Monthey endommagent rapidement la végétation, tandis que leurs rejets toxiques dans les rivières génèrent des vagues de poissons morts flottant dans le Rhône. Les dégâts dans les régions où s'implantent les fabriques d'aluminium sont particulièrement graves en raison de l'émission de gaz fluorés particulièrement dangereux pour la végétation. À Martigny, où la production d'aluminium a débuté en été 1909, des dégâts sur les arbres fruitiers sont constatés dès le printemps 1910.[19] Autour de Chippis, les problèmes sont encore plus visibles. Les feuilles des vignes montrent de graves brûlures chimiques et la forêt de la région est «entièrement roussie, grillée» sur une surface considérable.[20] Une coupe rase de 10 hectares est ordonnée en 1912 pour éviter la prolifération de parasites dans les arbres mourants.[21] Pire, certains animaux développent des faiblesses osseuses – on commence alors à parler de la «maladie de Chippis».[22]

Les autorités cantonales adoptent une approche pragmatique mettant en balance intérêts sociaux, politiques et économiques pour gérer ces problèmes. Le principe sous-jacent est que les intérêts des industriels sont tout aussi légitimes que ceux d'autres groupes comme les agriculteurs ou les pêcheurs. Il ne s'agit donc pas d'empêcher les usines de se développer mais de s'assurer

19 Archives de l'État du Valais (AEV), 3510-2, 10.11.7.3, Lettre du président de la Commune de Martigny-Combe au Conseil d'État du Canton du Valais, 24 juillet 1911, 121 co-signataires.

20 Les fumées des usines, in: L'Ami du Peuple valaisan, 11 mars 1914.

21 AEV, 6900-1, 627/1, Protocole de la conférence du 11 mars 1958 au Buffet de la Gare à Sierre au sujet du dépérissement de la pinède de Finges.

22 Alain Schweri, La grève de 1917 aux usines d'aluminium de Chippis: un exemple de traumatisme industriel en pays agricole, Mémoire de la Faculté des sciences économiques et sociales de l'Université de Genève, 1988, p. 66.

que les dégâts qu'elles causent aux autres acteurs économiques soient compensés par des réparations. Ces compensations sont censées apaiser le mécontentement et rendre ainsi l'industrialisation socialement acceptable. En revanche, l'idée que la «nature» doit être protégée en tant que telle est pratiquement inexistante. Les appels néoromantiques de l'artiste Edmond Bille et du *Schweizer Heimatschutz* visant à sauver les cascades et à protéger le paysage en tant que tels n'ont guère d'écho dans les milieux politiques valaisans.[23] Dans la pratique, des commissions sont mises en place par le Canton pour déterminer les causes des dégâts puis estimer leur montant. Elles sont le plus souvent composées de trois membres: un expert est désigné par les plaignants, un second par l'industrie, le troisième est parfois choisi consensuellement par les deux premiers, parfois désigné directement par l'État. Tant à Chippis qu'à Martigny, les experts n'ont aucun doute quant à la responsabilité des fumées industrielles dans le dépérissement des cultures et des forêts. L'hypothèse d'une maladie, suggérée par les industriels, ne tient pas la route: les usines forment clairement des épicentres; les dégâts diminuent alors que l'on s'en éloigne mais suivent la direction du vent. Par ailleurs, tous les végétaux sont impactés, y compris des espèces particulièrement résistantes comme le gui, rendant l'idée d'un parasite ou d'une épidémie irréaliste.[24] Bien que les industriels feignent l'incompréhension, leur responsabilité n'a rien d'une surprise: reconnue coupable de problèmes similaires dans le canton de Schaffhouse, l'AIAG a accepté d'y installer des filtres pour réduire les dégâts plus d'une décennie auparavant.[25] Mauvaises perdantes, les usines valaisannes rechignent à prendre de telles mesures, réclament des expertises supplémentaires et utilisent diverses excuses pour faire traîner les choses. Par ailleurs, elles se montrent menaçantes vis-à-vis du Canton. Dénonçant les «dommages incalculables» que lui causent les «polémiques dans les journaux» et les «chicanes» administratives, la direction de la fabrique d'aluminium de Martigny prétend par exemple envisager de

23 Edmond Bille, Le Valais en danger, in: Nouvelliste valaisan, 15 janvier 1918.

24 Les fumées des usines, in: L'Ami du Peuple valaisan, 11 mars 1914.

25 Les gaz délétères de l'usine d'aluminium. Une expertise intéressante, in: Nouvelliste valaisan, 12 septembre 1911.

«transférer complètement notre Usine hors du pays».[26] Cette attitude arrogante cause sans surprise d'importantes frictions avec les populations riveraines et les élus locaux qui alimentent les journaux, généralement acquis à la cause des locaux.

Sous pression, les dirigeants des usines s'organisent politiquement. Établie en 1912, l'Union des Industries Valaisannes (UIV) constitue une plateforme qui rapproche les grandes industries «étrangères» des plus petites fabriques du canton et des forces politiques locales. Elle devient rapidement un lobby influent qui défend fermement ses positions face au Canton. Cela se constate notamment lors des discussions au sujet de la pollution des eaux. Conformément à la loi fédérale sur le commerce des denrées alimentaires de 1909, l'État valaisan se dote d'un laboratoire cantonal de chimie et nomme Benoît Zurbriggen, ancien chimiste de la Lonza, comme directeur. Connaissant les pratiques des usines de l'intérieur, Zurbriggen s'intéresse rapidement à la qualité des eaux et à la mortalité des poissons. Les résultats des prélèvements sont inquiétants. Les échantillons collectés à Monthey en 1910 révèlent une teneur en chlore neuf fois supérieure au maximum prévu par la loi fédérale.[27] La situation se détériore les années suivantes. Comme pour les fumées, les usines jouent les naïves. Tantôt elles affirment n'y être pour rien, tantôt elles inventent des excuses invraisemblables: un ouvrier adepte de la pêche aurait volé des produits chimiques pour tuer des poissons en masse; un autre aurait négligemment jeté des «balayures» à l'égout, etc.[28] Accusées par Zurbriggen, elles exigent une «réunion contradictoire» avec ce dernier et demandent à l'État de «laver» leur réputation si leur culpabilité ne peut être démontrée absolument.[29] Elles savent que l'État n'a que peu de chances de

26 AEV, 3510-2, 10.11.7.3, Lettre de Gebrüder Giulini Aluminiumwerk au Département de l'Intérieur, 17 août 1911.

27 AEV, 5350-1 2.8.5.2, Rapport concernant la contamination des eaux du Rhône et la mort des poissons, 18 mai 1915.

28 AEV, 5350-1 2.8.5.2, Union des Industriels Valaisans au Chef du Département des Finances, 14 mai 1915; AEV, 5350-1 2.8.5.3, Protocole de la conférence concernant la souillure des eaux tenue le 7 juillet 1920 à 9 h du matin à l'hôtel du Gouvernement à Sion.

29 AEV, 5350-1 2.8.5.2, Union des Industriels Valaisans au Chef du Département des Finances, 11 juin 1915; Union des Industriels Valaisans au Chef du Département des Fi-

les prendre en flagrant délit lorsqu'elles déversent leurs résidus dans les rivières et canaux.[30] Bien que peu nombreux au Grand Conseil, les représentants de l'UIV sont particulièrement agressifs et imaginatifs dès que les questions de la mortalité du poisson sont soulevées.[31] Jusqu'à la fin de la Première Guerre mondiale, les milieux industriels n'accepteront qu'une concession: le financement de piscicultures cantonales et de programmes de repopulation des eaux, véritable travail de Sisyphe qui ne satisfait personne.

Si les pêcheurs ne forment pas un lobby capable de défendre leurs intérêts face aux industriels,[32] les agriculteurs, principale force sociale du canton, ont une capacité de résistance bien plus conséquente. Certes, leur degré d'organisation en tant que classe est faible, mais ils forment des communautés villageoises soudées et représentent toujours près de 60 % de la population en 1910.[33] Des lettres des autorités locales et des pétitions demandant une intervention du Canton face aux usines s'accumulent à Sion.[34] Élu en 1913, le Conseiller d'État Maurice Troillet hérite du Département de l'Intérieur et de ces questions épineuses. À 33 ans, il a une ambition immense. Conservateur progressiste représentant le Bas-Valais, il cherche à s'attirer les faveurs de l'électorat paysan pour s'imposer face aux grandes familles conservatrices du Haut-Valais et du Valais central qui dominent alors le Parti conservateur. Opposé à l'idée d'un État réduit au minimum, il souhaite que le Canton joue un rôle central dans la modernisation des structures économiques. Son nom sera notamment associé à la création du

---

nances, 27 septembre 1915; Lettre de Zurbriggen à Seiler, Chef du Département des Finances, 12 novembre 1915.

30 AEV, 5350-1 2.8.5.2 Dr Zurbriggen au Conseiller d'État M. Troillet, 7 mars 1915; AEV, 5350-1 2.8.5.2, Lettre de l'agent Vaudan au Commandant de la Police Cantonale du Valais [1915].

31 BSGCCV, Séance du 15 mai 1917.

32 Pour une étude sur le rôle des pêcheurs dans l'émergence d'une conscience écologique, voir Jean-François Malange, Histoire sociale des pratiques de pêche à la ligne en France de 1829 à 1941. Aux origines d'une conscience environnementale, Thèse de Doctorat, Université de Toulouse, Toulouse 2011.

33 AEV 5350-1 2.8.5.3, Protocole de la conférence concernant la souillure des eaux tenue le 7 juillet 1920 à 9 h du matin à l'hôtel du Gouvernement à Sion.

34 Voir le dossier AEV, 3510-2, 10.11.7.3.

réseau routier dans les vallées, d'écoles d'agriculture et de diverses coopératives agricoles. Cette stratégie pro-agricole lui assurera une carrière exceptionnelle: il restera à la tête de son département jusqu'en 1953.[35]

Troillet comprend que les industriels font délibérément «durer le plaisir»: en réclamant de nouvelles expertises et en invoquant des vices de forme lorsque les affaires sont portées au tribunal, ils cherchent à étouffer financièrement les agriculteurs pour décourager la résistance.[36] Pour une fabrique d'aluminium, des frais d'expertise de 1 000 ou 2 000 francs ne sont qu'une faible charge; pour les paysans coalisés, ils représentent en revanche une somme importante.[37] Pour les moins touchés d'entre eux, les émoluments des experts et des avocats dépassent les dédommagements espérés, affaiblissant l'unité des plaignants. À partir de l'automne 1913, Troillet s'engage dans les disputes entre les usines et les agriculteurs et propriétaires de forêts. Il met l'industrie sous pression pour qu'elle paie les dédommagements dus sans toutefois oser s'en prendre frontalement à celle-ci. Si l'AIAG accepte finalement de verser 6 684 francs pour les dommages causés à 19 000 m^2 de vigne,[38] l'usine de Martigny tient en revanche tête au Conseiller d'État et refuse une conciliation présidée par le canton. La possibilité d'une loi pour traiter des problèmes de pollution industrielle est évoquée une première fois en mai 1914. Questionné par la Commission de Gestion du Grand Conseil sur d'éventuelles mesures à prendre pour «protéger l'agriculture contre ces fumées nuisibles», Troillet explique avoir fait pression sur les usines pour qu'elles installent des filtres et acceptent les conclusions des expertises, mais qu'il n'a pas de base légale pour intervenir plus directement. Il se dit toutefois prêt à «examiner cette question de plus près».[39] Une décennie passera avant qu'un projet en la matière ne soit présenté.

35 Sur Troillet, voir André Guex, Le demi-siècle de Maurice Troillet. Essai sur l'aventure d'une génération. Lausanne 1971, 3 volumes.

36 AEV, 3510-2, 10.11.7.3, Maurice Gross à Maurice Troillet, 9 octobre 1913.

37 AEV, 3510-2, 10.11.7.3, Maurice Gross à Maurice Troillet, 23 juillet 1913.

38 Le vignoble et les usines de Chippis, in: Journal et feuille d'avis du Valais, 30 octobre 1913.

39 Bulletin des Séances du Grand Conseil du Canton du Valais (BSGCCV), Séance du 15 mai 1914.

Durant la Première Guerre mondiale, les problèmes de pollution s'aggravent et les fronts se durcissent. Le sentiment que le Valais forme une sorte de protectorat dont les ressources naturelles sont contrôlées par des industries étrangères servant des intérêts différents, voire opposés à ceux des autochtones, se renforce. Cette vision résulte avant tout de la relation tumultueuse qu'entretient la puissante AIAG avec les autorités et la population locale. Travaillant essentiellement au service de l'effort de guerre allemand, l'AIAG s'attire l'hostilité dans la région francophone – et francophile – où elle est installée. L'explosion de ses bénéfices, qui atteignent un record de 19.3 millions de francs en 1917, contraste avec les salaires misérables versés aux ouvriers valaisans.[40] Le climat social s'envenime en 1916. Bien que modestes, les requêtes des ouvriers sont fermement rejetées par la direction de Chippis. Intervenant sur demande des syndicats en été 1916, Troillet pousse l'AIAG à faire des concessions sur la durée de la journée de travail. Les tentatives de la direction de revenir sur ses engagements au début de 1917, l'explosion d'une bombe le long de la conduite forcée de l'usine le 1er mai 1917 et enfin une grève massive créent un climat des plus tendus. L'envoi du Landsturm pour protéger les installations de l'AIAG, sur demande de l'entreprise et sans que Sion n'ait été consulté – violant ainsi la constitution fédérale et la souveraineté cantonale – est vécue comme une humiliation pour le Valais.[41]

Tournant à plein régime, l'usine cause des dégâts toujours plus graves. La forêt de la région est «détruite sur une étendue considérable» et les vignes à proximité sont brûlées par les rejets toxiques.[42] Empoisonné par le fourrage couvert de fluor, le bétail est atteint d'une maladie qui fragilise leurs os et entraine leur décès prématuré – l'ostéomalacie. Plus encore, d'après le médecin du district de Sierre, les ouvriers de l'usine paraissent enclins à développer certaines pathologies. Des atteintes à la santé humaine plus

40 Schwery, Silence et combats, 2007, p. 207.

41 Sur cet épisode, voir BSGCCV, Séance du 26 mai 1917; Benoît Aymon, Un demi-siècle de lutte ouvrière à l'aluminium de Chippis, Mémoire de la Faculté des Lettres de l'Université de Genève, Genève 1979; Schweri, La grève de 1917; Garbely, Valais: le canton Alusuisse.

42 AEV, AC St Luc, P 1281-2, H. Badoux, R. Loretan, E. Muret à la Direction de la Société pour l'Industrie de l'Aluminium [1er mars 1919].

sérieuses encore se retrouvent à Géronde, un institut situé sur une colline en face de l'usine où les enfants sourds-muets et les religieuses qui s'en occupent développent des pathologies troublantes.[43] Le refus de l'AIAG de reconnaître ses torts et de payer des dédommagements malgré ses fantastiques bénéfices accentue le ressentiment au sein de la population locale. Le *Nouvelliste valaisan* tire à boulets rouges sur l'entreprise et dénonce l'écrasement des ouvriers valaisans et des paysans par «l'affreux système patronal et la doctrine antisociale de l'Usine de Chippis» au service de l'effort de guerre allemand.[44] Même la presse ouvrière hésite à attaquer la direction de l'AIAG avec une telle virulence.

Entre 1918 et 1922, de multiples batailles s'engagent pour déterminer la responsabilité de l'AIAG dans ces divers cas. L'AIAG l'emporte sans opposition sur la question de Géronde. L'État accepte les conclusions du professeur Michaud de l'Université de Lausanne affirmant que la responsabilité des fumées ne saurait être scientifiquement établie; il est simplement décidé de déplacer l'institut.[45] Or Michaud travaille en fait pour l'AIAG et bénéficiera d'un généreux financement pour ses recherches quelques années plus tard.[46] Composée de trois experts vétérinaires, la commission chargée d'évaluer les problèmes de santé du bétail de Chippis conclut en revanche à la responsabilité des fumées, mais l'AIAG refuse de reconnaître ses torts et de payer des dédommagements. Mandatés par l'État, deux professeurs des universités de Genève et de Zurich mènent des études sur le fourrage de Chippis et concluent à sa toxicité après avoir constaté ses effets dévastateurs sur 200 animaux de laboratoire nourris avec celui-ci.[47] En réponse, le Conseil d'Administration de l'AIAG débloque 20 000 francs pour la rédaction de rapports mettant en doute ces résultats par des professeurs et chercheurs à sa

43 Voir Schwery, Silence et combats 2005

44 L'Excusateur, in: Le Nouvelliste valaisan, 22 juin 1918. Voir également la série de pamphlets *La défense de la terre valaisanne* publiés en mai et juin 1918.

45 Schwery, Silence et combats 2007, p. 211–213.

46 Schweizerisches Wirtschaftsarchiv (SWA), PA 600 b D 3-1 II, Protokoll der 32. Sitzung der Delegation des Verwaltungsrates, Freitag den 10. März 1922; Feuille commerciale de Sierre et du district, Contre le cancer, 15 janvier 1927.

47 AEV, Gérard Vuffray, 1.1.1/1, [H. Christiani] Remarques et critiques du Rapport Askanazy et Zangger [Hiver 1928–1929].

solde – dont Michaud.[48] Cherchant à gagner du temps, l'AIAG refuse également de se rendre aux réunions avec les agriculteurs organisées par l'État. Réélu brillamment en 1922, Troillet prend une ligne plus ferme face à l'industrie. En mai, il adresse à l'AIAG un commandement de payer de plus de 200 000 francs pour indemniser les agriculteurs et exige l'installation de filtres supplémentaires et la suspension de la production de certains produits. L'AIAG répond que le canton n'a pas de base légale pour cela: la loi fédérale sur les fabriques prévoit des mesures pour protéger les travailleurs et la population mais pas l'agriculture et le bétail.[49]

Troillet charge alors son Département de préparer une loi sur la question. Énonçant les objectifs ainsi que les devoirs théoriques des entreprises en matière d'environnement, la première partie de la loi est acceptée sans changements significatifs par le Grand Conseil en mai 1924. Elle stipule que tout établissement soumis à la loi fédérale sur les fabriques sera obligé d'adapter ses installations afin de «supprimer les bruits susceptibles de troubler le repos public», d'«empêcher le dégagement d'odeurs désagréables ou malsaines» et «l'échappement d'émanations, poussières et fumée pouvant porter préjudice à la santé des hommes, à celle des animaux, et aux cultures avoisinantes» (Art. 4). Par ailleurs, elle interdit formellement aux industries de déverser leurs déchets et eaux résiduelles dans les cours d'eau sans avoir subi «l'épuration jugée nécessaire par l'autorité sanitaire compétente» (Art. 5). Finalement, l'État se dote d'une arme de poids: l'autorisation d'ouverture et d'exploitation des usines est conditionnée au respect de la présente loi (Art. 6). Sur le principe, la loi valaisanne va ainsi bien au-delà de la loi fédérale sur les fabriques qui ne protège que les ouvriers et la population riveraine.[50]

Détaillant les mesures que le Canton peut prendre en pratique pour répondre à la pollution, la seconde partie de la loi est en revanche l'objet d'une dure bataille. Le Département de l'Intérieur souhaite que les litiges

48 SWA, PA 600 b D 3-1 II, Protokoll der 32. Sitzung der Delegation des Verwaltungsrates, Freitag den 10. März 1922.

49 SWA, PA 600 b D 3-1 II, Protokoll der 36. Sitzung der Delegation des Verwaltungsrates, Freitag den 19. Mai 1922.

50 Recueil des lois, Loi du 23 mai 1924.

soient réglés par une commission de trois membres: le premier désigné et payé par l'État, représentant les victimes, le second désigné et payé par les usines et le troisième, un président désigné par l'État et payé par les deux parties. Une fois les responsabilités établies, l'État aurait la tâche d'estimer les dégâts et de déterminer d'éventuelles mesures que les usines devraient prendre pour remédier à la pollution, excluant tout recours. Les organisations suisses et étrangères consultées, incluant la Station fédérale d'essais viticoles de Lausanne, la Schweizerische Versuchsanstalt für Obst-, Wein- und Gartenbau de Wadenswil, l'Inspectorat fédéral des fabriques du 1er arrondissement, les Instituts d'hygiène des universités de Zurich et de Genève, le Bureau International du Travail et l'Institut international de l'Agriculture à Rome, sont globalement très positives sur l'avant-projet. Également consultée, l'UIV se montre en revanche très hostile: elle juge le projet comme «inutile» et dépassant les compétences cantonales. Les expertises juridiques et les consultations avec le Département fédéral de l'économie publique donnent cependant raison au Canton.[51]

La Commission du Grand Conseil chargée de l'examen de la loi n'ose pas se confronter aux industriels. Elle se lance dans une «transformation complète de la deuxième partie de la loi» afin de favoriser la «conciliation» entre les parties.[52] Si l'absence d'archives de cette commission et de l'UIV empêche de suivre le processus en détail, les archives de l'AIAG révèlent une lutte intense contre le gouvernement conservateur progressiste, accusé d'adopter des positions «hostiles à l'industrie». Celui-ci, en plus de la loi sur la pollution, envisage en effet une réforme de la fiscalité qui augmenterait les charges des entreprises. Le Conseil d'Administration envisage le lancement d'une campagne de presse et l'utilisation de contacts personnels pour faire comprendre à Troillet qu'il n'est «pas invulnérable».[53] Par ailleurs, des stratégies pour se rapprocher des élites politiques valaisannes sont imaginées en été 1922. L'idée la plus prometteuse est d'intégrer des politiciens valaisans

51 BSGCCV, Séance du 19 Novembre 1923.

52 *Idem.*

53 SWA, PA 600 b D 3-1 II, Protokoll der 43. Sitzung der Delegation des Verwaltungsrates, Freitag den 22. Dezember 1922 et SWA PA 600 b D 2-1 II, Protokoll der 79. Sitzung des Verwaltungsrates, Freitag den 22. Dezember 1922.

dans les conseils d'administration des filiales locales de l'AIAG comme les barrages.[54]

Remaniée par le Grand Conseil, la seconde partie de la loi désarme le Canton. Sur demande des préfets, le Conseil d'État est simplement tenu de mettre sur pied une commission de «conciliation» en cas de pollution, mais rien n'oblige les industriels à y prendre part. Les parties prenantes doivent s'arranger sur nomination d'«un ou plusieurs experts» qui évalueront les responsabilités et les dégâts. Toutefois, les parties peuvent à tout moment renoncer à cette procédure à l'amiable pour se tourner vers les tribunaux.[55] Autrement dit, le Grand Conseil institutionnalise la procédure employée depuis le début du siècle bien que celle-ci ait montré des limites criantes. L'idée d'une loi avait été lancée pour renforcer les pouvoirs du canton; au final, elle cimente le statu quo. N'étant pas automatiquement défendus par l'État, les lésés doivent supporter une partie des coûts d'expertise. Au vu de la capacité financière limitée des agriculteurs, seuls les cas où plusieurs exploitants sont sérieusement touchés aboutissent à des procédures. Pire, les expertises menées par les commissions de conciliation ne sont pas automatiquement reconnues si les procédures à l'amiable sont abandonnées au profit d'une action au tribunal. Cela rend la culpabilité des entreprises difficile à établir en raison de la décomposition du feuillage des végétaux.

Donner corps à la loi: le problème des normes de pollution

En ce qui concerne les autorisations d'exploitation, le Canton se heurte à un problème dans l'application de la loi: que signifie en pratique «pouvant porter préjudice à la santé»? Pionnier sur le plan de la législation environnementale, le Valais se retrouve face à un désert normatif. La Confédération a certes déjà défini certaines valeurs limites en matière de pollution des eaux, mais celles-ci concernent des éléments courants tel le chlore et non pas des

54 SWA, PA 600 b D 3-1 II, Protokoll der 38. Sitzung der Delegation des Verwaltungsrates, Freitag den 4. August 1922 et Protokoll der 39. Sitzung der Delegation des Verwaltungsrates, Freitag den 25. August 1922.

55 Recueil des lois, Loi du 23 mai 1924.

composants chimiques complexes tels ceux produits par l'industrie valaisanne. De même, il n'existe pas de normes en matière de pollution chimique de l'atmosphère au niveau suisse ou international. Faut-il interdire certaines substances et procédés de fabrication? Quelle concentration de chaque polluant est tolérable pour les humains, les animaux et les plantes? Le Valais ne va pas parvenir à répondre à ces questions. Au lieu de favoriser l'émergence des valeurs de référence dont auraient pu s'inspirer d'autres gouvernements, l'adoption de la loi sur la pollution est suivie d'une stagnation dans l'acquisition des connaissances, voire, à moyen terme, d'un déclin de l'expertise. Cela s'explique essentiellement par des raisons structurelles: le manque de ressources financières, scientifiques et techniques.

À l'instar d'autres cantons suisses, le Valais fait face à des problèmes budgétaires importants au début des années 1920. La crise qui frappe les économies capitalistes à la sortie de la Première Guerre mondiale et les mesures publiques prises pour combattre le chômage grèvent le budget. Majoritaires au gouvernement, les conservateurs progressistes se lancent dans un programme de modernisation des infrastructures entraînant une hausse des dépenses sans amener de rentrées supplémentaires à court terme. Présenté en 1922, le projet de réforme fiscale suscite une vive opposition de la part des grandes entreprises installées en Valais, qui rejettent toute augmentation des taxes sur le capital et les bénéfices. Après de longs débats, le projet est accepté en première lecture en juin 1923, mais il est torpillé en seconde lecture en novembre de la même année. Invoquant l'incapacité de l'économie à supporter une hausse d'impôts en période de crise et anticipant un rejet par le vote populaire, le Grand Conseil abandonne le projet. Il charge alors le gouvernement de préparer à la place une réforme des impôts sur les successions.[56] Ce nouveau projet est finalement balayé en votation populaire en 1925.

Par ailleurs, le Valais ne dispose pas d'une université cantonale sur laquelle s'appuyer. Au moment du passage de la loi, l'État compte principalement sur deux hauts fonctionnaires capables d'appréhender scientifiquement les problèmes de pollution: le chef du service cantonal de viticulture Henri Wuilloud et le chimiste cantonal Zurbriggen. Premier valaisan diplômé

56 BSGCCV, Séance du 15 novembre 1923.

en agronomie à l'École Polytechnique Fédérale de Zurich et docteur en sciences naturelles de l'Université de Milan, Wuilloud ne reste toutefois à la tête du service de viticulture qu'entre 1921 et 1927, poste qu'il occupe en parallèle de ses charges d'enseignement dans diverses écoles d'agronomie. Le pugnace Zurbriggen va quant à lui être progressivement évincé au profit d'un expert externe, l'inspecteur neuchâtelois de la pêche Maurice Vouga. Ce dernier est engagé en 1920 par le gouvernement conservateur-progressiste pour s'attaquer au problème de la pollution des rivières valaisannes. En 1920–1921, Zurbriggen et Vouga mènent une politique déterminée. Ils visitent systématiquement les usines du canton et les pressent d'adapter leurs installation pour éviter la pollution des eaux, notamment par la construction de dépotoirs et de bassins de décantation.[57] Mais cet effort vaut à Zurbriggen des ennemis puissants et, dès 1921, les coûts de fonctionnement du Laboratoire cantonal sont dénoncés comme excessifs au Grand Conseil.[58]

Plutôt que de se doter d'une expertise propre, le Canton externalise la gestion de la pollution dans la seconde partie des années 1920 et cherche à coopérer avec les chimistes des usines elles-mêmes. Cette approche est le résultat d'un changement de dynamique politique. Si Troillet et les conservateurs progressistes avaient le vent en poupe à la sortie de la guerre et misaient sur une ligne résolue face à l'industrie pour s'attirer les faveurs des agriculteurs, les attaques combinées des conservateurs traditionalistes soutenues par les milieux industriels se révèlent efficaces. En plus de l'échec de la réforme fiscale et du sabotage de la loi sur l'environnement, les conservateurs progressistes perdent leur majorité au gouvernement et Troillet ne sera pas réélu au Conseil national en 1925. En difficulté sur divers dossiers, ce dernier abandonne toute rhétorique de confrontation avec l'industrie; «conciliation» devient le maître mot.

À partir de 1926, afin de minimiser les coûts, Vouga devient l'expert unique – représentant à la fois l'État et l'industrie – en matière de pollution des eaux. Son action est guidée par un objectif pragmatique: assurer la survie des poissons. La méthodologie est sommaire: il reçoit des bombonnes de liquides de la part des usines, dont il ignore généralement la composition, et

57 Voir le dossier AEV, 5350-1 2.8.5.3

58 BSGCCV, Séance du 15 novembre 1921.

y plonge une dizaine de poissons de diverses espèces. Lorsqu'une majorité évidente survit pendant quelques heures, le liquide est déclaré suffisamment propre pour être rejeté dans les rivières. Dans certains cas, les liquides sont si acides ou alcalins que les poissons sont tués quasi instantanément et commencent à se dissoudre après quelques minutes. Dans d'autres cas, le liquide s'avère toujours létal après de nombreuses dilutions. Dans ces cas, suspectant la présence de substances affectant le système nerveux et/ou sanguin, l'expert recommande la création de puits perdus pour que ces liquides n'atteignent les eaux des rivières qu'après avoir subi un certain filtrage naturel par le sol.[59] Ces procédures négligent donc les conséquences à moyen et long terme des polluants et de leur accumulation. En fait, elles contribuent à disperser les polluants: les boues résiduelles, extraites des bassins de décantation par les ouvriers, à la pelle et sans protection, sont ensuite déposées sur des terrains appartenant aux usines sans autres mesures pour éviter leur dissolution et dissémination par les pluies.[60]

Pire, ces procédures ne permettent pas au Canton d'identifier ces composants toxiques et d'établir des normes en la matière. Trahissant les incertitudes de Vouga, ses rapports se caractérisent par l'utilisation fréquente de verbes comme «sembler» et «apparaître», d'adverbes comme «visiblement» ou «manifestement» dans les parties relatives aux observations, ainsi que par l'emploi systématique du conditionnel et d'expressions telles que «il est à espérer» et «si tout va pour le mieux» dans les parties recommandant des mesures.[61] Évaluant lui-même l'efficacité de son travail, Vouga dit constater une amélioration de la qualité des eaux; certaines formes de vie reprennent dans des canaux extrêmement pollués au début des années 1930. Toutefois, ces efforts se relâchent durant la Grande Dépression. Faute de budget et de volonté politique, le programme est largement suspendu dans les années 1930.

59 Voir les différents rapports de Vouga in: AEV, 5350-1 2.8.4.3.

60 AEV, 5350-1 2.8.4.3, Maurice Vouga, «Rapport sur le degré de nocivité des résidus alcalins des usines électriques et chimiques de la Lonza, à Viège», 16 juillet 1929. Voir également AEV, 5350-1 2.8.4.2, Maurice Vouga, Zurbriggen, Expertises aux usines de la Société pour l'Industrie chimique à Bâle (Usines de Monthey), 1er novembre 1920.

61 AEV, 5350-1 2.8.4.3.

Le fiasco de Martigny

À en croire les archives encore disponibles sur l'entre-deux-guerres, le Canton n'aurait utilisé qu'une seule fois son arme de dernier recours, la suspension d'autorisation d'exploitation. Malheureusement, cette utilisation se fait à mauvais escient dans la région de Martigny, où les dommages à l'agriculture s'aggravent brutalement à la fin des années 1920. Alors que les indemnités versées par l'usine d'aluminium de Martigny aux agriculteurs se montaient à 2 476 francs par an en moyenne entre 1924 et 1928, les montants oscillent entre 11 500 et 15 500 francs durant la période 1929–1934.[62] La nouvelle usine de magnésium, qui a commencé ses opérations en automne 1928, semble être la coupable toute désignée. L'État ne lui a accordé qu'une autorisation provisoire, précisant que l'octroi de l'autorisation définitive serait «réservé jusqu'au moment où il serait établi de façon absolue que l'usine de magnésium ne dégage pas de chlore».[63] Les paysans de la région s'organisent pour exiger des réparations et réclamer la fermeture de l'usine.[64] Servant d'expert unique, Henri Faes, directeur de la Station fédérale d'essais viticoles et arboricoles, suggère une solution simple pour 1929: l'usine d'aluminium paiera des indemnités équivalentes à la moyenne des années précédentes et l'usine de magnésium paiera la différence. Cette dernière accepte cette solution. Elle est non seulement sous la menace d'une suspension de son droit d'exploitation en raison de ses fumées mais a également été surprise à entreposer des déchets à proximité de la Dranse, donnant à la

62 AEV, 3510-2, 10.11.7.9, Staechlin, Dommage aux cultures par les fumées et gaz s'échappant des usines de Martigny-Bourg, 28 octobre 1931; AEV, 3210-1, 40.07.09.05, Taxations. Dégâts causés par les émanations des gaz des usines de Martigny-Bourg. Récapitulation générale.

63 AEV, 3510-2, 10.11.7.9, Arrêté du Conseil fédéral suisse sur le «recours administratif formé le 26/27 juillet par la Société anonyme pour la fabrication du magnésium, à Lausanne, contre la décision du Conseil d'État valaisan du 6 juillet 1932 qui retire à la société recourante l'autorisation provisoire d'exploiter son usine à Martigny-Bourg», 17 mars 1933.

64 Martigny-Bourg, in: Feuille d'avis de Martigny, 20 juillet 1929.

rivière une alcalinité «formidable».[65] Pour éviter des poursuites pénales, elle accepte d'effectuer des travaux supplémentaires afin de sécuriser ses installations.

Alors que les dégâts aux cultures s'aggravent en 1930, l'usine de magnésium exige une révision de la clé de répartition. Aucun accord ne pouvant être trouvé entre les deux usines, aucune ne paie de dédommagements dans l'immédiat. Deux nouvelles expertises sont demandées en 1931 par l'usine de magnésium pour évaluer la nocivité des différentes fumées sur la végétation. L'usine d'aluminium refuse non seulement d'y contribuer mais également de continuer de payer pour de «prétendus dommages», accusant le bostryche d'être la cause des dégâts.[66] Agacés, les experts notent qu'il est «inadmissible de poser dorénavant la question si oui ou non les gaz et fumées des usines de Martigny peuvent endommager la végétation. Le fait a été établi dans toutes les expertises antérieures par des autorités scientifiques; toute discussion se rapportant aux dégâts causés aux cultures par les fumées ne peut dès lors porter que sur l'ampleur de ces dégâts.»[67] Le bostryche et les autres parasites ne proliféreraient pas autant si les arbres n'étaient pas empoisonnés par les gaz et si les usines payaient les indemnités dues pour l'abattage des arbres malades.

Après maintes tractations, l'usine d'aluminium accepte de désigner un expert mais fait obstruction aux études: elle refuse l'inspection de ses locaux puis se retranche derrière le «secret de fabrication» pour ne pas dévoiler la provenance de ses matières premières. Cette attitude est d'autant plus suspecte que l'usine de magnésium, disposant de technologies plus récentes, n'hésite pas à ouvrir ses portes. Écœuré par son propre mandant, l'expert de l'usine d'aluminium informe Troillet de sa suspicion envers celle-ci au printemps 1932; Troillet pousse l'usine à donner accès aux installations et charge les experts de rédiger un rapport sur le volume et la dangerosité respectifs de la fumée des deux usines. Toutefois, face au mécontentement

65 AEV, 5350-1 2.8.4.19 Imhof, Pisciculteur Cantonal «Procès-Verbal» contre Sté pour la Fabrication du magnésium à Martigny, 29 mai 1929.

66 AEV, 3210-1, 40.07.09.02, Lettre de E. Moser, Usine d'Aluminium Martigny SA au Conseil Communal de Martigny-Bourg, 10 juillet 1931.

67 AEV, 3510-2, 10.11.7.9, Staechlin, Dommage aux cultures par les fumées et gaz s'échappant des usines de Martigny-Bourg, 28 octobre 1931.

social croissant, la commune de Martigny-Bourg exige la fermeture de l'usine de magnésium en juillet 1932. Sous pression, Troillet donne suite sans attendre les conclusions des experts; l'usine fait recours auprès du Conseil fédéral avec effet suspensif.[68]

Dans les semaines suivantes, le rapport des experts est livré. Par souci d'économie, ceux-ci ont renoncé à «faire l'acquisition du matériel de laboratoire, toujours coûteux, qui nous paraissait nécessaire».[69] Ils n'ont réalisé que des expérience pratiques sommaires – l'exposition de cyclamens sous cloches à diverses concentrations de fumées – qui ne sauraient contribuer à la littérature déjà abondante montrant la dangerosité des gaz chlorés et fluorés. Mais les experts ont pu observer les usines de l'intérieur et analyser leurs processus de fabrication. Selon leurs calculs, l'usine de magnésium doit être largement disculpée. Dotée de filtres avancés, elle relâche environ 1.4 kg d'acide chlorhydrique par jour. Le tableau est bien moins flatteur pour l'usine d'aluminium. L'efficacité de ses filtres est jugée «absolument illusoire».[70] Ceux-ci sont vétustes et poreux; les gaz s'échappent non seulement par les cheminées mais également par le toit et les fenêtres. Respirer à proximité et a fortiori à l'intérieur de l'usine cause immédiatement un «picotement du nez, de la gorge et des yeux».[71] Il s'avère que l'usine d'aluminium a changé son procédé de fabrication, remplaçant la cryolithe naturelle par de la cryolithe artificielle, plus polluante. Selon une estimation défensive, ce ne sont pas moins de 86,39 kilos de fluor qui sont rejetés dans l'atmosphère chaque jour par l'usine. Or, les gaz fluorés sont plus dangereux que les gaz chlorés pour la végétation. Telle est l'explication de la hausse soudaine des dégâts constatés après 1928. Aussi les experts recommandent-

68 AEV, 3510-2, 10.11.7.9, Arrêté du Conseil fédéral, 17 mars 1933.

69 AEV, 3510-2, 10.11.7.9, M. Staechlin et A. Robert, Rapport sur l'expertise scientifique concernant les émanations gazeuses des usines de Magnésium et d'Aluminium de Martigny-Bourg, 26 juillet 1932.

70 *Idem.*

71 AEV, 3510-2, 10.11.7.9, Rapport de la Commission des Experts. Litige Communes de Martigny-Bourg et Martigny-Combe contre Usine d'Aluminium Martigny et Société Anonyme pour la Fabrication du Magnésium, 2 février 1933.

ils que l'usine d'aluminium prennent désormais en charge 95 % des réparation contre 5 % pour l'usine de magnésium.[72]

En 1933, le Conseil fédéral casse la décision du Conseil d'État valaisan à l'encontre de l'usine de magnésium et en profite pour s'en prendre à la loi de 1924. Il estime – à juste titre – que les autorités valaisannes auraient dû attendre le rapport d'expertise final pour se prononcer. Mais si le Conseil fédéral reconnaît le droit du canton à suspendre l'autorisation d'exploitation, il ajoute qu'il doit y avoir une «nécessité» et des «motifs suffisants» et met en garde le canton: «On ne saurait appliquer sans autre cette disposition dans les cas où l'intégrité des cultures est seule compromise».[73] Le gouvernement fédéral reconnaît donc de facto une primauté des intérêts industriels sur les intérêts agricoles. Le Tribunal fédéral contribue lui aussi à saper la position des agriculteurs. Dans une décision de l'été 1933, il confirme un jugement du tribunal cantonal valaisan confirmant la culpabilité de l'AIAG pour des dommages aux cultures mais réduit «considérablement» les dédommagements alloués aux agriculteurs. Les cinq plaignants ne reçoivent au final que des montants entre 311 et 1950 francs pour les dégâts provoqués entre 1927 et 1931.[74] Face à la récurrence des problèmes, au refus des industries de participer aux expertises et payer des indemnités et au mécontentement social provoqué par la destruction des cultures, certains experts suggèrent de nouvelles pistes: la limitation du droit des agriculteurs à replanter des arbres fruitiers dans certaines zones ou un système de dédommagement public. Alors que la Grande Dépression s'installe, le paiement d'indemnités aux agriculteurs est présenté comme une menace pour la survie des industries.[75] À la fin de la décennie, le secteur primaire occupe toujours près de 48 % de la population valaisanne mais n'a plus suffisamment de poids politique pour faire appliquer la loi de 1924 déjà édulcorée.

72 *Idem.*

73 AEV, 3510-2, 10.11.7.9, Arrêté du Conseil fédéral suisse, 17 mars 1933.

74 Les fumées nocives, in: Nouvelliste valaisan, 16 juin 1934.

75 AEV, 3510-2, 10.11.7.9, Rapport de la Commission des Experts, 2 février 1933.

Conclusion

La pollution est une source de sérieuses tensions entre industriels et agriculteurs en Valais dans les premières décennies du 20e siècle et la réponse des autorités cantonales reflète dans les grandes lignes le rapport de force socio-politique entre ces deux groupes. En raison de l'importance des capitaux engagés et des emplois créés, l'industrie émerge comme acteur important en Valais au début du 20e siècle. Elle est toutefois perçue comme une force étrangère et ses liens avec les élites politiques sont limités. Son attitude arrogante et sa réticence à reconnaître sa responsabilité et à compenser les dommages infligés aux cultures et au bétail renforcent un mouvement de méfiance, voire de résistance, face à l'industrialisation et à ses répercussions, réelles ou fantasmées, sur la société valaisanne. Alors que le courant conservateur progressiste, partisan d'une politique pro-agricole, se renforce dans les années 1910, les industriels s'organisent également politiquement. Entre les dernières années de la Première Guerre mondiale et le début des années 1920, les tensions grandissent entre le gouvernement valaisan, désormais dominé par les conservateurs progressistes, et les industriels. Alliés aux conservateurs traditionalistes, ces derniers parviennent toutefois à torpiller les projets de réforme fiscale et de loi environnementale. La loi de 1924 censée protéger les hommes, les animaux et les cultures des pollutions ne donne pas au Canton les pouvoirs nécessaires pour atteindre ses objectifs. Au contraire, elle institutionnalise des procédures d'expertise inefficaces. Durant la seconde moitié des années 1920, le Canton abandonne sa politique volontariste en matière de protection de l'environnement, préférant une forme de «conciliation» avec les usines. L'État se retrouve ainsi dans une forme de dépendance dans l'acquisition de connaissances en matière de pollution, ce qui le rend incapable de traiter efficacement le problème, avec les conséquences que l'on connaît aujourd'hui.

Vom «schwarzen Schnee», der «Ölpest» und einem «Bärendienst für die Umwelt»: Zur Wahrnehmung und zur Regulierung der Umweltschädlichkeit der Raumheizung in der Schweiz seit dem späten 19. Jahrhundert

Irene Pallua

Abstract

From ‹Black Snow› and ‹Oil Spills› to a ‹Disservice to the Environment›: Perceptions and Regulatory Responses to the Environmental Impact of Space Heating in Switzerland since the Late 19th Century

It has long been recognised that heating buildings contributes to environmental problems. Air pollution, for example, has been discussed in this context since the 19th century. In the 1960s, oil spills emerged as a critical issue. By the late 20th century, climate change had become a pressing concern. This article uses Switzerland as a case study to explore how these environmental challenges have been perceived and addressed. It highlights the roles of various actors and the importance of different mindsets in shaping the perception of environmental issues.

Knapp 82 Prozent des Energieverbrauchs der Haushalte in der Schweiz entfielen 2020/21 auf die Raumheizung und die Warmwasserbereitung, wofür vor allem Heizöl (35,2 Prozent) und Erdgas (26,8 Prozent) verwendet wurden. Rund 22 Prozent der Energie für die Raumheizung stammte aus erneuerbaren Quellen, wobei Holz mit 12 Prozent am häufigsten genutzt wurde.[1] Das Heizen trägt wesentlich zu den CO_2- Emissionen bei (in der Schweiz mit knapp einem Viertel),[2] aber auch zur Luftverschmutzung, wobei derzeit auch

1 Andreas Kemmler, Tim Trachsel, Phuong Vu, Der Energieverbrauch der Privaten Haushalte 2000–2021. Ex-Post-Analyse nach Verwendungszwecken und Ursachen der Veränderungen, Bern 2022, S. IX, 22 f. Etwa 11 Prozent des Energieaufwands für die Raumheizung werden durch Elektrizität gedeckt, wobei hier der Verbrauch für elektrische Wärmepumpen inkludiert ist, fünf Prozent stammen aus Fernwärme (Kemmler, Trachsel, Vu, Der Energieverbrauch, S. 23).

2 Zentrum für Energie der EPFL, Swiss ENERGY Scope: Wie viel Energie verbraucht die Schweiz? Wofür?, 2021, https://www.energyscope.ch/de/fragen/wie-viel-energie-ver

die eigentlich als klimafreundlich angesehenen Holzheizungen in der Kritik stehen.[3]

Die Erzeugung von Wärme in den Haushalten wirkt sich also negativ auf das globale Klima und die Umgebungsluft aus, was besonders in den jüngsten Debatten zur Reduktion ihrer Umweltbelastungen zur Sprache kommt. Ein rascher Umstieg auf klima- und umweltfreundlichere Energieträger für die Raumheizung wird in Europa politisch forciert. Er soll durch regulatorische Massnahmen wie das Einführen von verschärften Normen, Verboten von Neuinstallationen bestimmter, mit Fossilenergie betriebener Heizungsarten oder durch finanzielle Anreize gefördert werden.[4]

Wie in diesem Beitrag am Beispiel der Schweiz noch gezeigt werden wird, sind die Diskussionen um die Umweltauswirkungen des Heizens sowie das Setzen von regulatorischen Massnahmen nichts Neues, wobei allerdings

braucht-die-schweiz-wofur/ (9.8.2024), Bundesamt für Umwelt (= BAFU), Indikator Klima. Treibhausgasemissionen nach Sektor, Version vom 15.4.2024, https://www.bafu.admin.ch/bafu/de/home/themen/klima/zustand/indikatoren.html/ (9.8.2024).

3 Siehe z. B. BAFU, Heizen mit Holz, aber richtig, Version vom 26.1.2023, https://www.bafu.admin.ch/bafu/de/home/themen/luft/dossiers/heizen-mit-holz-aber-richtig.html (9.8.2024), European Environmental Agency (= EEA), Decarbonising Heating and Cooling: A Climate Imperative. Briefing no. 27/2022, Version vom 28.4.2023, https://www.eea.europa.eu/publications/decarbonisation-heating-and-cooling (9.8.2024), Fiona Harvey, Rise in UK wood-burners likely to be creating ‹pollution hotspots› in affluent areas, in: *The Guardian*, 6.2.2023, https://www.theguardian.com/environment/2023/feb/06/rise-in-wood-burners-in-uk-likely-creating-new-pollution-hotspots-in-affluent-areas (9.8.2024); Umweltbundesamt, Holzheizungen: Schlecht für Gesundheit und Klima, 3.8.2023, https://www.umweltbundesamt.de/themen/luft/emissionen-von-luftschadstoffen/quellen-der-luftschadstoffe/holzheizungen-schlecht-fuer-gesundheit-klima#undefined (9.8.2024).

4 Siehe z. B. Vertretung der Europäischen Kommission in Deutschland, Heizgeräte: EU-Mindestnormen für Energie-Effizienz werden aktualisiert, 8.6.2023, https://germany.representation.ec.europa.eu/news/heizgerate-eu-mindestnormen-fur-energie-effizienz-werden-aktualisiert-2023-06-08_de (9.8.2024). In der Schweiz setzt der Bund seit 1985 Massnahmen zur Luftreinhaltung, während die Kantone Instrumente zu einer Senkung des Energieverbrauchs der Raumheizung implementieren (BAFU, Massnahmen zur Luftreinhaltung bei Feuerungen, Version vom 12.1.2024, https://www.bafu.admin.ch/bafu/de/home/themen/luft/fachinformationen/massnahmen-zur-luftreinhaltung/massnahmen-zur-luftreinhaltung-bei-feuerungen.html (9.8.2024).

festzuhalten ist, dass sich die historische Forschung mit dieser Thematik bislang kaum beschäftigt hat.[5] Eine der wenigen Ausnahmen ist die 1994 erschienene politikwissenschaftliche Studie von Andreas Balthasar und Carlo Knöpfel. Sie zeigt am Beispiel der Raumheizung die Wechselwirkungen zwischen umweltpolitischen Massnahmen und technischen Innovationen und evaluiert deren Wirksamkeit. Nicht nur aufgrund ihres Publikationsdatums bietet die Studie historische Einblicke, sondern auch, weil sie die mit der Heizung verbundene Luftreinhaltungsproblematik und die in diesem Zusammenhang getroffenen Regulierungsmassnahmen seit den 1960er-Jahren in komprimierter Form darstellt.[6]

Dieser Beitrag untersucht im Gegensatz dazu die medial vermittelte Wahrnehmung des umweltschädigenden Potenzials der Raumheizung sowie die damit verbundenen Debatten im Zeitraum zwischen ca. 1890 und 1990. Zusätzlich geht er punktuell auf jene Massnahmen ein, die von diversen Akteur*innen, etwa aus dem administrativen Bereich, aber auch aus der Wirtschaft, gegen die Umweltauswirkungen des Heizens ergriffen wurden, wobei jedoch der Bereich «Gebäudeeffizienz» ausgespart bleibt. Als Quellen werden vor allem Artikel aus der Tagespresse und Fachzeitschriften herangezogen.[7]

5 Für die Schweiz sind im Vergleich dazu die Auswirkungen des Strassenverkehrs auf Menschen und Umwelt und die damit zusammenhängenden Regulierungsmassnahmen etwas besser historisch erforscht. Siehe z. B. Ueli Haefeli, Luftreinhaltepolitik im Strassenverkehr in den USA, in Deutschland und in der Schweiz. Ein Vergleich der Entwicklung nach 1945, in: traverse. Zeitschrift für Geschichte 6/2 (1999), S. 171–191; Ueli Haefeli, Tobias Arnold, Verkehr und Energie im 20. Jahrhundert. Die Geschichte eines halbherzigen Agenda Settings, in: Marc Gigase u. a. (Hg.), Energie. Erzeugung, Verbreitung und Nutzung im 19. und 20. Jahrhundert (traverse 20/3 [2013]), Zürich 2013, S. 64–77; Mattias Näsman, Sabine Pitteloud, The Power and Limits of Expertise: Swiss-Swedish Linking of Vehicle Emission Standards in the 1970s and 1980s, in: Business and Politics 24/3 (2022), S. 241–260, sowie auch den Beitrag von Pitteloud und Robert in diesem Band, De la liberté d'interdire au verrou socio-technique. La Suisse face aux dangers de l'usage de l'essence au plomb (1921–2000).

6 Andreas Balthasar, Carlo Knöpfel, Umweltpolitik und technische Entwicklung. Eine politikwissenschaftliche Evaluation am Beispiel der Heizungen (Ökologie & Gesellschaft), Basel 1994.

7 Recherchiert wurden die Artikel über die Online-Plattformen https://www.e-periodica.ch/ und https://www.e-newspaperarchives.ch/, wobei erstere den Zugriff auf historische

Die folgenden Ausführungen sollen nicht nur einen Beitrag zur Geschichte des Heizens leisten, sondern auch zur Geschichte der Wahrnehmung von Umweltbelastungen. Sie zeigen, wie unterschiedlich die negativen Auswirkungen des Heizens im vergangenen Jahrhundert wahrgenommen wurden und welche Denkmuster dahinterstanden.[8]

Die Rauchplage und die gesunde Raumluft

Seit fossile Energie – zunächst in Form von Kohle – vermehrt verbrannt wurde, was in etwa der beginnenden Industrialisierung entspricht, wurde vermehrt über Luftverschmutzung debattiert, die sich in Form von Rauch über den Ballungsgebieten zeigte. Vor allem Vertreter*innen des Bürgertums versuchten, durch Beschwerden eine Reduktion der «Rauchplage» zu erwirken.[9] Auch über den Schweizer Städten zeigten sich dichte Rauchschwaden, als der Kohlekonsum ab den 1870er-Jahren anstieg. Der Rauch, so ein Schweizer Ingenieur, beeinflusste «immer mehr, besonders bei starker Depression in Folge gewisser Windrichtungen, die Wohnlichkeit der Stadt und

schweizerische Fachzeitschriften ermöglicht und letztere den Zugriff auf historische Artikel der schweizerischen Tages- und Wochenpresse.

8 Zu den Denkmustern, die hinter der Wahrnehmung von Umweltschädlichkeit stehen, siehe Marina Fischer-Kowalski, Wie erkennt man Umweltschädlichkeit?, in: Marina Fischer-Kowalski u. a. (Hg.), Gesellschaftlicher Stoffwechsel und Kolonisierung von Natur. Ein Versuch in Sozialer Ökologie, Amsterdam 1997, S. 13–24.

9 Die Literatur zur Luftverschmutzung ist sehr reichhaltig. Aus diesem Grund werden hier nur einige Titel genannt, wie z. B. Peter Brimblecombe, The Big Smoke. A History of Air Pollution in London Since Medieval Times, London 2012 (1987); Franz-Josef Brüggemeier, Das unendliche Meer der Lüfte. Luftverschmutzung, Industrialisierung und Risikodebatten im 19. Jahrhundert, Essen 1996; Stephen Mosley, The Chimney of the World. A History of Smoke Pollution in Victorian and Edwardian Manchester, Cambridge 2001; Peter Thorsheim, Inventing Pollution. Coal, Smoke, and Culture in Britain Since 1800, Athens (Ohio) 2006; Frank Uekötter, Von der Rauchplage zur ökologischen Revolution. Eine Geschichte der Luftverschmutzung in Deutschland und den USA 1880–1970 (Veröffentlichungen des Instituts für soziale Bewegungen. Schriftenreihe A, Darstellungen Bd. 26), Essen 2003.

Umgebung sowie die Gesundheit der Bevölkerung nachtheilig [...]».[10] Dass dem Kohlerauch gesundheitsschädliches Potenzial zugeschrieben wurde, dürfte zu dieser Zeit allerdings eher ungewöhnlich gewesen sein. Die meisten Menschen – und das galt bis in die ersten Dekaden des 20. Jahrhunderts – nahmen den Rauch lediglich als Belästigung wahr.[11]

Um 1880 traten einige Kommunen gegen den industriellen Rauch in Aktion. Der Stadtrat von Zürich beauftragte beispielsweise den dort ansässigen Ingenieur- und Architektenverband mit der Einrichtung einer Kommission, die mögliche Massnahmen zur Rauchverhütung untersuchen sollte.[12] Neben der technischen Verbesserung der Dampfkessel und dem Anbringen von Apparaten zur Rauchentfernung empfahl die Kommission eine bessere Ausbildung der Heizer sowie die Verwendung von gasarmen und folglich weniger stark rauchenden Kohlesorten.[13] Aus Empfehlungen wie diesen leiteten die Städte Zürich und Basel Regulierungsmassnahmen ab, etwa ein Ver-

10 W. Weissenbach, Mittel zur Verhütung des Rauches. Vortrag, in: Die Eisenbahn 4-5/22 (1876), S. 175–177, hier S. 175.

11 Erst nach der Jahrhundertwende forderten Gesundheitsfachleute dazu auf, endlich anzuerkennen, dass der Kohlerauch in den Städten nicht nur belästigend, sondern auch gesundheitsschädigend wirkte (o. A., Bericht über die Jahresversammlung des Vereins für öffentliche Gesundheitspflege 1909, in: Berner Tagwacht, 10. 9. 1909, S. 2). Siehe dazu auch Richard Oertmann, Rauchplage und Winternebel in den Städten, in: Neue Zürcher Zeitung, Nr. 6, 22. 1. 1914, S. 2 f., hier S. 2.

12 O. A., Zürcher Stadtrath, in: Zürcherische Freitagszeitung, 17. 11. 1876, S. 3. In die sogenannten Rauchverhütungskommissionen waren neben Experten aus den Bereichen Ingenieurwesen, Architektur und Stadtplanung auch Vertreter der Ärzteschaft, der Industrie – wie etwa der Verein der schweizerischen Dampfkesselbesitzer – und der öffentlichen Verwaltung eingebunden (ebd.) Zu den Untersuchungen und ihren Ergebnissen siehe z. B. o. A., Jahresbericht des schweiz. Vereins von Dampfkesselbesitzern (Schluss), in: Die Eisenbahn 10 (1879), Nr. 20, S. 120–124; Zürcherischer Ingenieur- und Architecten-Verein, Vereinsnachrichten. Sitzung vom 9. März 1881, in: Die Eisenbahn 14/15 (1881), S. 90.

13 Weissenbach, Mittel zur Verhütung, S. 176 f.; o. A., Maßregeln gegen die Rußplage, in: Illustrierte schweizerische Handwerker-Zeitung 11/22 (1895), S. 337 f. Siehe dazu auch Karl Schmidt, Heizung und Ventilation, in: Theodor Weyl (Hg.), Handbuch der Hygiene. Vierter Band. Allgemeine Bau- und Wohnungshygiene, Jena 1896, S. 237–396, hier S. 305 f.

bot stark rauchender Kamine oder Vorschriften, die die Verwendung von raucharmen Kohlesorten für industrielle Feuerungen vorsahen.[14]

Viel gängigere Praxis war es bis ins 20. Jahrhundert allerdings, dass die Behörden erst nach Beschwerden von Anwohner*innen wegen Rauchbelästigung aktiv wurden und Untersuchungen zur Ursache einleiteten. Falls die Beschwerden berechtigt waren, hatte der (meist industrielle) Verursacher den Rauch zu reduzieren, wie es beispielsweise das kantonale Baugesetz von Zürich vorgab.[15]

Wie der Verfasser eines 1914 in der *Neuen Zürcher Zeitung* (*NZZ*) veröffentlichten Artikels festhielt, war die Wirkung derartiger Vorschriften allerdings örtlich sehr begrenzt, weshalb sie nicht ausreichend wären. Verhindert habe die erfolgreiche Bekämpfung der Rauchplage bislang vor allem die allgemeine Auffassung, dass der Rauch nur belästigend wirke. Wie der Autor unter Berufung auf medizinische Autoritäten festhielt, war dieser jedoch höchst gesundheitsschädlich. Demnach forderte er die verstärkte Aufklärung der Bevölkerung über die gesundheitlichen Folgen der Luftverschmutzung und appellierte an den Bundesstaat, wirksame Massnahmen zu ihrer Reduktion zu ergreifen.[16]

Das Eindämmen der Rauchplage durch gesetzliche Regulierungen war zu diesem Zeitpunkt allerdings kaum möglich, da, wie der Umwelthistoriker Franz-Josef Brüggemeier festhielt, bis weit ins 20. Jahrhundert auch unter Experten kaum Einigkeit darüber bestand, ob und in welcher Konzentration Emissionen und Abgase gesundheitsschädlich seien und wie Grenzwerte festgelegt werden sollten. Zudem fehlten geeignete Geräte und allgemein anerkannte Methoden zur Bestimmung der Luftqualität. Daher existierten nur wenige verbindliche Regulatorien zur Luftreinhaltung, die individuelle Klage gegen Belästigung oder Gefährdung blieb bis zur Mitte des 20. Jahrhunderts das meistgenutzte Rechtsmittel zur Bekämpfung der Luftverschmutzung.[17]

---

14 Zürcherischer Ingenieur- und Architecten-Verein, Vereinsnachrichten (Sitzung vom 9. März 1881), o. A., Brennmaterialproben, in: Die Eisenbahn 10/4 (1879), S. 23.

15 Oertmann, Rauchplage und Winternebel, S. 2.

16 R. O., Technische Rundschau. Zur Rauch- und Russplage, in: Neue Zürcher Zeitung, 25.2.1914 (Ausg. 4), S. 3.

17 Brüggemeier, Das unendliche Meer, besonders S. 56–68, S. 152–198, S. 252–255. Der Hygieniker R. Blasius hielt noch 1895, wie viele seiner Zeitgenoss*innen, die «Pro-

Eindeutiger messbar als im Aussenbereich war im 19. Jahrhundert die Luftbelastung in Innenräumen, wobei ihr Kohlenstoffmonoxid(CO)- und Kohlenstoffdioxid(CO_2)-Gehalt als Indikatoren dienten, um gesunde von krankmachender Luft zu unterscheiden.[18] Beide potenziell gesundheitsschädlichen Gase wurden in erster Linie durch die «häuslichen Feuer» verursacht, womit Heizanlagen und Beleuchtungseinrichtungen gemeint waren.[19] Besonders die kohlebefeuerten Eisenöfen, die sich ab den 1880er-Jahren in den Haushalten der städtischen Arbeiterschaft verbreiteten, standen im Verdacht, die Gesundheit ihrer Nutzer*innen erheblich zu gefährden.[20] Hygienische Handbücher und hauswirtschaftliche Ratgeber warnten vor Kohleöfen mit Rauchklappen, da ihre unsachgemässe Bedienung zu einer starken bis tödli-

duktion von Rauch aus den Schornsteinen» und die «üblen Gerüche [...] aus den chemischen Fabriken» nur in «ganz konzentrierter Form» für toxisch (R. Blasius, Die Städtereinigung. Einführung, in: Theodor Weyl (Hg.), Handbuch der Hygiene. Zweiter Band. Die Städtereinigung, Jena 1895, S. 1–42, hier S. 33). Auch unter Fachleuten aus dem angloamerikanischen Raum kursierte eine ähnliche Auffassung (Magdalena Daniel, Haustechnik im 19. Jahrhundert. Das Beispiel der Heizungs- und Ventilationstechnik im Krankenhausbau, Dissertation, Zürich 2015, S. 72. Siehe dazu auch Wulf Böer, Synthetic Air, in: Future Anterior. Journal of Historic Preservation, History, Theory, and Criticism 13/2 (2016), S. 77–101). Noch in den 1960er-Jahren war die Messung der Luftqualität und die Setzung von Grenzwerten unter Expert*innen ein strittiges Thema, wie Dieter Högger, der erste Präsident der Eidg. Luftreinhaltekommission 1964 in der NZZ festhielt (D. Högger, Rechtliche Maßnahmen zur Bekämpfung der Verunreinigung der Atmosphäre, in: Neue Zürcher Zeitung, 6. 8. 1964 (Ausg. 2), S. 5 f., hier S. 5.

18 Ein mit dem CO_2-Gehalt der Raumluft zusammenhängender Grenzwert ist die seit ca. 1860 geläufige «Pettenkoferzahl». Nach den Erkenntnissen des Hygienikers Max von Pettenkofers bildete ein CO_2 -Gehalt von 1000 ppm (1000 Kohlendioxidmoleküle auf 1 Million Luftteilchen, also 0,10 Volumenprozent) den Grenzwert für gesundheitsschädliche Raumluft (zur Methode: Max v. Pettenkofer, Über den Luftwechsel in Wohngebäuden, München 1858, S. 4–17). Von Pettenkofer ging davon aus, dass der CO_2 -Gehalt der Raumluft ein Stellvertreterwert für alle anderen «üblen Stoffe» war, die ihre Qualität beeinflussten. (Pettenkofer, Über den Luftwechsel, S. 23. Siehe dazu auch J. Berger, Moderne und antike Heizungs- und Ventilationsmethoden, Berlin 1870, S. 9 f.).

19 Jakob Laurenz Sonderegger, Vorposten der Gesundheitspflege oder der Kampf um's Dasein des Einzelnen und ganzer Völker, Berlin 1873, S. 16.

20 Sonderegger, Vorposten, S. 55.

chen Belastung der Raumluft mit CO führen konnte. Auch Petroleumöfen galten aufgrund ihrer Emissionen als gesundheitsgefährdend, insbesondere wenn sie nicht an einen Kamin angeschlossen waren.[21] Manche Kantone schränkten daher die Nutzung derartiger Öfen gesetzlich ein oder verboten sie sogar.[22]

Während die Öfen in den Haushalten zunächst vor allem mit der Verschmutzung der Luft in den Wohnräumen, also der Umwelt, die den Menschen am nächsten stand, in Verbindung gebracht wurden, wurde die Verschmutzung der Aussenluft durch private Heizungsanlagen erst thematisiert, nachdem der Kohlekonsum der Schweizer Haushalte bis 1910 signifikant an-

21 Heinrich Meidinger, Ueber Regulirung der Ofenhitze. Aus der badischen Gewerbezeitung für Haus und Familie, 1868, Nr. 1, in: Polytechnisches Journal 188/XV (1868), S. 34–40; Adolph Wolpert, Theorie und Praxis der Ventilation und Heizung. Handbuch der Ventilation und Heizung mit Einschluss der Hilfswissenschaften zum Selbststudium und zum Gebrauch bei Vorlesungen über Wohnungshygiene, Leipzig 1887, S. 650–652; Carl Flügge, Grundriss der Hygiene. für Studirende und praktische Ärzte, Medicinal- und Verwaltungsbeamte, Leipzig 1902[5], S. 384; Emma Coradi-Stahl, Wie Gritli haushalten lernt. Eine Anleitung zur Führung eines bürgerlichen Haushalts in zehn Kapiteln, Zürich 1902, S. 47; o. A., Ueber das Heizen, in: Hauswirtschaftlicher Ratgeber 17/21 (1910), S. 161–163. Siehe dazu auch Meyers Konversationslexikon, s. v., Heizung, in: Meyers Konversationslexikon. (Retrodigitalisiert im Projekt «Retro-Bibliothek» http://www.retro bibliothek.de/), Bd. 8, Leipzig, Wien 1885–1892[4], S. 335–344, hier S. 336–337.

22 Einem 1897 veröffentlichten Entwurf zum kantonalen Wohnungsgesetz von Basel ist zu entnehmen, dass die Verwendung von Kohleöfen mit Rauchklappen generell verboten werden sollte (o. A., Basler Wohnungsgesetz, in: Illustrierte schweizerische Handwerker-Zeitung 13/3 (1897), Nr. 3, S. 52). Im Dezember 1883 waren, wie die *Bauzeitung* ausführlich berichtete, drei Ingenieure der Gotthardbahn durch die falsche Bedienung der Rauchklappen eines Ofens beinahe an einer Kohlenmonoxidvergiftung gestorben. (o. A., Der Unfall in Göschenen. Aus den Berichten der Herren Dr. Joh. Winkler, Gotthardbahn-Director Dietler und Ingenieur Basler in Luzern zusammengestellt, in: Schweizerische Bauzeitung 3/1 (1884), S. 4–5. Nach der 1898 in Kraft gesetzten Feuerpolizeiordnung des Kantons Zürich erforderte das Aufstellen von Petroleumöfen aus diesem Grund eine besondere behördliche Genehmigung. Die Verwendung von nicht an einen Kamin angeschlossenen Petroleumöfen war grundsätzlich untersagt (Staatsarchiv Zürich (StAZH) OS 25 (S. 165–195), Verordnung betreffend die Feuerpolizei, 31.3.1898, [https://archives-quickaccess.ch/stazh/os/ref/OS+25+(S.+165-195)], S. 174–175.

gestiegen war. Zu diesem Zeitpunkt machte er etwa ein Viertel bis ein Drittel des gesamtschweizerischen Kohlekonsums aus.[23]

Zudem war das Bewusstsein für die Gesundheitsschädlichkeit verschmutzter Aussenluft in der Bevölkerung gestiegen. Dieses hatte, wie ein Beamter der Feuerpolizei der Stadt Zürich 1914 in der *NZZ* berichtete, zu zahlreichen Appellen an die Behörden geführt, Massnahmen gegen den Rauch zu ergreifen. Nach Einschätzung des Beamten war die Behörde keineswegs untätig, denn sie war im Jahr 1912 mehr als 350 Beschwerden nachgegangen. Die «Rauchplage» ließ sich, so der Beamte, mit den damals bestehenden gesetzlichen Möglichkeiten allerdings kaum in den Griff bekommen, vor allem, weil neben Industrie, Gewerbe und Eisenbahn auch die «so unschuldig aussehenden Hausfeuerungen» erheblich zur Luftverschmutzung beitrugen. In Bezug auf Letztere müsse das Heizverhalten der Hausfrauen kontrolliert werden, die sich, so der Beamte, «gegen eine solche Kontrolle auflehnen» würden. Zudem stellte er fest, dass es in Zürich kein gravierendes Luftverschmutzungsproblem gab, da die Luft dort viel besser sei als in den Industriestädten Deutschlands. Insofern wären zusätzliche Massnahmen, die nicht nur schwer umsetzbar, sondern auch mit hohen Kosten verbunden wären, «für die Einwohner […] von relativ geringem Nutzen.»[24] Auch Richard Oertmann, Direktor einer Maschinenfabrik für Koch- und Wärmeapparate, der in einer Folgeausgabe der *NZZ* auf die Ausführungen des Beamten Bezug nahm, teilte dessen Ansicht. Er ergänzte, dass allgemein gültige, technische

23 Heinrich Lier, Wärmetechnische und wärmewirtschaftliche Grundzüge im Kleinwohnungsbau. Sonderabdruck aus «Gemeinnütziger Wohnungsbau», Monatsschrift des schweiz. Verbandes zur Förderung des gemeinnützigen Wohnungsbaus, Zürich 1920, S. 16. Ähnliche Werte finden sich in Allgemeine Kohlenhandels AG / Suter Joerin A. G., Festschrift zur Feier des einhundertjährigen Bestehens der Firma Suter, Joerin und Co. und Allgemeine Kohlenhandels A. G. in Basel. Mit Beiträgen zur Geschichte der Entwicklung des Kohlenhandels, der Feuerungsmethoden und der Heizungstechnik, Basel 1953, S. 26; E. Steiner, Die schweizerische Energieversorgung. Autoreferat des Vortrages, in: Schweizerische Bauzeitung 119/21 (1942), S. 243–244; P. Schläpfer u. a., Die energiewirtschaftliche Bedeutung von Brennstoffimport und Brennstoffproduktion der Schweiz, in: Schweizerische Bauzeitung 72/28 (1954), S. 409–411, hier S. 410.

24 E. F., Technische Rundschau. Zur «Rauch- und Russplage», in: Neue Zürcher Zeitung, 5.2.1914 (Ausg. 4), S. 2 f.

Regulierungsmassnahmen nicht erlassen werden könnten, da bei Öfen, Kochherden und Wascheinrichtungen eine nahezu unüberschaubare Typenvielfalt bestand. Was das Heizverhalten in den Haushalten betraf, empfahl er keine gesetzliche Reglementierung, sondern die Schulung und Aufklärung der Hausfrauen und des Dienstpersonals durch hauswirtschaftlichen Unterricht, Frauenvereine und die Presse. Grosse Hoffnungen setzte der Fachmann in Technologien wie die Kokszentralheizung, die «fast gar keinen Rauch produziert», sowie in die Verwendung von Gas und Elektrizität zum Kochen und Heizen.[25]

Was der Verfasser dieses Artikels allerdings nicht voraussehen konnte, war die zunehmende Verbreitung der Ölheizung ab der Zwischenkriegszeit. Das Heizöl stand damals im Ruf, die Luft wegen seiner im Vergleich zur Kohle «rauchschwache[n] oder rauchfreie[n] Verbrennung» weniger zu belasten.[26]

Schwarzer Schnee im Winterkurort (um 1930)

Um die Mitte der 1920er-Jahre waren erste Ölzentralheizungen in der Schweiz auf den Markt gekommen.[27] Trotz ihrer noch geringen Verbreitung erliessen sowohl private als auch öffentliche Stellen bereits zu dieser Zeit erste Verordnungen und Richtlinien für ihre Errichtung und ihren Betrieb. Dazu gehörten etwa der Schweizerische Ingenieur- und Architektenverein (S. I. A.)[28] sowie die Kantone Zürich (1925), St. Gallen (1925) und Freiburg

25 Oertmann, Rauchplage und Winternebel, S. 3.

26 Zum Geleit, Einleitung von Prof. Dr. Fritz Frank in: E. Davin, Das Heizöl (Masut), Berlin, Heidelberg 1925. Zur Nutzung von Heizöl und der ihm zugeschriebenen Luftverbesserung siehe auch Odinn Melsted, Irene Pallua, The Historical Transition from Coal to Hydrocarbons: Previous Explanations and the Need for an Integrative Perspective, in: Canadian Journal of History 53/3 (2018), 395–422.

27 Anna Balint, Sulzer im Wandel. Innovation aus Tradition, Baden 2015, S. 229; Peter Brügger, Guido Irion, Wie die Heizung Karriere machte. Technik, Geschichte, Kultur. 150 Jahre Sulzer-Heizungstechnik., Winterthur 1991, S. 237; Otto Kolb, Heizung und Heizungssysteme, in: Bauen + Wohnen 1-5/2 (1947), S. 64–71, hier S. 69.

28 O. A., Richtlinien für die Abnahme und den Betrieb von Zentralheizungen, in: Schweizerische Bauzeitung 83/8 (1924), S. 90–99.

(1930). Diese Verordnungen konzentrierten sich auf den Brandschutz und andere Sicherheitsaspekte, während die Luftreinhaltung unberücksichtigt blieb.[29] Wie im Folgenden gezeigt wird, wurde allerdings auch die Luftverschmutzung durch Ölzentralheizungen bereits zu diesem Zeitpunkt kontrovers diskutiert, zumindest auf lokaler Ebene.

Im Engadiner Kurort St. Moritz waren Ende der 1920er-Jahre einige Hotels von der Kohleheizung auf die Ölzentralheizung umgestiegen, wofür vor allem Arbeitsersparnisse und sinkende Heizölpreise eine Rolle gespielt hatten. Zudem versprachen sich die Hotelbetreiber durch die Eliminierung der Kohle aus den Öfen und Heizkesseln eine Verbesserung der Luftqualität im Kurort.[30] Weitere Hotelbetriebe folgten diesem Beispiel, nachdem einige Schweizer Ölzentralheizungshersteller in Kooperation mit der Shell-Lumina AG[31] eine grössere Werbekampagne inklusive Informationsveranstaltungen und Filmvorführungen durchgeführt hatten.[32] Die Shell-Lumina AG ging noch einen Schritt weiter, um den Umstieg auf die Ölzentralheizung für den gesamten Ort attraktiv zu machen. Sie plante die Errichtung einer Heizölverteilanlage, die das Heizöl von einer grossen Tankanlage am Bahnhof aus, «gleich wie bei der Wasserleitung, […] in unterirdischen Kanälen den Verbrauchern direkt ins Haus [führt]».[33]

Dieser Plan, der der Bevölkerung im Herbst 1929 vorgestellt wurde, führte zu Kontroversen, besonders über die der Ölheizung zugeschriebene Verbesserung der Luftqualität. Einige Beteiligte vertraten die Ansicht, dass

29 StAZH, OS 33 (S. 95–98) Verordnung über die Erstellung und den Betrieb von Ölfeuerungen für Beheizung von Wohn- und Arbeitsräumen. (16.3.1925), S. 97, Staatsarchiv St. Gallen (StASG) ZA 994/0005, Verordnung über die Erstellung und den Betrieb von Oelfeuerungen für Beheizung von Wohn- und Arbeitsräumen: vom 23. Juni 1925, o. A., Oelfeuerungen, in: Freiburger Nachrichten, 23.7.1932, S. 2.

30 W. Sommer, Ölfeuerungen in Gebirgsgegenden, in: Engadiner Post, 27.6.1930, S. 1.

31 Die Lumina AG wurde 1906 in Genf gegründet und vertrieb ab den 1920er-Jahren die Produkte von Shell exklusiv in der Schweiz (Monika Gisler, Erdöl in der Schweiz. Eine kleine Kulturgeschichte [Erdöl-Vereinigung-Jubiläumspublikation], Zürich 2011, S. 9, 25 f.).

32 Lumina AG, Einladung zur Vorführung des Shell-Films, in: Engadiner Post, 13.11.1928, S. 3; o. A., Oelheizungen, in: Engadiner Post, 19.10.1929, S. 1 f.

33 O. A., Oelheizungen.

«bei richtiger Wartung die Ölheizung überhaupt rauchlos sei und dass eben gerade bei der Kohleheizung der Kurort unter einer gewissen Rauchplage leide». Andere Beteiligte schlugen aufgrund mangelnder Erfahrung mit der Ölheizung vor, mit der Errichtung der Anlage und folglich einem breiteren Umstieg auf die neue Heiztechnik so lange zu warten, bis erwiesen war, ob die Ölheizung tatsächlich einen Beitrag zur Luftverbesserung leistete.[34]

Nachdem weitere Hotels Ölheizungen in Betrieb genommen hatten, stellte sich im Winter 1929/30 heraus, dass das Verbrennen von Heizöl nicht zur Luftverbesserung im Kurort beitrug. Ein Ingenieur der Firma Cuénod, die Ölbrenner in Lizenz herstellte und verkaufte, fasste die Auswirkungen der Ölheizung auf ihre unmittelbare Umgebung für die Leser*innen der *Engadiner Post*, einer lokalen Tageszeitung, wie folgt zusammen:

> Ja es wurde sogar schlimmer wie bei der Koksfeuerung; die Nachbarn begannen sich über den Geruch des Kamins ihres Unterliegers zu beklagen, es wurde aufgehängte Wäsche verdorben und Schnee und Eis wurden mehr als vorher von Russflocken besäht. Zu alledem kamen noch einige Zwischenfälle, wie plötzliche starke Rauchentwicklungen, Auslaufen von Öl in die Kanalisation etc., die nicht gerade geeignet waren, das Vertrauen der Bevölkerung für die neue Sache zu erwerben.[35]

Verantwortlich für diese Probleme waren nach Einschätzung des Ingenieurs nicht die Ölheizungen an sich, sondern die fehlerhaften Ölbrenner, die eine Konkurrenzfirma eingebaut hatte.[36] Deren Inhaber identifizierte nicht die Technik, sondern das menschliche Heizverhalten als Ursache für die Gerüche und die Verschmutzungen, da manche «täglich Küchenabfälle, Papier, Kisten und Körbe [in der Ölheizung] verbrannt[en], was stets zur Rauchentwicklung führe». Im Fall des in die Kanalisation ausgetretenen Öls war ein «Hahnen offen gelassen [worden]. Selbstredend sind die Hahnen zum Schliessen da, und überdies wurde derselbe *gegen* unsere ausdrückliche Anweisung eingebaut.»[37]

34 Ebd., S. 2, Zitat ebd.

35 Sommer, Ölfeuerungen in Gebirgsgegenden, S. 1.

36 Ebd.

37 W. Ruegsegger, Oelfeuerungen in Gebirgsgegenden. Replik, in: Engadiner Post, 9.8. 1930, S. 1, Hervorhebung im Original.

Die genannten Probleme schmälerten das Interesse an der Heizölverteilanlage der Shell-Lumina AG jedoch kaum. 21 Hotels wollten sich nach wie vor an das Ölverteilnetz anschliessen. Im Juni 1930 beantragte das Unternehmen beim Gemeinderat von St. Moritz die Konzession für die Errichtung der Anlage. Dieser lehnte das Ansuchen nach den unangenehmen Erfahrungen im Winter 1929/30 ab, da «wegen der noch unbefriedigenden Lösung der Verbrennungsfrage des Oels die Sache noch nicht spruchreif [war]».[38]

Messungen der Emissionen oder Expertengutachten wurden vom St. Moritzer Gemeinderat nicht eingeholt, er verliess sich auf die im vorangegangenen Winter gemachten Erfahrungen. Die durch die Ölheizung entstandenen Umweltbelastungen wurden in der öffentlichen Diskussion nicht als gesundheitsschädlich, sondern vor allem als belästigend wahrgenommen. Die Ölheizungsfachleute führten die aufgetretenen Probleme auf schlechte Technik und falsche Bedienung zurück, das Heizen mit Öl wurde von ihnen aus nachvollziehbaren Gründen nicht infrage gestellt.

Die Ölpest und die Luftreinhaltung (1960er- und 1970er-Jahre)

Mit der zunehmenden Verbreitung von Ölzentralheizungen und dem Anstieg des Wärmekonsums in den Haushalten ab Ende der 1950er-Jahre kamen ernsthafte Bedenken gegen den Heizölkonsum auf. Die Auswirkungen des Transports, der Lagerung und der Verbrennung von Heizöl auf die Umwelt und insbesondere auf die Gewässer und die Luftqualität wurden in dieser Zeit auch in der Schweiz sichtbar.

Als ein besonderes Problem wurden die Heizöltanks wahrgenommen, die mit der Verbreitung von Ölheizungen signifikant zunahmen. Meist waren die Tanks in der Erde eingegraben, wo viele im Lauf der Zeit korrodierten und undicht wurden. Auch bei ihrer Befüllung und Entleerung kam es zu

38 O. A., St. Moritz. Gemeinderatssitzung vom 24.6.1930, in: Engadiner Post, 26.6.1930, S. 2. Ausserdem sprachen eine befürchtete Monopolstellung der Shell-Lumina in der Heizölversorgung und irreparable Beschädigungen der neu errichteten Strassen durch die Grabungsarbeiten für die Ölverteilanlage gegen die Verleihung der Konzession (o. A., St. Moritz. Gemeinderatssitzung (24.6.1930).

Ölaustritten. Das ausgetretene Öl, das im schlimmsten Fall durchs Erdreich ins Grundwasser sickerte oder in Flüsse und Seen gelangte, wurde medial als gravierende Gefahr für den Menschen und seine Umwelt dargestellt und war es auch tatsächlich.[39]

Zwischen dem 1. Januar und dem 15. November 1967 wurde die Seepolizei allein im Kanton Zürich 83 Mal wegen Gewässerverunreinigung alarmiert, die vor allem auf Ölaustritte aus gewerblichen oder privaten Tanks zurückzuführen war. Die Folgen hatten zum Teil gravierendes Ausmass. Es kam zu Fischsterben und zur Kontamination von Grund- und Trinkwasser.[40] Die *Zürcher Rundschau* schrieb in diesem Zusammenhang von einer «Ölpest» und einem «langsam eskalierenden chemischen Völkermord» und forderte staatliche Regeln, um die Belastung der Gewässer durch austretendes Öl zu reduzieren.[41] Es ist kein Zufall, dass besonders im Jahr 1967 die Rufe nach staatlichen Eingriffen laut wurden: Am 5. November 1967 flossen aus einer grossen gewerblichen Tankanlage in Châteauneuf nahe Sitten knapp 1,5 Millionen Liter Heizöl aus. Es handelte sich um den bis zu diesem Zeitpunkt grössten Ölunfall der Schweiz. Die zuständigen Behörden ergriffen ge-

39 Siehe z. B. o. A., Verschmutzung des Grundwassers durch Heizöl, in: Plan 14/5 (1957), S. 172; o. A., Benzin- und ölverseuchtes Grundwasser, in: Die Tat, 21.5.1957, S. 4; P. Kuhn, Die sachgemäße Behandlung von Öltanks, in: Wohnen 40/9 (1965), S. 214 f.; o. A., Ein Tropfen Heizöl verdirbt 60 Liter Trinkwasser, in: Wohnen 40/9 (1965), S. 315 f.; o. A. Die Oelpest geht um. Feature, in: Zürcher Rundschau, 16.11.1967, S. 1 und S. 3; o. A., Ölalarm in Rafz, in: Neue Zürcher Zeitung, 13.11.1967 (Ausg. 1), S. 18; o. A., Nachrichten aus dem Stadthaus: Oelunfälle mahnen zur Vorsicht, in: Tagblatt der Stadt Zürich, 15.2.1969, S. 2; B. Schweitzer, Warum Oelunfälle für das Grundwasser so gefährlich sind, in: St. Galler Tagblatt, 4.5.1970, S. 5. Zwischen 1963 und 1974 berichtete das Magazin Antenne des SRF in 75 Beiträgen über Gewässerverschmutzung, zumeist über Ölaustritte und andere industrielle Verunreinigungen (Stefan Länzlinger, Thomas Schärer, Gifttod, Betonwüsten, strahlende Zukunft. Umweltbewegungen und bewegte Bilder in der Schweiz, 1940–1990 (Berner Studien zur Geschichte 1), Bern 2023[2], S. 35).

40 O. A. Mit den Schmutzfinken leben. Wasserverschmutzungen, Ölkatastrophen und kein Ende, Zürichsee- Zeitung, Nr. 270, 17.11. 1967; S. 2. Siehe auch Kuhn, Die sachgemäße Behandlung; o. A., Ein Tropfen Heizöl; o. A., Die Oelpest geht um; Schweitzer, Warum Oelunfälle.

41 O. A., Die Oelpest geht um, hier S. 3.

meinsam mit dem Betreiber der Anlage sofort Schutzmassnahmen gegen eine weitere Ausbreitung des Öls, etwa durch die Errichtung von Ölsperren. Auch wenn es letztendlich nicht dazu kam, befürchteten Experten eine Verschmutzung des Trinkwassers der gesamten Region für Jahrzehnte.[42] Zudem war Mitte März 1967 der Tanker *Torrey Canyon* vor der südenglischen Küste auf Grund gelaufen und hatte etwa 117.000 t Öl verloren. Von der bis zu diesem Zeitpunkt verheerendsten Ölpest, bei der Tausende Seevögel starben, war auch der Nachbarstaat Frankreich betroffen. Das Unglück, dessen Folgen in Presse, Radio und Fernsehen ausführlich dargestellt wurden, führte einerseits zu einer kritischeren Wahrnehmung von Technik und zu einem wachsenden Bewusstsein für die Fragilität der natürlichen Umwelt, besonders in der Bevölkerung der betroffenen Gebiete. Andererseits wurde ab diesem Zeitpunkt das internationale Seerecht hinsichtlich des Umweltschutzes verschärft.[43]

Auch in der Schweiz sensibilisierten die Ölunfälle und die damit verbundenen katastrophalen Auswirkungen die Bevölkerung, und der Ruf nach einer Verschärfung der gesetzlichen Vorgaben wurde lauter. Einzelne Kantone richteten Ölwehren ein, Motionen wurden eingereicht, die darauf abzielten, Ölunfälle zu verhindern.[44] Auch der Bund reagierte auf die Problematik.

---

42 O. A., Oelkatastrophe im Wallis, in: Neue Zürcher Zeitung, 6.11.1967 (Ausg. 2), S. 2; o. A., «Die bisher grösste Oelkatastrophe der Schweiz», in: Der Bund, 6.11.1967, S. 6; o. A., Verzweifelter Kampf gegen die Oelkatastrophe im Wallis, in: Neue Zürcher Nachrichten, 7.11.1967, S. 4; o. A., Die Lage im Wallis, in: Neue Zürcher Zeitung, 14.11. 1967 (Ausg. 1), S. 17. Einen Überblick zum Hergang des Unglücks, über alle getroffenen Massnahmen und über die Lehren, die besonders die Behörden aus der verhinderten Katastrophe ziehen konnten, veröffentlichte der Vorsteher des Gewässerschutzamtes des Kantons Wallis (G. Huber, Oelunfall in Châteauneuf, in: Plan 25/3 (1968), S. 117–120).

43 Miriam Matejova, Silver Linings: Environmental Disasters as Critical Junctures in Global Governance, in: Environment: Science and Policy for Sustainable Development 65/1 (2023), S. 4–14, hier S. 6–7. Wie das schweizerische Humor- und Satiremagazin Nebelspalter schrieb, wurde der Ärmelkanal «in das ‹Schwarze Meer› unseres technischen Jahrhunderts verwandelt.» (o. A., Nebis Wochenschau. 80.000 Tonnen Öl, in: Nebelspalter 93/15 (1967), S. 32).

44 Siehe Institut für Politikwissenschaft an der Universität Bern, Gewässerschutz, in: Jahrbuch Schweizerische Politik 3 (1967), https://anneepolitique.swiss/APS/de/APS_1967/APS1967_I_6_d_1_print.html#fn11 (9.8.2024). G. Spälty, der Gemeindepräsident von

Um zukünftige Ölkatastrophen zu verhindern, verschärfte das Departement des Inneren die seit 1954 bestehenden, bundesweit gültigen «Technischen Tankvorschriften», die im Rahmen des Gewässerschutzgesetzes erarbeitet worden waren und durch die Kantone kontrolliert wurden. Die verschärften Vorschriften, die am 1. März 1968 in Kraft traten, stellten bestimmte Anforderungen an neu errichtete Tankanlagen und die Anpassung der bestehenden an die neuen Regeln nach einer festgelegten Frist. Zudem sahen sie periodische Kontrollen der Anlagen vor, die von Revisionsfirmen nach einem staatlich vergebenen Protokoll durchgeführt werden sollten.[45]

Bereits vor der Verschärfung der staatlichen Vorschriften hatten die Tankhersteller bestimmte Schutzmassnahmen an Tanks gegen mögliche Ölaustritte getroffen. Dazu gehörten besondere Tankbeschichtungen sowie akustische und optische Warnsysteme. Derartige Spezifika, die eine Ölpest verhindern sollten, wurden von den Tankherstellern stark beworben, um sich von der Konkurrenz abzuheben. Um den Kund*innen die Sicherheit von Heizöltanks zu vermitteln, führte der Verband der Tankhersteller 1967 ein

---

Netstal, reichte etwa wenige Tage nach dem Ölunglück in Châteauneuf eine Motion im Landesrat des Kanton Glarus ein. Er forderte unter anderem eine Verschärfung der Tankvorschriften und eine obligatorische Haftpflichtversicherung für Tankbesitzer*innen (o. A., Der Oelalarm – gesetzliche Vorkehren, in: Neue Zürcher Zeitung, 14.11.1967 (Ausg. 1), S. 17).

45 Siehe Verfügung des Eidgenössischen Departements des Innern über den Schutz der Gewässer gegen Verunreinigung durch flüssige Brenn- und Treibstoffe sowie andere wassergefährdende Lagerflüssigkeiten (Technische Tankvorschriften) (vom 27. Dezember 1967), in: Sammlung der Eidgenössischen Gesetze 8 (1968), S. 257–337. Für eine komprimierte Darstellung der erneuerten Vorschriften siehe o. A., Kampf gegen lecke Oeltanks, in: Der Bund, 7.3.1968, S. 3. Manche Kantone verschärften die Massnahmen in den Folgejahren: Der Kanton Zürich führte etwa 1976 ein verpflichtend auszufüllendes «Tankkontrollheft» ein, in dem die Inhaber*innen von Heizöltanks die jeweiligen Heizölstände vor und nach dem Wiederbefüllen eintragen mussten. Auf diese Weise sollte auslaufendes Öl sofort entdeckt werden. Falls kein Tankkontrollheft vorhanden war, durfte der Heizölhändler den Tank nicht wieder auffüllen (Sektion Zürich des Schweizerischen Verbands für Wohnungswesen, Die Sektion Zürich meldet: Tankkontrollheft, in: Wohnen 51/5 (1976), Nr. 5, S. 93).

Gütesiegel ein, das für ihre Qualität bürgte und 1972 staatlich anerkannt wurde.[46]

Auch die «Vertreter der Erdölbranche» taten sich in Bezug auf die Tankkontrolle (aber auch auf die Luftreinhaltung) hervor, wobei es ihnen vor allem um Mitsprache und Mitwirkung bei der Schaffung von Regulatorien und deren Vollzug ging. Sie schlugen einen «typisch schweizerische[n] Weg» ein und gründeten 1969 gemeinsam mit Vertretern der Chemieindustrie den «Verein zur Förderung der Wasser- und Lufthygiene im Bereich der Erdölprodukte und flüssiger Chemikalien (VFWL)», eine «Selbsthilfeorganisation der Wirtschaft». Dieser Verein sollte die Erdöl- und Chemieindustrie durch Aufklärung für den Gewässerschutz und die Luftreinhaltung sensibilisieren. In Form eines vom VFWL eingerichteten Inspektorats war er auch praktisch tätig. Unter anderem bot das Inspektorat einen technischen Beratungs- und Überprüfungsdienst für Tankanlagen an und fungierte als Informations- und Dokumentationsstelle. Es trat zudem als «Mittler zwischen Behörden und Wirtschaft» auf, beriet die Behörden und engagierte sich im Vollzug der gesetzlichen Bestimmungen, um die «Aufgaben der eidgenössischen, kantonalen und kommunalen Behörden [...] zu erleichtern». Der VFWL wollte durch seinen Einsatz die «Idealvorstellung der Wirtschaft» verwirklichen, nämlich die Schaffung und den Vollzug möglichst einheitlicher Regulatorien, «auch wenn dieser [der Vollzug, AdV] [...] vom Gesetzgeber föderalistisch konzipiert ist».[47] Die Industrie erhoffte sich also Mitsprache bei der Schaffung von gesetzlichen Massnahmen.

Was ihre Auswirkungen auf die Luftqualität betraf, galten Ölzentralheizungen bereits ab den frühen 1960er-Jahren als die Hauptverursacher der

46 O. A., Eisenbeton-Tanks zur Lagerung von Heizöl, in: Wohnen 35/1 (1960), S. 20; o. A., Kunststoff bringt Sicherheit bei Heizöltanks, in: Wohnen 38/11 (1963), S. 393; Eugen Fehr, Ölfeuerungen in der Praxis, in: Wohnen 39/11 (1964), S. 400 f., hier S. 401; Borsari & Co, Ein wirksamer Tankschutz durch ein neues Doppelmantelsystem, in: Wohnen 46/9 (1971), S. 250 f.; Intertol AG, Gegen die Ölpest-für sauberes Wasser, in: Schweizerische Bauzeitung 87/20 (1969), S. 6.

47 O. A., Ein Wasser- und Lufthygiene-Inspektorat der Wirtschaft, in: Schweizerische Bauzeitung 88/17 (1970), S. 386 f.; Zitate ebd. Siehe auch: Verein zur Förderung der Wasser- und Lufthygiene im Bereich der Erdölprodukte und flüssiger Chemikalien, Tanks und das Inspektorat VFWL, in: Wohnen 47/10 (1972), S. 276.

Luftverschmutzung im Winter, die sich vor allem durch einen Anstieg der nun konkret als Schwefeldioxid(SO_2)- und Stickstoffoxid(NO_x)-Emissionen benannten Luftschadstoffe manifestierte. Diese Emissionen wurden nun als erhebliche Belastung für die menschliche Gesundheit wahrgenommen und nicht mehr nur als Belästigung.[48]

Nach zwei parlamentarischen Vorstössen um 1960 unternahm der Bund erste Schritte gegen die Luftverschmutzung. 1961 setzte er die Eidgenössische Lufthygienekommission ein. Dieses Expertengremium hatte den Auftrag, die Luftqualität regelmässig zu evaluieren und konkrete Massnahmen zu ihrer Verbesserung vorzuschlagen.[49] Eines der wenigen rechtlichen Mittel gegen die Luftverschmutzung bildete auch noch in den 1960er-Jahren die Individualklage wegen Belästigung oder Gefährdung durch Dritte, wie Dieter Högger, der erste Präsident der Eidgenössischen Lufthygienekommission, 1964 in der *NZZ* festhielt. Dieses Rechtsmittel griff allerdings zu kurz. Die Individualklage erlaubte «keine vorausschauende Verhütung von Schäden» und war für die Klagepartei mit Kosten und Aufwand verbunden. Zudem konnte der Verursacher der Luftverschmutzung, besonders in Städten oder Industriegebieten, häufig nicht eindeutig identifiziert werden, weshalb «gleichzeitig gegen eine Vielzahl von Emittenten» hätte geklagt werden müssen. Viele Betroffene sahen aus den genannten Gründen auch in gravierenden Fällen von einer Klage ab.[50]

48 Andreas Balthasar, Carlo Knöpfel, Umweltpolitik und technische Entwicklung, S. 8. Daneben riefen die Schwefelemissionen auch Gebäudeschäden hervor (ebd.). Ursächlich für die hohe Schadstoffkonzentration in der Luft war vor allem das Schweröl, das im Handel auch unter der Bezeichnung «Heizöl» vertrieben wurde und aus Kostengründen von vielen Hauseigentümer*innen dem teureren «Heizöl leicht» vorgezogen wurde (siehe dazu J. Jäggli, Erdöl und Heizöl, in: Bauen + Wohnen 1-5/6 (1947), S. 54; o. A., Was man vor der Bestellung eines Ölbrenners wissen sollte, in: Bauen + Wohnen 1-5/3 (1947), o. S.; Looser & Cie, Ölbrennerfabrik Wilters, Wirtschaftliches Heizen, in: Bauen + Wohnen 2 (1952), S. 111; J. Schregenberger, Über Schwerölverbrennung, in: Schweizerische Bauzeitung 73/19 (1955), S. 277–280, hier S. 278 f.; E. Hörnlimann, Ölfeuerungen in der Praxis, in: Wohnen 39/10 (1964), S. 365.

49 Balthasar / Knöpfel, Umweltpolitik und technische Entwicklung, S. 8 f.

50 Högger, Rechtliche Maßnahmen, S. 5.

Um die Luftverschmutzung effizienter zu bekämpfen, schlug die Kommission Massnahmen zur Emissionsbegrenzung vor, die die Bereiche Verkehr, Industrie und Gebäudeheizung betrafen. Für den Bereich Heizung forderte die Kommission erstens «die Ausmerzung veralteter, technisch ungenügender Anlagen», zweitens «die Ausmerzung ungeeigneter, insbesondere auch stark schwefelhaltiger Brennstoffe» wie das auch von den Haushalten aus Kostengründen gerne verwendete Schweröl, und drittens «die sorgfältige Pflege und regelmässige Reinigung» der Heizanlagen.[51]

Als zusätzliches Mittel gegen die Luftverschmutzung durch Heizungen forderte der Zürcher Gesundheitsinspektor Walter Hess, der von 1964 bis 1991 Präsident der Schweizerischen Vereinigung für Gesundheitstechnik war, eine regelmässige Überprüfung des Schadstoffausstosses von Ölfeuerungsanlagen. Nach den ernüchternden Ergebnissen einer auf seine Initiative hin durchgeführten Überprüfung von 400 Heizanlagen, war Zürich die erste Stadt, in der ab 1964 die obligatorische, periodische Emissionskontrolle von Ölheizungen eingesetzt wurde.[52] Im selben Jahr empfahl die Eidgenössische Kommission für Lufthygiene die Ausarbeitung von «Verfassungs- und gesetzlichen Bestimmungen» zur Luftreinhaltung und arbeitete Richtlinien für die zuständigen kantonalen Behörden und die betroffenen Wirtschaftskreise aus.[53] Die *NZZ* nahm dies zum Anlass, einen Vortrag ihres Präsidenten Die-

51 Eidgenössische Kommission für Lufthygiene, Erster Bericht der Eidgenössische Kommission für Lufthygiene zuhanden des Bundesrats vom 20. Juni 1961, in: Bulletin des Eidgenössischen Gesundheitsamts 5 (1961), Beilage B, S. 133, zit. nach Balthasar, Knöpfel, Umweltpolitik und technische Entwicklung, S. 9.

52 W. Hess, Die Untersuchung von Ölfeuerungsanlagen in Zürich, in: Kommunalwirtschaft 4 (1964); ders., Die Luftverunreinigung in der Schweiz. Schriftenreihe der Schweizerischen Vereinigung für Gesundheitstechnik, Nr. 12, Zürich 1969. Siehe dazu auch Balthasar, Knöpfel, Umweltpolitik und technische Entwicklung, S. 9.

53 O. A., Das Department des Innern im Jahr 1964: Gewässerschutz und Lufthygiene, in: Neue Zürcher Zeitung, 8.4.1965 (Ausg. 1), S. 17. Ähnlich wie der Gewässerschutz sollte auch die Luftreinhaltung in der Verfassung verankert werden (Högger, Rechtliche Maßnahmen, S. 6). Im Juni 1964 tagte zudem erstmals die vom Europarat ins Leben gerufene Kommission für Luftverschmutzung in Strassburg, wo die Luftverschmutzungsproblematik und die zu setzenden Gegenmassnahmen auf europäischer Ebene von Experten debattiert wurden (Högger, Rechtliche Maßnahmen, Anmerkung der *NZZ*-Redaktion). Die Europäische Kommission für Luftverschmutzung sowie auch deren

ter Högger zu veröffentlichen, der besonders auf die rechtliche Problematik der Luftverschmutzung einging.[54] Högger machte darauf aufmerksam, dass in den meisten Ländern bereits «allgemein anwendbare Vorschriften» gegen die Luftverschmutzung erlassen worden seien. Was den Schadstoffausstoss von Heizungen im Speziellen betraf, existierten nach Högger jedoch nur in wenigen Ländern verbindliche Instrumente, wie die obligatorische Typenprüfung für Heizanlagen, die garantieren sollte, dass nur emissionsarme Heizanlagen in Umlauf gebracht wurden, oder Verordnungen, die den Schwefelgehalt von flüssigen Brennstoffen beschränkten. Wie Högger vorschlug, sollte der Bund den Schadstoffausstoss von Heizungen ebenfalls durch derartige Vorgaben begrenzen. Allerdings betrachtete der Fachmann die «stark zersplitterte Gesetzgebung», [...]» als besonderes Hindernis, «da auf dem Gebiet der Heizungseinrichtungen jeder Kanton seine eigenen Vorschriften hat».[55]

Die zersplitterte Gesetzgebung zeigte sich besonders im Hinblick auf die obligatorische Ölheizungskontrolle, die in Zürich zu einer wesentlichen Emissionsreduktion beigetragen hatte.[56] Aufgrund ihrer Wirksamkeit empfahl das Amt für Umweltschutz allen Kantonen die Einführung der obligatorischen Ölheizungskontrolle, was bis zum Ende der 1970er-Jahre allerdings nur von acht Kantonen umgesetzt wurde.[57] In Anbetracht der wachsenden

Nachfolgeorganisation konnten allerdings keine konkreten Erfolge erzielen. Das Gremium wurde 1973 «aus Mangel an politischem Willen» wieder aufgelöst (vgl. Europarat, Ständige Konferenz der Gemeinden und Städte, Ausschuss für Umwelt und Städtebau, Entschliessungsentwurf: Waldsterben – Asphyxie der Städte. Aktionsmöglichkeiten der Gemeinden und Städte, 1984, https://rm.coe.int/09000016808bc31d (9.8.2024), S. 2.

54 Högger, Rechtliche Maßnahmen, S. 5.

55 Ebd., S. 5.

56 Walter Hess, Ergebnisse und Erfahrungen von 14 Jahren Ölfeuerungskontrolle in der Stadt Zürich, in: Wasser Energie Luft 71/4 (1979), S. 81–84, hier S. 81 und S. 83. Der Anteil «lufthygienisch einwandfrei funktionierender» Ölheizungsanlagen konnte durch die Kontrollmassnahme zwischen 1964 und 1976/77 von 40 auf 80 Prozent gesteigert werden (Hess, Ergebnisse und Erfahrungen, S. 81, Zitat ebd.).

57 Hans Hirter, Gesetzliche Grundlagen für die obligatorische Kontrolle der Ölheizungen (Mo. 76.376), in: Année Politique Suisse, https://anneepolitique.swiss/prozesse/63044-gesetzliche-grundlagen-fur-die-obligatorische-kontrolle-der-olheizungen-mo-76-376 (9.8.

Luftverschmutzung, zu der die Ölheizungen einen wesentlichen Beitrag leisteten, erschien ein schweizweites Obligatorium als wünschenswert, wie etwa durch eine 1976 an den Nationalrat gerichtete Motion deutlich wird.[58] Die obligatorische Ölfeuerungskontrolle wurde, ebenso wie die obligatorische Typenprüfung von Brennern und Heizkesseln, allerdings erst 1985 im Rahmen der Luftreinhalteverordnung (LVR) eingeführt.[59]

Während die Einsetzung von bundesweiten gesetzlichen Massnahmen noch auf sich warten liess, passten die Heizungshersteller als Reaktion auf die städtischen oder kantonalen Kontrollen ihre Ölbrenner und Heizkessel an die lufthygienischen Erfordernisse an, wie Walter Hess 1979 in einem Fachartikel schilderte. Nachdem die Einführung der obligatorischen Ölfeuerungskontrolle in Zürich anfänglich «recht grosse Unruhe in der Heizungsbranche ausgelöst hat und die Behörden heftig kritisiert worden sind», förderte dieses Instrument schliesslich Innovationen im Bereich Heizungen und diente als Vorbild für andere Städte in der Schweiz, in Deutschland und Österreich.[60] Als weitere Reaktion auf die Einführung der obligatorischen Ölheizungskontrolle integrierten viele Heizungsfirmen diese in ihr Kundendienstangebot und bewarben diesen Service als einen Beitrag zur Luftreinhaltung.[61] Auch

2024). Die Ölfeuerungskontrolle wurde grundsätzlich durch die Gemeinden veranlasst und unterlag dabei besonderen gesetzlichen Bestimmungen. Die Kontrolleure wurden ab 1970 durch die Schweizerischen Vereinigung für Gesundheitstechnik im Rahmen von Fachkursen ausgebildet (Hess, Ergebnisse und Erfahrungen, S. 82).

58 Hermann E. Vogel, Kampf gegen die Luftverpestung, in: Plan 35/12 (1978), S. 22–24, hier S. 23. Die oben genannten acht Kantone waren Aargau, Appenzell Ausserrhoden, Basel-Landschaft, Basel-Stadt, Neuenburg, Solothurn, Waadt und Zürich (Vogel, Kampf gegen die Luftverpestung, S. 23).

59 Bundeskanzlei, SR 814.318.142.1 Luftreinhalte-Verordnung vom 16. Dezember 1985 (LRV), Stand 1. Januar 2024, Fedlex: https://www.admin.ch/opc/de/classified-compilation/19850321/index.html (9.8.2024). Diese Verzögerung rührte unter anderem daher, dass der zuständige Bundesrat versprach, der Problematik der Ölheizungen im neuen Umweltschutzgesetz zu begegnen, das seit 1972 ausgearbeitet wurde (Hirter, Gesetzliche Grundlagen für die obligatorische Kontrolle der Ölheizungen).

60 Hess, Ergebnisse und Erfahrungen, S. 83.

61 O. A., Tendenzen und Entwicklungen im Heizungs- und Sanitärsektor, in: Wohnen 47/3 (1972), S. 60–61.

die *Richtlinien über die Auswurfbegrenzung bei Haus- und Industriefeuerungen*, die am 7. Februar 1972 vom Eidgenössischen Departement des Innern veröffentlicht und bis zum Ende der Dekade von neun Kantonen angenommen wurden, förderten die Verbesserung von Heizanlagen in Bezug auf die Luftreinhaltung.[62] Anders als gegen die obligatorische Ölheizungskontrolle in Zürich leistete die Heizungsbranche gegen die LVR von 1985 und die enthaltenen Regulatorien kaum Widerstand. Ihrer Auffassung nach wurde durch die LVR «nur der Stand der bereits erreichten Technik [...] festgeschrieben».[63]

Auch die Erdölwirtschaft bemühte sich, den Schwefelgehalt von Heizöl durch spezifische Verfahren in den Raffinerien zu senken. Dies erwies sich anfänglich (in den 1960er-Jahren) in technischer und wirtschaftlicher Hinsicht als schwierig, da dem Heizöl sehr oft Rückstandsöle beigemischt waren.[64] Nicht nur Innovationen in der Entschwefelungstechnik, sondern auch die Einführung von Vorgaben zum Schwefelgehalt von Heizöl und Treibstoffen, wie die oben erwähnten *Richtlinien über die Auswurfbegrenzung bei Haus- und Industriefeuerungen* und die von der Schweizer Normenvereinigung 1983 aufgestellten Richtlinien,[65] trugen schliesslich zur Reduktion der Schwefelemissionen der Ölheizungen bei.

62 Hermann E. Vogel, Zwei Grad weniger: zehn Prozent Öl gespart, in: Plan 36/11–12 (1979), S. 12, 21–22, hier S. 12 Diese Verordnung setzte erstmals bundesweite Grenzwerte für die Emissionen von Feuerungsanlagen, regulierte aber auch die Brennstoffbeschaffenheit und die Kamindimensionierung (StAZH MM 3.152 RRB 1978/0791, Luftreinhaltung im Kanton Zürich. Regierungsratsbeschluss, 22.2.1978, S. 342.

63 Baltasar, Knöpfel, Umweltpolitik und technische Entwicklung, S. 57–58, hier S. 58.

64 H. Ruf, Heizoel. Vorlesung an der Eidgenössischen Technischen Hochschule, Zürich 1969, S. 51–53.

65 Eidgenössisches Departement des Innern, Richtlinien über den Schwefelgehalt von Heizölen und Dieseltreibstoff (vom 7. Juli 1983), in: Bundesblatt 135 (1983), Nr. 3, 390 f.; Thomas Widmer, Evaluation von Massnahmen zur Luftreinhaltepolitik in der Schweiz. Eine quasi-experimentelle Interventionsanalyse nach dem Ansatz von Box / Tiao (Zürcher Beiträge zur politischen Wissenschaft 16), Zürich 1991, S. 182–184.

Durch die besondere Bedeutung, die das Thema Umwelt in der Schweiz ab den 1970er-Jahren erlangte,[66] engagierte sich der Bund verstärkt für die Luftreinhaltung. 1979 unterzeichnete er das *Genfer Übereinkommen über weiträumige, grenzüberschreitende Luftverschmutzung*. Ratifiziert wurde das Genfer Abkommen erst 1983, nach dem Inkrafttreten des Umweltverfassungsartikels. Das staatliche Engagement mündete schliesslich in der LVR von 1985, die der Historiker Ueli Haefeli als «eigentliche Türöffnerin für innovative umweltpolitische Lösungsansätze» bezeichnete und die, wie auch die europäische Gesetzgebung, Grenzwerte für den Ausstoss von Emissionen, Russ und Feinstaub setzte.[67] Letztere wurden sowohl auf Bundesebene als auch auf kantonaler Ebene periodisch verschärft, was Hausbesitzer*innen zu einer Renovierung oder den Austausch ihrer Heizanlagen nach einer bestimmten Frist zwang.[68]

Wie dieser Abschnitt gezeigt hat, wuchs in der Nachkriegszeit das Bewusstsein dafür, dass die Schädigung der Umwelt auch Auswirkungen auf den Menschen hat, beispielsweise durch verunreinigtes Trinkwasser oder verschmutzte Luft, wie auch medial immer wieder kommuniziert wurde. Besonders die Auswirkungen von Ölaustritten aus Heizöltanks auf die Gewässer waren sinnlich unmittelbar fassbar und lösten Empörung in der Bevölkerung und ein relativ rasches Ergreifen von Massnahmen aus, etwa die Verschärfung der bundesweit gültigen *Technischen Tankvorschriften* nur kurze Zeit nach dem Ölaustritt in Châteauneuf. Hier spielten vor allem Überlegungen zur Vermeidung von Umweltkatastrophen eine Rolle.

Im Hinblick auf die Luftverschmutzung, die seit den 1960er-Jahren als bedeutendes Problem wahrgenommen wurde, wurden von Expert*innen definierte Toxine und Schadstoffe durch Messungen erfasst, wobei eine bun-

66 Patrick Kupper, Die «1970er Diagnose». Grundsätzliche Überlegungen zu einem Wendepunkt der Umweltgeschichte, in: Archiv für Sozialgeschichte 43 (2003), Umweltgeschichte und Umweltbewegungen, S. 325–348.

67 Siehe dazu Ueli Haefeli, Luftreinhaltung: Vom umweltpolitischen Türöffner zum Exportprodukt, in:. Mieg, Haefeli (Hg.), Umweltpolitik in der Schweiz, S. 92–107, hier S. 92.

68 Baltasar, Knöpfel, Umweltpolitik und technische Entwicklung., S. 9–10, 124. Zu den aktuell gültigen Bestimmungen der LVR siehe BAFU, Massnahmen zur Luftreinhaltung bei Feuerungen.

desweite politische Regulierung jedoch erst ca. zwei Jahrzehnte später erfolgte. Die Sozialökologin Marina Fischer-Kowalski hat für das Denkmuster, das Umweltbelastung als ein Zuviel an giftigen Stoffen wahrnimmt, den Begriff «Toxin / Giftparadigma» eingeführt. Relevante Schlüsselfragen betreffen u. a. die Erfassung giftiger Substanzen und ihre Begrenzung.[69]

Als Reaktion auf die Regulierungsmassnahmen nahmen Heizungs- und Tankhersteller sowie die Mineralölindustrie seit den 1960er-Jahren technische Anpassungen an ihren Produkten vor oder legten sich selbst Regeln auf, um das umweltschädigende Potenzial der Raumheizung zu reduzieren. Auch die Verbraucher*innen, also die Besitzer*innen von Heizungsanlagen, wurden durch Verordnungen gezwungen, ihre Heizungsanlagen und Heizöltanks regelmässig überprüfen zu lassen bzw. sie zu sanieren oder zu erneuern.

Heizen mit Holz: Ein Bärendienst für die Umwelt? (1990er-Jahre)

Die LVR sah nicht nur eine Emissionsbeschränkung für Ölzentralheizungen vor, sondern auch für Holzheizungen. Diese waren im Zuge der Erdölpreiskrisen als Alternative zur Ölheizung besonders in den ländlichen Kantonen wieder modern geworden. Die Nutzung von Holzheizungen und Brennholz wurde seit den 1980er-Jahren vom Bundesamt für Energie (BfE) als Möglichkeit zum teilweisen Ersatz von Heizöl, von den Umweltorganisationen als Beitrag zum Umwelt- und Klimaschutz und vom Bund aufgrund der in 1980er-Jahren wirtschaftlich angeschlagenen Schweizer Forstwirtschaft unterstützt.[70]

Eine im Auftrag des Bundesamts für Umwelt, Wald und Landschaft (BUWAL) im Jahr 1990 durchgeführte vergleichende Untersuchung der

69 Fischer-Kowalski, Wie erkennt man Umweltschädlichkeit?, S. 15.

70 Siehe z. B. Eduard Kiener, Holzwirtschaft und Energie, in: Schweizerische Zeitschrift für Forstwesen 134/2 (1988), S. 81–91, hier S. 88; Schweizerischer Bund für Naturschutz u. a., Jenseits der Sachzwänge: Ein Beitrag der Umweltorganisationen zur schweizerischen Gesamtenergiekonzeption, Zürich 1978, S. 86, 98, Clemens Hagen, Das Impulsprogramm Holz: eine Chance für unsere Wald- und Holzwirtschaft, in: Schweizerische Zeitschrift für Forstwesen 138/6 (1987), S. 485–496, hier S. 486.

Emissionen von Öl- und Holzheizungen[71] zeigte jedoch, dass vermehrtes Heizen mit Holz zwar zu einer Senkung des SO_2- und des CO_2-Ausstosses sowie der Schwermetallbelastung führte, aber auch, dass gleichzeitig die Feinstaubbelastung sowie die CO- und NO_x-Emissionen anstiegen. Aus diesem Grund empfahl die Studie den Ersatz von Ölheizungen durch Holzheizungen nur in Gebieten, wo Feinstaub-, CO- und NO_x-Belastungen im Grenzwertbereich lagen. Zudem sollten die Hersteller Holzheizungen und Filteranlagen für Feinstaub technisch verbessern, damit das Heizen mit Holz nicht nur zum Klimaschutz, sondern auch zur Luftreinhaltung beitrug.[72]

Die Ergebnisse dieser Studie führten in der Bevölkerung zu grosser Unsicherheit darüber, ob die Holzheizung eine «Dreckschleuder oder eine vernünftige Art [zu heizen, AdV] ist».[73] Diese Unsicherheit wurde noch verstärkt, da Ersteres tatsächlich auf ältere Modelle zutraf, deren Schadstoffausstoss zumeist die durch die LVR eingeführten Grenzwerte überschritt. Aufgrund der ihnen zugeschriebenen Luftverschmutzung protestierten Anwohner*innen von Gebäuden, die mit Holzheizungen ausgestattet werden sollten, gegen die Bauvorhaben oder legten Beschwerden bei Behörden ein.[74] Auch gegen Ölheizungen gingen Einzelpersonen vor. Ein Familienvater liess beispielsweise den Schadstoffausstoss einer ganzjährig genutzten Ölheizung eines benachbarten öffentlichen Gebäudes überprüfen, der nach seiner Ein-

71 Diese von INFRAS durchgeführte Studie ging vom Szenario aus, dass im Jahr 2000 statt 200.000 Tonnen Heizöl eine Million Festmeter Holz verheizt würde. Holzheizungen würden also signifikant zunehmen (BUWAL, Energie aus Heizoel oder Holz? Eine vergleichende Umweltbilanz. Expertenbericht der INFRAS, Zürich, im Auftrag des Bundesamtes für Umwelt, Wald und Landschaft, Zürich 1990. Eine Zusammenfassung der Studie wurde 1991 in *Schweizer Ingenieur und Architekt* abgedruckt (Elmar Ledergerber, Matthias Müller, Energie aus Heizöl oder Holz? Eine vergleichende Umweltbilanz, in: Schweizer Ingenieur und Architekt 109/24 (1991), S. 572–575).

72 Ledergerber / Müller, Energie aus Heizöl oder Holz?, S. 575.

73 Markus Tanner, Holz oder Öl was liegt näher?, in: Der Schweizer Arbeitnehmer, 24.1.1991, S. 4.

74 Tanner, Holz oder Öl. Im Fall eines Einfamilienhauses in Stettlen (Bern), das ausgebaut werden sollte, legten die Nachbarn wegen der «Rauch- und Geruchsbelästigung» der Holzheizung Beschwerde bei der kantonalen Baudirektion ein (o. A., Aufstockung wurde bewilligt, in: Der Bund, 18.2.1992, S. 21).

schätzung nicht nur zum Absterben von Bäumen in seinem Garten geführt hatte, sondern auch zu gesundheitlichen Problemen seiner Kinder. Er hatte die bedenklichen Ergebnisse der kommunalen Umweltschutzabteilung gemeldet, die sich für diesen Fall besonders interessierte, um Erfahrungen zu sammeln, wie in derartigen Fällen, die den «Umweltschutz im Kleinen» betrafen, vorzugehen sei.[75]

Die Unsicherheit der Bevölkerung bezüglich des Emissionspotenzials von Öl- und Holzheizungen versuchten sowohl Vertreter*innen aus der Erdöl- und Holzwirtschaft als auch öffentliche Stellen, wie Energieberatungen, zu mindern, indem sie in der Tagespresse zu den Ergebnissen der BUWAL-Studie Stellung nahmen.

Eine Oberwalliser Energieberatungsstelle veröffentlichte im November 1991 einen Artikel in der lokalen Tageszeitung *Walliser Bote*, in dem sie gegen die «hartnäckig vorherrschende Meinung» auftrat, dass Ölheizungen umweltverträglicher seien als Holzheizungen. Sie betonte, entsprechend der BUWAL-Studie, die CO_2-Ersparnisse beim Heizen mit dem nachwachsenden Rohstoff Holz und wies darauf hin, dass moderne Holzheizungen die Vorgaben der LVR durchaus einhielten, sofern die Nutzer*innen richtig heizten und nicht etwa feuchtes Holz oder Hausmüll verbrannten.[76]

Ein anonym eingesandter Artikel bezeichnete wenige Wochen später die Darstellung der Energieberatungsstelle als «polemisch und falsch». Er hielt fest, dass Holzheizungen die Luft viel stärker belasteten als Ölheizungen und «dass [ihr] CO_2-Ausstoss […] zwei- bis dreimal höher als von Ölheizungen» sei. Demnach wäre die Behauptung, die Holzheizung sei «sauberer» als die Ölheizung, eine «glatte Irreführung der Konsumenten». Der Artikel wies zudem darauf hin, dass die SO_2-Emissionen der Ölheizungen «dank Heizölentschwefelung […] weit unter der Unbedenklichkeitsschwelle liegen» und «Schwefel nicht mehr als Problem der Luftreinhaltung» gelte.[77]

75 O. A., In Liechtis Garten in Wabern sind vier Bäume eingegangen. Aus dem Alltag der Umweltschutzabteilung Könitz, in: Der Bund, 27. 10. 1990, S. 31.

76 Leo Arnold, Holzheizungen: Besser als ihr Ruf, in: Walliser Bote, 14. 11. 1991, S. 21; Siehe auch: Forstdienst der Gemeinde St. Niklaus, Noch kein Grund zum Aufatmen, in: Walliser Bote, 14. 2. 1990, S. 14.

77 O. A., Besser als Ölheizungen?, in: Walliser Bote, 4. 12. 1991, S. 12.

Da dieser Artikel ausgerechnet neben einem Inserat der Energieberatungsstelle platziert worden war, rief er – insbesondere wegen der unterstellten Irreführung der Konsument*innen – «bei der Bevölkerung [...] entsprechende Reaktionen in Form von Vorwürfen an die Energieberatung» hervor. Diese reagierte wenige Tage später auf die Anschuldigungen und bezeichnete den oben zitierten Artikel ihrerseits als irreführend. Die für die Holzheizung sprechenden Ergebnisse der BUWAL Studie seien nicht angeführt worden. Zudem verwehrte sich die Energieberatungsstelle gegen die Behauptung, dass die Holzheizung mehr CO_2 emittieren würde als die Ölheizung. Das sei schon allein wegen der Erneuerbarkeit der Ressource Holz im Rahmen einer nachhaltigen Waldbewirtschaftung falsch, aber auch, weil Holz als Ersatz für Heizöl zu einer national und global besseren CO_2-Bilanz beitragen könne. Was die Luftbelastung mit CO und NO_x sowie den Rauch- und Russausstoss der Holzfeuerungen betraf, würden die Emissionen moderner Holzfeuerungen im Grenzwertbereich liegen, den die LVR für Ölfeuerungen festgesetzt hatte. Alles in allem sei die Holzheizung zwar nicht «sauberer» – es gebe «schlichtweg keine sauberen Heizungen auf der Basis von Brennstoffen» –, aber zumindest ökologisch vertretbarer als die Ölheizung.[78]

Die medialen Attacken auf die Holzheizung und die Energieberatungen wurden in den Folgejahren fortgeführt, allerdings nicht mehr anonym, sondern vom Brennstoffhändler- Verband Wallis. Dessen Präsident bezeichnete die Holzheizung nicht nur als unwirtschaftlich, sondern bezichtigte die Energieberatungen, die Holzheizungen empfahlen, der «Umwelt einen Bärendienst» zu leisten, wegen ihrer negativen Auswirkungen auf die Umgebungsluft.[79]

Trotz der ihr zugeschriebenen Feinstaub- und Emissionsbelastung, die allerdings nach aktuellen Angaben der Schweizerischen Vereinigung für Holzenergie zwischen 1980 und heute stark gesunken ist,[80] wurde die Holz-

78 Leo Arnold, Das Holzenergieproblem umfassend betrachtet, in: Walliser Bote, 6.12. 1991, S. 15.

79 Brennstoffhändler- Verband Wallis, Holzheizung: Stark umweltbelastend und unwirtschaftlich!, in: Walliser Bote, 10.3.1994, S. 11.

80 Durch den Einbau von Filteranlagen konnte die Holzheizung die sich laufend verschärfenden Grenzwerte der jeweils gültigen Luftreinhalteverordnung erfüllen (siehe z. B. SFIH Holzfeuerungen Schweiz, Holzfeuerungen. Hoher Wirkungsgrad, tiefe Emissions-

heizung in den Folgejahren grundsätzlich als positiv wahrgenommen. Dazu beigetragen hatte seit 1990 die staatliche Förderung der Nutzung von Holz zum Heizen, wie etwa im Rahmen des zwischen 1990 und 2000 laufenden Programms *Energie 2000.* Dieses zielte stark auf Energiesparmassnahmen sowie auf den Ausbau erneuerbarer, inländischer Energieressourcen ab.[81]

Wie dieses Fallbeispiel gezeigt hat, wurde auch nach der Einführung der LVR über verschiedene Brennstoffe für die Raumheizung diskutiert und polemisiert, wobei besonders Heizöl und Holz in der Kritik standen, zur Luftverschmutzung auf lokaler Ebene beizutragen. Auch wenn die LVR die Emissionen von Heizungen auf nationaler Ebene begrenzte, kam es fallweise immer noch zu Beschwerden und zum Ergreifen von Massnahmen durch Anlieger*innen von grösseren Heizanlagen, deren Emissionen sie als schädlich für Mensch und Umwelt wahrnahmen. Neben der Luftverschmutzung kamen vermehrt auch die Auswirkungen der Raumheizung auf das globale Klima zur Sprache, wobei ihre CO_2-Emissionen der Indikator waren, an dem verschiedene Brennstoffe gemessen wurden. Die Wahrnehmung der Umweltschädlichkeit der Heizung folgte also nicht mehr nur ausschliesslich dem Denkmuster «Gift / Toxine», sondern zusätzlich dem sogenannten «Ressourcenökonomie- und Entropieparadigma», welches der Ökonomie bzw. der Physik entlehnt ist.[82] Vor diesem Hintergrund spielte die Erneuerbarkeit von Holz und seine im Vergleich zu Heizöl bessere CO_2-Bilanz eine tragende

werte, S. 4–5, https://www.holzfeuerungen-schweiz.ch/wp-content/uploads/2016/07/Broschure-Holzfeuerungen-DE_kleine-Aufloesung.pdf (9.8.2024)). Für die verschiedenen Fassungen der LVR siehe Bundeskanzlei, SR 814.318.142.1, Luftreinhalte-Verordnung vom 16. Dezember 1985.

81 Siehe z. B. Eidgenössisches Departement für Umwelt, Verkehr, Energie (= UVEK), Provisorische Schlussbilanz von Energie 2000: Ziele zum Teil erreicht; wertvolle Erfahrungen und Netzwerke für «EnergieSchweiz», 4.7.2000, https://www.admin.ch/gov/de/start/dokumentation/medienmitteilungen.msg-id-4055.html (9.8.2024). Erst nach der Annahme des Energie-Verfassungsartikel im Jahr 1990 waren Bund und Kantone dazu ermächtigt, sich für eine diversifizierte, sichere, wirtschaftliche und umweltverträgliche Energieversorgung einzusetzen und die rationelle Energienutzung zu fördern. Ab diesem Zeitpunkt kam es zu direkten staatlichen Interventionen in den Energiebereich (Patrick Kupper, Irene Pallua, Energieregime in der Schweiz seit 1800, Bern 2016, S. 98–102).

82 Fischer-Kowalski, Wie erkennt man Umweltschädlichkeit?, S. 18–19.

Rolle in der Diskussion über die Umweltschädlichkeit der Raumheizung. Der Staat ergänzte seine umweltpolitischen Massnahmen, wie sie etwa durch die LVR festgelegt wurden, durch energiepolitische, indem er beispielsweise die Nutzung von Holz für die Raumheizung und die «neuen» erneuerbaren Energieträger wie Sonnen- und Umgebungswärme im Programm «Energie 2000» förderte,[83] vor allem, um die Abhängigkeit von Fossilenergieimporten zu reduzieren. Diese ersten energiepolitischen Massnahmen bildeten zugleich die Grundlagen der schweizerischen Klimapolitik.[84]

Schlussfolgerungen und Ausblick

Zusammenfassend ist Folgendes festzuhalten:
Die Umweltauswirkungen der Raumheizung wurden auf verschiedenen räumlichen Ebenen wahrgenommen. In den bewohnten Gebäuden, der unmittelbaren Umwelt des Menschen, wirkte die Ofenheizung gesundheitsgefährdend, da durch sie die Raumluft verschmutzt wurde, was bereits ab der Mitte des 19. Jahrhunderts von Fachleuten als Problem erkannt wurde. Auf der lokalen Ebene wurde vor allem der durch das Heizen entstehende Rauch als Belästigung wahrgenommen. Ab der Mitte des 20. Jahrhunderts verlagerte sich das Problembewusstsein für die Umweltauswirkungen der Ölheizung auf die nationale Ebene, etwa wegen ihres Beitrags zur Luftverschmutzung in den Städten oder wegen der verheerenden Auswirkungen von Heizölaustritten. Als globales Problem wurden die umweltschädigenden Wirkungen der Raumheizung zunehmend im letzten Drittel des 20. Jahrhundert wahrgenommen. Dies lag nicht nur daran, dass Luftverschmutzung als grenzüberschreitendes Problem erkannt wurde, sondern auch daran, dass das Heizen erheblich zum Klimawandel beiträgt.

Die Probleme Luftverschmutzung und Ölaustritte wurden sehr unterschiedlich betrachtet: Luftverschmutzung wurde zunächst vor allem als lästig empfunden, erst ab den 1960er-Jahren galt sie erwiesenermassen als gesundheitsgefährdend. Da das Verbrennen von Heizmaterial stets mit einem gewis-

83 UVEK, Provisorische Schlussbilanz von «Energie 2000».

84 Johann Dupuis, Klima: Die Schweiz – eine Pionierin der Klimaschutzpolitik?, in: Mieg, Haefeli (Hg.), Umweltpolitik in der Schweiz, S. 125–146, hier S. 127.

sen Ausmaß an Emissionen verbunden ist, forderten Fachleute die Begrenzung des gesundheitsschädlichen Potenzials dieser Emissionen ein. Ölaustritte wurden hingegen wegen ihrer potenziell rasch einsetzenden und fatalen Auswirkungen als Katastrophen wahrgenommen, insbesondere wenn erhebliche Mengen an Öl in die Umwelt gelangten. Dementsprechend sollten Ölaustritte nicht reduziert, sondern verhindert werden.

Im Untersuchungszeitraum veränderten sich die regulatorischen Instrumente zur Eindämmung des umweltschädigenden Potenzials der Heizung. Zunächst diente die individuelle Klage gegen Rauch bei lokalen Behörden als Instrument zur Emissionsbeschränkung, was allerdings für die Kläger*innen mit Kosten und Aufwand verbunden war. Die von den Behörden aufgrund der Beschwerde ergriffenen Massnahmen waren nicht sehr effizient und blieben räumlich beschränkt. Vor allem wirkten sie nicht präventiv. Individuelle Beschwerden gegen den Betrieb (grösserer) Heizungsanlagen waren auch gegen Ende des 20. Jahrhunderts noch üblich, etwa wenn sich Anlieger*innen durch deren Abgase belästigt oder gesundheitlich gefährdet fühlten. Auch heute noch wird das Instrument der individuellen Beschwerde genutzt, insbesondere wegen der Lärmentwicklung von Wärmepumpen.[85] Allgemeinere Regelungen und Präventivmassnahmen gegen die Luftverschmutzung wurden vor allem in der zweiten Hälfte des 20. Jahrhunderts eingeführt, zunächst auf kommunaler, später auf kantonaler und schliesslich auf nationaler Ebene. Was die Emissionen der Raumheizung betraf, wurden diese von Experten, meist aus dem Gesundheitsbereich, spezifiziert und Grenzwerte festgelegt.

Während sich die regulatorische Praxis im betrachteten Zeitraum veränderte und der Staat sich zunehmend in die Emissionsbegrenzung von Heizanlagen einschaltete, änderten sich die von Fachleuten ausgearbeiteten und an die Bevölkerung kommunizierten Empfehlungen zur Reduktion der individuellen Heizungsemissionen kaum. Sie umfassen damals wie heute die Nutzung von technisch einwandfreien Heiz- und Filteranlagen und von ge-

85 Siehe z. B. Cercle Bruit, Lärmsorgen: Wärmepumpen. Laute Wärme sorgt für erhitzte Gemüter, http://www.laerm.ch/de/laermsorgen/laermquellen-und-beurteilung/energie-und-versorgung/waermepumpen/waermepumpen.html (9.8.2024).

eigneten Brennstoffen sowie das korrekte Bedienen und die regelmässige Kontrolle der Heizanlage.[86]

Es dauerte mehrere Dekaden, bis sich die Erkenntnis durchgesetzt hatte, dass die Belastung der Aussenluft mit toxischen Substanzen individuelle, gesundheitliche Folgen nach sich ziehen konnte und Mensch und Umwelt schleichend vergiftet. Diese Erkenntnis folgte dem Denkmuster «Toxin / Gift» und erleichterte die Einführung von politischen Massnahmen zur Begrenzung der Raumheizungsemissionen, zunächst auf kommunaler oder kantonaler Ebene etwa durch die Ölfeuerungskontrollen und schliesslich auf nationaler Ebene durch die LRV. Allerdings regten auch von nur wenigen Kantonen oder Kommunen eingeführte Vorschriften die Heizungsbranche zu technischen Innovationen an, um den Schadstoffausstoss von Heizungen zu reduzieren. Im Gegensatz zur Luftverschmutzung handelte der Bund in Bezug auf Ölaustritte, die Gewässer und Böden verunreinigten, relativ rasch. Nur ein Jahr nach der Ölkatastrophe von Sitten verschärfte der Bund 1969 die «Technischen Tankvorschriften». Die Dringlichkeit dieser Massnahmen war nicht nur aufgrund der sofortigen Sichtbarkeit von Umweltschäden einfacher kommunizierbar und nachvollziehbar, sondern auch, weil es konkret um den Schutz der Bevölkerung ging.

Genauso wie die Durchsetzung von politischen Massnahmen zur Luftreinhaltung benötigte die Entwicklung von Massnahmen gegen den Klimawandel Zeit. Seine Auswirkungen waren für viele Menschen in Europa lange kaum direkt spürbar, könnten allerdings durchaus katastrophale Ausmasse annehmen, wenn bestimmte Kipppunkte überschritten werden.[87] Ihren Ursprung hat die Klimapolitik der Schweiz in den 1970er-Jahren: Nach den Erdölpreiskrisen wurde die Nutzung von inländischen Ressourcen, wie zum Beispiel von Holz, für die Raumheizung politisch gefördert, zunächst allerdings nicht aus Klimaschutzgründen. Stattdessen geschah dies einerseits, um die Abhängigkeit von hochpreisigen Fossilenergieimporten zu verringern,

86 Zu aktuellen Regeln für das Heizen (mit Holz) in der Schweiz siehe BAFU, Heizen mit Holz.

87 Siehe dazu z. B. David I. Armstrong McKay u. a., Exceeding 1.5 °C Global Warming could Trigger Multiple Climate Tipping Points, in: Science 377/6611 (2022), https://www.science.org/doi/10.1126/science.abn7950 (9. 8. 2024).

und andererseits, um die inländische Holzwirtschaft zu unterstützen. Die Dringlichkeit dieser wirtschaftlichen Probleme und das Setzen von Gegenmassnahmen war für die beteiligten Akteur*innen nachvollziehbarer als die Schaffung von verbindlichen Instrumenten zur Vermeidung von klimaschädlichen Emissionen. Letzteres wurde in der Vergangenheit immer wieder in die Zukunft verschoben.[88] Die Wahrnehmung von Umweltschädlichkeit folgt im Zusammenhang mit dem Klimawandel dem Denkmuster «Ressourcenökonomie / Entropie» und konzentriert sich in Bezug auf die Heizung vor allem auf die Inputseite.[89] Es geht hier vor allem um Fragen der Nachhaltigkeit der für die Heizung genutzten Energiequellen sowie um die Vermeidung bestimmter, nicht nachhaltiger Heizpraktiken wie das Heizen auf hohe Raumtemperaturen. Dies erfordert eine umfassendere Umstellung als lediglich die Anpassung von Heizungsanlagen an Emissionsgrenzwerte, etwa durch technische Verbesserungen von Ölbrennern oder von Filtern für Holzheizungen.

Je nach Denkmuster ergeben sich hinsichtlich der Raumheizung Unterschiede in der Bewertung ihrer Umweltschädlichkeit, wie dieser Beitrag am Beispiel der Holzheizung gezeigt hat. Wird dem «Toxinparadigma» folgend der Fokus auf die Outputseite, also auf ihre Emissionen, gesetzt, ist die Umweltbilanz der Holzheizung schlechter, als wenn sie unter dem Blickwinkel der «Ressourcenökonomie / Entropie» betrachtet wird. Während der Brennstoffhändler-Verband des Kantons Wallis die Feinstaub-, CO- und NO_x-Belastung der Holzheizung in den Vordergrund stellte, betonte eine Energieberatungsstelle des Kantons die CO_2-Speicherfähigkeit der erneuerbaren Energieressource Holz und ihre positive Klimabilanz. Diese unterschiedlichen Wahrnehmungsmuster führten zu einem medial ausgetragenen Konflikt zwischen den beiden Organisationen, wobei der Brennstoffhändlerverband der Energieberatungsstelle vorwarf, der Umwelt durch die Empfehlung von Holzheizungen letztendlich zu schaden und ihr demnach einen «Bärendienst» zu erweisen. Laut jüngsten Berichten ist die «umweltfreundliche» Holzheizung heute auf internationaler Ebene umstritten und wird beispielsweise in Deutschland oder Grossbritannien wegen ihrer Schadstoffemissio-

88 Siehe dazu z. B. Dupuis, Klima: Die Schweiz.

89 Fischer-Kowalski, Wie erkennt man Umweltschädlichkeit?, S. 20.

nen stark kritisiert, wobei dort auch geografische und sozioökonomische Faktoren eine gewisse Rolle spielen. In der Schweiz gilt die Holzheizung hingegen als Beitrag zum Klimaschutz.[90]

Die Schweiz setzt aktuell nicht auf Verbote, sondern unter Einbeziehung relevanter Akteure auf Freiwilligkeit und zeitlich befristete Anreize und greift auf eine besonders in ihrer Umweltpolitik verankerte Tradition der Konsensfindung zurück, bei der verschiedene Interessensvertreter*innen eingebunden werden.[91] Dies bedeutet beispielsweise, dass Hausbesitzer*innen und Unternehmen finanziell unterstützt werden, wenn sie auf umweltfreundlichere Heiztechnologien wie Wärmepumpen und Holzheizungen umsteigen. Der Vorteil dieses Ansatzes liegt darin, dass er auf Freiwilligkeit basiert und die Akzeptanz durch positive Anreize fördern kann. Jedoch kann es länger dauern, bis signifikante Veränderungen eintreten, da nicht jeder sofort auf diese Anreize reagiert. [92] Im Gegensatz dazu haben einige europäische Ländern ein Verbot für fossile Heizungen im Neubau erlassen oder diskutieren ein solches. Diese Länder, zu denen etwa Dänemark, Frankreich, Deutschland, Belgien und die Niederlande gehören,[93] verfolg(t)en eine eher direkte

90 Siehe (Bundeskanzlei, 2. Vorlage: Bundesgesetz über die Ziele im Klimaschutz, die Innovation und die Stärkung der Energiesicherheit (indirekter Gegenvorschlag zur Gletscher-Initiative), in: Bundeskanzlei (Hg.), Volksabstimmung 18. Juni 2023. Erläuterungen des Bundesrats, Bern 2023, S. 24–40, hier S. 26–27. Zur aktuellen Debatte über Holzheizungen und Luftverschmutzung siehe EEA, Decarbonising Heating and Cooling, Fiona Harvey, Rise in UK wood-burners likely to be creating 'pollution hotspots' in affluent areas, in: The Guardian, 6.2.2023, https://www.theguardian.com/environment/2023/feb/06/rise-in-wood-burners-in-uk-likely-creating-new-pollution-hotspots-in-affluent-areas (9.8.2024), Umweltbundesamt, Holzheizungen.

91 Siehe dazu z. B. Haefeli, Luftreinhaltung.

92 Für eine Kritik am Setzen von ökonomischen Incentives als Instrument für mehr Klimafreundlichkeit siehe Dupuis, Klima: Die Schweiz, bes. S. 143–144.

93 Die aktuelle EU-Richtlinie über die Gesamtenergieeffizienz von Gebäuden legt fest, dass der Einbau von fossilen Einzelkesseln in den Mitgliedsstaaten ab 2025 nicht mehr finanziell gefördert werden darf, fossile Heizungen sollen schrittweise abgeschafft werden. (Vertretung der Europäischen Kommission in Deutschland, Energieeffizienz von Gebäuden: Rat und Parlament einigen sich auf neue Vorgaben, https://germany.representation.ec.europa.eu/news/energieeffizienz-von-gebauden-rat-und-parlament-einigen-sich-auf-neue-vorgaben-2023-12-08_de, (9.8.2024). In Frankreich, Dänemark und Deutschland ist

Herangehensweise, um rasche Ergebnisse zu erzielen. Einerseits können Verbote schnelle Fortschritte bei der Reduzierung von Emissionen bringen, andererseits erfordern sie umfangreiche Unterstützungssysteme, etwa in Hinblick auf soziale Gerechtigkeit,[94] und können wie in Deutschland auf Widerstand stoßen und Konflikte hervorrufen.[95] Es bleibt abzuwarten, ob die Schweiz mit ihrer konsens- und anreizorientierten Politik vergleichbare Fortschritte erzielen kann oder ob die strengeren Verbote in anderen Ländern stärker wirken.

die Installation von fossilen Heizungen im Neubau bereits verboten (Vertretung der Europäischen Kommission in Deutschland, Heizgeräte).

94 Siehe zum Beispiel das noch bis 2026 laufende Forschungsprojekt «Looking back, Moving forwards: A Social and Cultural History of Home Heating (JustHeat)», das vor allem die Gerechtigkeitsaspekte einer Wärmewende erforschen soll (https://portal.research.lu.se/en/projects/looking-back-moving-forwards-a-social-and-cultural-history-of-hom (9.8.2024)).

95 Siehe z. B. Silke Mertins, Deutschland streitet über die Wärmepumpe, Neue Zürcher Zeitung, 27.5.2023, https://www.nzz.ch/international/kulturkampf-um-die-heizung-in-deutschland-ld.1783279 (9.8.2024); Johannes C. Bockenheimer, Bundesverfassungsgericht stoppt Heizungsgesetz: So nicht, Herr Habeck!, Neue Zürcher Zeitung, 6.7.2023, https://www.nzz.ch/meinung/der-andere-blick/karlsruhe-stoppt-heizungsgesetz-die-ampel-schadet-der-demokratie-ld.1746057 (9.8.2024).

Quand des intérêts économiques s'opposent aux pollutions. Les normes imposées à la première grande raffinerie de pétrole en Suisse (1959–1963)

Nicolas Chachereau

Abstract

When Business Interests Help Regulate Pollution: The Case of Switzerland's First Major Oil Refinery (1959–1963)
After the construction of a pipeline and the first large oil refinery in Switzerland was announced in early 1959, some neighbours of the future complex became concerned about pollution and demanded guarantees and regulation. Their calls conflicted with the attitude of local authorities, who were very sympathetic to the project and thus reluctant to impose constraints on it. Nevertheless, the conditions finally set in the building permits proved fairly stringent, forcing the developers to relocate one part of the infrastructure in order to release the fumes at a higher altitude. The article highlights the crucial role of federal authorities in bringing about this regulation. It argues that their attitude resulted in no small part from the influence of business groups that feared the competition from the new pipeline and refinery.

Au début de l'année 1959, les autorités politiques suisses se voient confrontées au projet de construction d'un oléoduc et d'une grande raffinerie de pétrole.[1] En l'absence d'or noir sur le territoire, de tels équipements n'existent alors pas dans le pays, exception faite d'une petite usine, sans commune mesure avec les installations prévues.[2] Pour l'essentiel, essence,

---

1 Les recherches pour cet article ont été rendues possibles par une bourse Early Postdoc.Mobility du Fonds national suisse pour la recherche scientifique. Je remercie par ailleurs, pour leur lecture attentive et leurs commentaires, Sabine Pitteloud, Cédric Humair et la personne chargée de l'expertise du cahier Itinera, ainsi que, pour leurs réactions à une version antérieure, les participants au «Labor» du Prof. Lengwiler, en particulier Peter-Paul Bänziger, Moritz Feichtinger, Martin Lengwiler et Séveric Yersin.

2 Sur la naissance chaotique de la petite raffinerie de Rotkreuz (canton de Zug), cf. Benedikt Hauser, «Eine ölige Geschichte»: der Skandal um Camillo Castiglioni und Nationalrat Ludwig Friedrich Meyer (1940–1945), Revue suisse d'histoire 60/3 (2010),

mazout et autres produits pétroliers sont donc importés tels quels. Désormais, une portion considérable de ces substances sera fabriquée dans le pays, dans une raffinerie prévue à Aigle et qui ouvrira finalement à Collombey-Muraz, alimentée en pétrole brut par un pipeline partant du port de Gênes. En outre, une centrale électrique fonctionnera grâce aux résidus du raffinage. Parmi d'autres enjeux, les futures pollutions de ces infrastructures inquiètent. Or, la situation n'est pas simple. Au sein de l'administration publique, le constat suivant est largement partagé: «Il est [...] difficile de dire si le législateur est actuellement suffisamment armé pour parer aux dangers et aux inconvénients résultant d'une telle installation, ou s'il s'avérera nécessaire de compléter la législation.»[3] En dépit de telles incertitudes sur leurs compétences, les pouvoirs publics imposent finalement des conditions et des normes considérées comme sévères à la nouvelle raffinerie et à la centrale électrique. L'objectif de cet article est de retracer l'émergence de ces décisions malgré un vide juridique relatif. Quels sont les facteurs qui mènent à la réglementation et contribuent à lui donner sa forme?

Les études existantes sur d'autres cas, notamment en histoire et en sociologie, mettent en lumière la «fabrique de l'impuissance» des politiques publiques face aux pollutions.[4] D'une part, l'attention a été portée sur les savoirs qui orientent la régulation, et sur les obstacles qui se présentent de ce point de vue. Dans certains domaines, les connaissances font entièrement défaut. Dans d'autres, elles restent confinées hors des arènes politiques, soumises par exemple au secret dans les laboratoires des entreprises. Même lorsque des données empiriques sont connues, les interprétations scientifiques, rarement définitives, sont contestées comme incertaines – lorsque le

---

p. 318–340. En fonction entre 1948 et 1954, la capacité de raffinage de Rotkreuz équivaudrait à 5 % de celle de Collombey (Archives fédérales suisses (AFS), E7310 A#1973/117#508*, Office fédéral de l'industrie, des arts et métiers et du travail (sig. Holzer), «Notiz für Herrn Bundesrat Holenstein», 25.8.1959, p. 1).

3 Archives cantonales vaudoises (ACV), SB 124 H 5/1, Lettre du Département de justice et police du canton de Vaud, Service de justice et de législation (signé A. Bonnard) au Département de l'intérieur, Service de la santé publique, 1.7.1959.

4 François Jarrige et Thomas Le Roux, La contamination du monde. Une histoire des pollutions à l'âge industriel, Paris 2017, p. 292–325, 353–366. Cf. aussi l'introduction de cet *Itinera*.

doute n'est pas délibérément semé par les pollueurs et leurs alliés. D'autre part, les enjeux économiques pèsent de tout leur poids sur ces questions, bloquant ou ralentissant bien souvent l'action politique. De fait, il n'est pas si rare que des substances toxiques soient largement répandues en toute connaissance de cause, sans qu'aucune incertitude ne subsiste.[5] Les intérêts économiques particuliers peuvent alors primer, en raison par exemple de l'importance d'une entreprise ou de la proximité entre les élites économiques et politiques. Plus largement, il est devenu de plus en plus difficile de lutter contre les conséquences néfastes de nombreuses activités au fur et à mesure que l'industrie a étendu son emprise sur la société, devenant essentielle à la prospérité économique et même à la vie quotidienne.

Ces facteurs d'inaction ou de faiblesse réglementaire se manifestent également dans le cas de la première grande raffinerie suisse. Les autorités manquent initialement de renseignements sur cette activité industrielle, menant alors certains à se focaliser non sur les rejets gazeux de la future usine mais sur ses odeurs, et donc à considérer qu'il n'y a pas là de véritable danger sanitaire.[6] Dans l'ensemble, cette incertitude des savoirs est toutefois temporaire et surtout d'importance secondaire. En revanche, on le verra, la bienveillance des principaux milieux et autorités politiques concernées joue à plein. Parmi d'autres arguments, la contribution des installations à l'approvisionnement en énergie est mise en avant pour faire accepter les nuisances.

En effet, la construction de pipelines transportant du pétrole brut jusqu'à des raffineries éloignées des côtes répond à la forte augmentation de la consommation de produits pétroliers en Europe de l'ouest et anticipe une poursuite de cette croissance. En Suisse, la consommation de dérivés du pétrole décuple entre 1946 et 1960 (passant de près de 15 000 térajoules à plus de 150 000), et sera encore multipliée par plus de trois et demi jusqu'en 1973 (536 000 térajoules), soit une multiplication par trente-cinq en un quart de siècle.[7] Ainsi, la première grande raffinerie suisse fait partie de plans dont

5 Judith Rainhorn, Blanc de plomb. Histoire d'un poison légal, Paris 2019.

6 AFS, E7310 A#1973/117#509*, Lettre du Service médical du travail au Délégué à la défense nationale économique, 27. 5. 1959.

7 OFEN (Office fédéral de l'énergie), Statistique globale suisse de l'énergie 2023, Berne, Office fédéral de l'énergie, 2024, Tab. 14.

l'envergure dépasse largement les petites communes concernées (Aigle compte alors un peu plus de 4 000 habitants, Collombey-Muraz un peu plus de 1 600). Elle résulte en effet d'une concurrence générale entre compagnies pétrolières en Europe. L'ENI, la compagnie pétrolière contrôlée par l'État italien, donne l'impulsion initiale. Cherchant à concurrencer les *majors* pétrolières, son but principal consiste à relier le port de Gênes, où arrive le pétrole brut, à la Bavière, où la construction de grandes raffineries doit lui permettre de pénétrer un marché en croissance.[8] Il est donc prévu que le pipeline soit prolongé à travers la Suisse. Face aux réticences de divers milieux économiques et politiques, l'ENI réalise finalement un autre tracé passant à l'est de la Suisse, par les cantons des Grisons et de Saint-Gall. L'ENI se désengage alors du projet de raffinerie de Collombey, laissant la main à sa partenaire, la Société financière italo-suisse, qui associe des capitaux privés suisses et l'IRI, conglomérat industriel lui aussi lié à l'État italien.

L'incertitude quant à la législation applicable, l'ignorance des autorités en matière d'industrie pétrochimique, et surtout les intérêts économiques en jeu laissaient donc présager une réglementation faible et inefficace des pollutions. La santé publique n'allait-elle pas, comme ailleurs, être sacrifiée à une pétrolisation alors en pleine accélération?[9] Et pourtant, les conditions imposées à la construction de la raffinerie et de la centrale électrique vont au-delà de ce qu'on pouvait attendre dans un tel contexte. Comprendre cet étonnant résultat est précisément l'objectif de cet article, qui s'appuie sur une recherche archivistique originale. La raffinerie de Collombey, en effet, a jusqu'ici peu retenu l'attention des sciences historiques et sociales. On trouve bien quelques rapides remarques dans des ouvrages donnant des vues d'ensemble de l'histoire du pétrole en Suisse – elle-même parent pauvre de

8 Miriam A. Bader-Gassner, Pipelineboom. Internationale Ölkonzerne im westdeutschen Wirtschaftswunder, Baden-Baden 2014, p. 156–159.

9 Renaud Bécot, Gwenola Le Naour, De Seveso à Lubrizol: sociétés, travail et santé dans l'ombre des fumées pétrochimiques, in: Renaud Bécot, Gwenola Le Naour (éd.), Vivre et lutter dans un monde toxique. Violence environnementale et santé à l'âge du pétrole, Paris 2023, p. 7–47.

l'histoire de l'énergie.[10] Un chapitre dans la thèse de Martin Kuder sur les relations économiques entre la Suisse et l'Italie entre 1945 et 1970 constitue à ce jour la recherche la plus approfondie sur l'oléoduc et la raffinerie.[11] Il ne parle toutefois guère des pollutions, qui n'étaient pas son sujet. Quant à l'histoire des débats et des politiques de l'environnement, elle se contente tout au plus d'évoquer en passant la raffinerie.[12]

L'analyse déployée ici s'appuie principalement sur la documentation tirée des archives publiques cantonales (Archives cantonales vaudoises, Archives de l'État du Valais) et fédérales, permettant de mettre en lumière les interactions entre les différentes administrations concernées, interactions dont on verra toute l'importance. L'article retrace en premier lieu le durcissement progressif des conditions imposées à la construction des installations pétrolières, afin de montrer en quoi cette régulation des pollutions peut être considérée comme relativement sévère. Il s'attache ensuite à expliquer ce résultat, en dépit de l'attitude favorable des autorités cantonales envers le projet pétrolier, et met en lumière le rôle clé de l'administration fédérale, influencée par l'opposition d'autres milieux industriels à ces nouvelles infrastructures. Cette opposition fait l'objet de la dernière partie de l'article. La conclusion suggère que ces dynamiques ont pu jouer dans d'autres contextes et qu'elles mériteraient une plus grande attention de la part de l'historiographie.

10 Monika Gisler, Erdöl in der Schweiz. Eine kleine Kulturgeschichte, Zürich 2011, p. 28; Daniele Ganser, Europa im Erdölrausch. Die Folgen einer gefährlichen Abhängigkeit, Zürich 2012, p. 144–148.

11 Martin Kuder, Italia e Svizzera dal 1945 al 1970. Commercio, emigrazione, finanza e trasporti, Milano 2012, p. 284–303.

12 Damir Skenderovic, Die Schweizerische Umweltschutzbewegung in den 1950er und 1960er Jahren Opposition und Aktion, (Mémoire de licence non publié, Freiburg, Universität Freiburg, 1992), p. 133–134.

Les conditions imposées à la construction : un durcissement progressif

Au début des années 1960, il est du ressort des cantons de statuer sur la construction de l'oléoduc, de la raffinerie et de la centrale thermoélectrique. Deux d'entre eux sont touchés: le canton de Vaud, la raffinerie étant d'abord prévues à Aigle; celui du Valais, en ce qui concerne le passage du pipeline entre le tunnel routier du Grand-Saint-Bernard, alors en cours de percement, et la région d'Aigle. Jouant de cette prérogative, le canton du Valais obtient que la raffinerie soit réalisée non à Aigle, mais dans une commune voisine située sur son territoire, Collombey-Muraz. Les autorités vaudoises restent toutefois intéressées, les promoteurs ayant promis que les «industries annexes», c'est-à-dire la centrale électrique et une éventuelle activité pétrochimique, verront le jour à Aigle, donc sur sol vaudois.

Les deux cantons se montrent initialement bien plus préoccupés par la possibilité d'attirer la nouvelle activité industrielle que par les pollutions et autres nuisances. Ils accordent ainsi une grande confiance aux déclarations rassurantes des promoteurs, selon lesquels «une raffinerie moderne est propre et sans odeur».[13] Les autorités se contentent de prendre acte de telles promesses ou d'exiger des engagements fermes dans le même sens. Cette approche se manifeste dans le contrat par lequel la Bourgeoisie de Collombey-Muraz cède en mai 1959 les terrains nécessaires à la Société des Raffineries du Rhône S.A. L'acte de vente prévoit en effet à son article 7:

> La Société Raffineries du Rhône S.A. prendra toutes les mesures possibles pour assurer la sécurité et la salubrité des environs et pour éviter des dégâts aux cultures, ainsi que pour éliminer ou réduire, dans la plus large mesure possible, tous les inconvénients de quelque nature que ce soit, qui pourraient résulter pour le public de l'exploitation de ses installations.[14]

---

13 Déclaration de Paul Rossy dans ACV, S 137/49, 1) Raffinerie et centrale thermique Aigle / Collombey, Procès-verbal d'une conférence à Lausanne entre des représentants des gouvernements valaisans et vaudois, 27.3.1959.

14 L'acte de vente figure en annexe de: Archives de l'État du Valais (AEV), 3510-2, 10.14.2.8/1, Société valaisanne de recherches économiques et sociales, «Dispositions incluses dans le contrat de vente des terrains de la bourgeoisie de Collombey-Muraz», 11.5.1959.

Les principaux concernés ne semblent pas alors s'inquiéter de savoir comment faire valoir une telle clause en cas de problèmes une fois les terrains vendus, la raffinerie construite et la production commencée. Le caractère purement formel de cet engagement n'empêche pas les Raffineries du Rhône S.A. de s'y référer régulièrement par la suite, comme preuve de leur bonne volonté.[15]

Tout repose en fait sur les autorisations de construire, davantage que sur cet engagement pris dans l'acte de vente. Or la procédure n'est pas dépourvue d'un certain flou. Un an après l'acte de vente, la Commission cantonale des constructions du canton du Valais accorde un permis de construire aux Raffineries du Rhône S.A. Le 10 juin 1960, le Conseil d'État rejette un recours déposé contre cette autorisation par des agriculteurs de la région. Il argumente notamment que l'autorisation délivrée «se rapporte essentiellement à l'aspect esthétique des constructions» et qu'en vertu du Code civil, la société est déjà tenue de réparer les dommages qu'elle causerait.[16] En outre, comme il s'agit d'une installation industrielle, une autorisation spéciale devra encore être accordée par le Conseil d'État, conformément à la loi cantonale de 1924 «sur la protection de la santé des hommes et des animaux, ainsi que sur la protection des cultures».[17]

C'est sans doute ce permis spécial qu'accorde le Conseil d'État du canton du Valais un mois et demi plus tard, le 27 juillet 1960.[18] Selon cette décision, que divers services appelleront par la suite une autorisation «de principe», «[l]a société Raffinerie [sic] du Rhône S.A. à Collombey-Muraz est autorisée à construire à Collombey, sur les terrains acquis à cet effet, une raffinerie de pétrole avec toutes les installations et services y relatifs [...]» (chiffre 1). Plusieurs clauses de cette décision concernent les risques de

15 P. ex. ACV, SB 124 H 5/2, troisième liasse, Dossier «Monsieur René Burnet, Chef du Service de santé publique, Centrale thermique», Copie d'une lettre des Raffineries du Rhône au Conseil d'État du canton de Vaud, 30.1.1961.

16 AEV, 3510-2, 10.14.2.15/1, Décision du Conseil d'État du canton du Valais, 10.6.1960.

17 Cf. dans ce volume: Samuel Beroud, Une pionnière impuissante? La loi valaisanne sur «la protection de la santé des hommes et des animaux» de 1924.

18 AEV, 3510-2, 10.14.2.9, Copie de la décision du Conseil d'État du canton du Valais autorisant la construction de la raffinerie, 27.7.1960.

pollution et renvoient à la suite de la procédure pour qu'ils soient pris en compte. Ainsi, les plans d'exécution devront être soumis aux autorités (article 2). Les normes en vigueur, notamment les directives des sociétés d'ingénieurs et du groupement des importateurs de pétrole Carbura, devront être respectées (article 3), tout comme «les prescriptions communales, cantonales et fédérales concernant la protection des eaux souterraines et la construction d'installations d'épuration des eaux» (article 4). De manière plus générale (article 5):

> Dans la construction des appareils et des installations, ainsi que dans leur exploitation, la société prendra les mesures utiles pour éviter toute pollution de l'air et des eaux, à dire d'experts.

Le texte rappelle en outre l'obligation pour l'entreprise de répondre des dommages qui seraient causés par la construction et l'exploitation (article 6). Cette décision manifeste ainsi la foi accordée dans la possibilité d'une raffinerie ne posant guère de problèmes de pollution. Il est prévu de prendre des mesures techniques au fur et à mesure de la construction. En revanche, autoriser les installations dans leur globalité traduit la conviction qu'il n'y a pas d'incompatibilité majeure entre la protection de la santé publique ou les intérêts des riverains et l'exploitation d'une raffinerie à cet emplacement.

Progressivement, les autorisations accordées vont aller au-delà des renvois aux normes et lois en vigueur, ainsi que des dispositions générales exigeant de l'entreprise qu'elle prenne «toutes les mesures possibles». Elles fixent dès lors un seuil chiffré pour les pollutions admissibles. Cette évolution prend d'abord place dans la procédure concernant la centrale électrique, projetée par un consortium regroupant les Raffineries du Rhône S.A. et la S.A. l'Énergie de l'Ouest Suisse. Ce consortium dépose une demande d'autorisation de construire en janvier 1961. Le 28 mars, le Département militaire et des assurances du canton de Vaud, chargé du dossier en vertu de la loi cantonale sur les constructions, accorde l'autorisation, assortie de douze conditions. La moitié de celles-ci renvoient explicitement à la pollution ou aux dommages que l'entreprise pourrait causer à des tiers. Si la décision continue à comporter des dispositions générales, demandant par exemple que les constructeurs puis la société d'exploitation prennent «les mesures utiles pour éviter toute pollution inadmissible de l'air et des eaux», elle prévoit pour la première fois des seuils chiffrés à ne pas dépasser. Une norme concerne la restitution des eaux usées industrielles, leur teneur en hydrocarbures ne devant pas augmenter de plus de cinq grammes par tonne d'eau. Surtout, les exploitants de la centrale devront s'assurer que leurs rejets ne conduisent pas la concentration de dioxyde de soufre (SO_2) dans l'air à dépasser des valeurs limites, selon des mesures pouvant être faites «à n'importe quel point situé en dehors des enceintes des exploitations».[19] C'est en effet le SO_2, gaz incolore et irritant, qui focalise alors l'attention tant des autorités que des riverains, en raison des dégâts qu'il cause aux cultures et du danger pour la santé publique.

Ce «gouvernement par la norme» des pollutions de la centrale thermo-électrique se voit ensuite appliqué à la raffinerie, dont la construction avance à grands pas. Le 4 avril 1961, soit quelques jours après cette décision des autorités vaudoises, le Conseil d'État du Valais homologue de son côté les plans de l'élément central de la raffinerie, l'installation de distillation atmosphérique dite de «topping». Contrairement aux autorisations précédentes, les réserves énoncées par la décision comprennent des éléments précis. En particulier, elles reprennent au mot près les normes de la décision vaudoise qui concernent le SO_2 et les hydrocarbures dans les eaux usées.[20] Ces normes, notons-le, n'ont rien de spécifique à l'équipement de topping qui se voit homologué ici. Elles auraient tout aussi bien pu figurer à l'autorisation «de principe» accordée huit mois plus tôt.

Les choses n'en restent toutefois pas à ces régulations par la norme. Des recours ayant été déposés contre l'autorisation de construire la centrale électrique à Aigle, le Conseil d'État vaudois se voit forcé de statuer sur la décision prise par son Département militaire et des assurances. Le 24 novembre 1961, il leur donne partiellement satisfaction. Bien qu'il confirme l'autorisation de construire, il impose des conditions supplémentaires. Tout

19 ACV, SB 124 H 5/2, troisième liasse, Dossier «Monsieur René Burnet, Chef du Service de santé publique, Centrale thermique», Décision du Département militaire et des assurances du canton de Vaud concernant la construction d'une centrale thermique, 28.3.1961. Les valeurs limites pour le SO_2 sont de 0,5 parties par million en moyenne horaire et de 0,2 en moyenne journalière.

20 AEV, 3510-2, 10.14.2.9, Extrait du protocole des séances du Conseil d'État du canton du Valais, 4.4.1961.

en maintenant les seuils de concentration maximale de SO_2 édictés en mars, il y ajoute des dispositions concrètes pour la construction et l'exploitation de la centrale:

> a) la cheminée devra avoir une hauteur de 300 m.;
> b) la teneur en soufre du combustible utilisé sera de 1,5 % au maximum;
> c) un spécialiste des questions aérologiques devra être attaché à l'entreprise; [...][21]

Le sérieux de telles conditions se mesure non seulement par comparaison avec celles formulées l'année précédente, mais également par leurs conséquences. En effet, les promoteurs cherchent très vite une alternative à l'édification d'une cheminée qui deviendrait le plus haut bâtiment de la région. En outre, fin janvier 1962, l'Office fédéral de l'air interdit une structure aussi haute, en raison des dangers qu'elle poserait pour le trafic des avions dans la région.[22] Dans ce contexte, les promoteurs envisagent de poser une conduite le long de la montagne, voire de la creuser dans le rocher. Un tel «fumoduc», comme le nomment certaines sources, aurait débouché sur un sommet, à plus de 1 000 mètres d'altitude, tout en permettant de construire la centrale dans la plaine du Rhône et de profiter de l'eau du fleuve pour le refroidissement. Fin mai 1962, le Conseil d'État valaisan autorise la construction d'une centrale électrique à la Porte-du-Scex, un lieu-dit de la commune de Vouvry, en Valais.[23] Cette nouvelle autorisation, si elle réitère les même seuils chiffrés pour les concentrations de dioxyde de soufre dans l'air et d'hydrocarbures dans les eaux usées industrielles, ne comprend plus les dispositions précises édictées en novembre par le canton de Vaud. Il n'est plus question de «spécialiste des questions aérologiques», de teneur en soufre dans le combustible, ni de hauteur de cheminée. Néanmoins, la décision du Conseil d'État valaisan «prend acte que les gaz seront amenés par un fumoduc dont l'exutoire sera au sommet du «Pro de Taila» à une

21 ACV, SB 124 H 5/2, Décision du Conseil d'État concernant les recours relatifs à la construction d'une centrale thermo-électrique à Aigle, 24.11.1961.

22 Henri Stranner, L'Office fédéral de l'air oppose son veto à l'érection d'une cheminée de 300 m., in: Gazette de Lausanne, 24.1.1962, p. 3.

23 AEV, Willy Amez-Droz 17, Copie d'un extrait du protocole des séances du Conseil d'État du canton du Valais, 29.5.1962.

Fig. 1: La centrale thermoélectrique de Vouvry, sur le promontoire rocheux de Chavalon, en juin 1967, avec la plaine du Rhône et le Léman en arrière-plan (ETH-Bibliothek Zürich, Bildarchiv / Photographe: Swissair Photo AG / Droits: CC BY-SA 4.0 / http://doi.org/10.3932/ethz-a-000371469)

altitude de 1242 m., sommet sur lequel une cheminée sera construite dont la hauteur sera déterminée en tenant compte des études» faites sur le régime régional des vents. Le «fumoduc» se révèle toutefois un défi technique trop important. Les promoteurs renoncent donc au projet de la Porte-du-Scex et demandent finalement, un an plus tard, à construire la centrale électrique au lieu-dit de Chavalon, toujours sur la commune de Vouvry.[24] C'est là, sur un promontoire rocheux à environ 800 mètres d'altitude, qu'elle sera mise en

24 AEV, 3510-2, 10.14.7.19/1, Copie d'une lettre de EOS à la commune de Vouvry, 12.6.1963.

service fin 1965 (fig. 1), après l'ouverture de la raffinerie à Collombey-Muraz en 1963.[25]

Objectifs industriels et «bienveillance» des autorités cantonales

Les autorités chargées d'autoriser la construction et l'exploitation des nouvelles installations pétrolières passent donc d'une confiance générale dans les engagements pris par les futurs exploitants à l'articulation de normes chiffrées à respecter, voire de dispositions techniques précises. Cette évolution ne découle pas, on l'a vu, des étapes de la procédure d'autorisation. Elle ne résulte guère non plus d'un processus d'apprentissage de la part des autorités cantonales, dont la précision des décisions répondrait à celle de la documentation fournie par les Raffineries du Rhône.

En effet, les autorités cantonales se montrent d'emblée très favorables au projet pétrolier. L'administration cantonale valaisanne et les promoteurs de la raffinerie rédigent ensemble la «décision de principe» du 27 juillet 1960.[26] Peu après avoir reçu celle-ci, les Raffineries du Rhône S.A. remercient d'ailleurs le Conseil d'État du Valais de la «bienveillance témoignée une fois de plus à [leur] entreprise»:

> Cette décision est en tous points conforme à notre attente. Elle règle définitivement toutes les questions de principe et nous permet de passer à l'exécution de l'ouvrage conformément à nos plans. Nous vous savons gré d'avoir pris des mesures concrètes – qui vont même au-delà de nos vœux – pour simplifier et accélérer la procédure et pour faciliter la coopération entre nous et les services de l'administration cantonale.[27]

25 Christophe Babaïantz, D'Aigle à Chavalon en passant par la Porte-du-Scex, in: Bulletin technique de la Suisse romande 92/7 (1966), p. 106–109.

26 AEV, 3510-2, 10.14.2.9, «Notice sur la conférence […] au siège des Raffineries du Rhône S.A.», 22.6.1960.

27 AEV, 3510-2, 10.14.2.9, Lettre des Raffineries du Rhône S.A. au Conseil d'État du canton du Valais, 30.8.1960.

Parmi ces mesures de simplification, la décision «de principe» désigne l'Inspectorat cantonal des fabriques «comme office unique chargé de recevoir les plans d'exécution des diverses étapes de la construction, ainsi que toutes demandes de la société».[28] Or, l'inspecteur cantonal Willy Amez-Droz préside également la Société valaisanne de recherches économiques et sociales. Cet organisme para-étatique manifeste la volonté de développement industriel des autorités cantonales et soutient opiniâtrement le projet de raffinerie. Il est donc peu surprenant qu'Amez-Droz remplisse son office d'inspecteur des fabriques d'une manière qui, à tout le moins, ne froisse pas les Raffineries du Rhône S.A.: peu après la retraite d'Amez-Droz en 1962, celles-ci l'engagent pour s'occuper de leurs relations publiques.[29] Du côté vaudois, une similaire posture pro-industrie se fait jour, sans toutefois que les liens soient aussi étroits entre l'administration cantonale et l'«Office vaudois pour le développement du commerce et de l'industrie».

Dans un tel contexte, les deux cantons tendent à tenir leurs offices de la santé publique à l'écart des procédures. Au printemps 1959, le service valaisan d'hygiène publique n'a que peu d'informations, tandis que son homologue vaudois n'a même pas été informé officiellement de la construction planifiée d'une raffinerie.[30] À ce stade, le caractère encore relativement vague du projet pourrait être invoqué pour expliquer cette situation. Par la suite, la santé publique continue toutefois à être traitée en parent pauvre. Fin septembre 1960, deux mois après l'autorisation «de principe» accordée par le Conseil d'État du canton du Valais, le chef du Service cantonal d'hygiène publique, Pierre Calpini, s'étonne ainsi auprès d'Amez-Droz:

28 AEV, 3510-2, 10.14.2.9, Copie de la décision du Conseil d'État du canton du Valais autorisant la construction de la raffinerie, 27.7.1960.

29 Décès de M. Willy Amez-Droz, in: Le Nouvelliste, 12.6.1980, p. 38.

30 AFS, E7310 A#1973/117#509*, Copie d'une lettre du Service fédéral de l'hygiène publique au Délégué à la défense nationale économique, 11.5.1959; ACV, SB 124 H 5/2, Dossier 1, Copie d'une lettre du Service de la santé publique du canton de Vaud à A. Oulevay (Département de l'agriculture, de l'industrie et du commerce), au Syndic de la commune d'Aigle et à F. Pasche (Office vaudois pour le développement du commerce et de l'industrie), 16.5.1959.

> [...] j'ai constaté que déjà des réservoirs étaient en construction sans que personne ne m'ait demandé mon avis. Il serait peut-être souhaitable qu'à l'avenir aucune autorisation définitive ne soit accordée avant qu'un avis, même succinct, des divers Services intéressés puisse figurer à vos dossiers.[31]

Les autorités sanitaires vaudoises émettent des plaintes similaires. En décembre 1960, les services de protection des eaux, de santé publique et de lutte contre les incendies constatent qu'ils sont restés «sans nouvelles ou presque s'agissant des Raffineries depuis la séance du 22 avril 1960». Ayant appris que le canton du Valais aurait pourtant délivré les autorisations de construire, ils se renseignent téléphoniquement auprès de l'Inspectorat fédéral des fabriques, qui leur répond que «le canton du Valais n'aurait délivré des autorisations que pour l'installation des réservoirs», ce qui omet tout de même l'importante autorisation de principe.[32] On comprend que deux mois plus tard, dans un rapport où il prend une position fort négative à l'encontre des installations pétrolières, le Service vaudois de la santé publique prenne le soin de souligner son mécontentement:

> Tout ce que le Service de la santé publique a obtenu comme documentation, il l'a reçu non sans difficulté. Souvent il a dû agir à la suite d'articles de presse ou d'instructions qui n'étaient pas toujours confirmés complètement par la suite.[33]

Le rôle clé des autorités fédérales

Ainsi, si les services de santé publique finissent par être impliqués, et surtout si les autorisations accordées deviennent progressivement plus exigeantes, c'est en dépit de l'attitude conciliante des gouvernements cantonaux. Deux facteurs principaux permettent de comprendre cette évolution. Première-

31 AEV, 6810-1, 4.1.2, Copie d'une lettre de Calpini (Service cantonal de l'hygiène publique) à Amez-Droz (Département de l'intérieur), 30.9.1960.

32 ACV, SB 124 H 5/2, Dossier 1, Service de la santé publique, «Fiche pour dossier», 7.12.1960.

33 ACV, SB 124 H 5/2, Dossier 1, Service de la santé publique du canton de Vaud, «Rapport concernant l'ensemble des problèmes posés par les constructions projetées par les Raffineries du Rhône S.A.», 2.2.1961.

ment, les discussions publiques exercent une influence notable. Comme cela a été montré pour d'autres cas de régulation des pollutions, les «lanceurs d'alerte», les mobilisations collectives et les logiques de la médiatisation forcent les acteurs politiques à réagir. Si les affrontements dans l'espace public peuvent découler de modifications des rapports de force, ils peuvent aussi en entraîner.[34] De fait, loin de l'idée des Trente Glorieuses comme aveugles aux conséquences du développement économique,[35] les dangers de pollution sont alors largement discutés: risque de contamination des eaux du Rhône, de la nappe phréatique et du Léman par l'oléoduc ou la raffinerie; émanations de fumées ou de gaz nocifs par la raffinerie ou surtout par la centrale électrique. Les inquiétudes, particulièrement en matière de pollution atmosphérique, sont fortes et précoces chez les agriculteurs de la région, notamment chez les cultivateurs de tabac et les vignerons, en particulier à Aigle et à Yvorne, communes de tradition viticole. Ces milieux craignent les effets d'éventuels rejets gazeux sur leurs plantes. Le tourisme, également fort ancré dans la région, considère lui aussi avec appréhension la perspective d'importantes fumées ou d'une eau souillée. Progressivement, d'autres groupes émettent des critiques et mettent en doute les assurances formulées par les soutiens des installations pétrolières. C'est le cas des associations de «protection de la nature», liées aux milieux de sciences naturelles, ainsi que de certains médecins qui dénoncent les risques pour la santé publique d'importantes émissions de dioxyde de soufre dans une région sujette aux inversions thermiques.[36] Par le débat qui émerge dans les médias en raison de leurs critiques, par leurs interventions auprès des autorités et surtout par les recours qu'ils déposent contre les décisions, ces groupes contribuent

34 Emmanuel Henry, Rapports de force et espaces de circulation de discours. Les logiques des redéfinitions du problème de l'amiante, in: Claude Gilbert, Emmanuel Henry (dir.), Comment se construisent les problèmes de santé publique, Paris 2009, p. 155–174.

35 Céline Pessis, Sezin Topçu, Christophe Bonneuil (dir.), Une autre histoire des «Trente Glorieuses». Modernisation, contestations et pollutions dans la France d'après-guerre, Paris 2013.

36 Pour une analyse détaillée des milieux inquiétés par les risques de pollution, cf. Nicolas Chachereau, La raffinerie, les vents et les coquelicots. La marginalisation des critiques lors de la construction de la raffinerie de Collombey (1958–1963), in: Vallesia, LXXVIII–LXXIX (à paraître).

assurément à un examen approfondi des problèmes techniques et des dangers de pollution, de l'aveu même de certains acteurs politiques.[37]

À ces mobilisations vient s'ajouter, deuxième facteur crucial de l'évolution de la régulation des pollutions, l'intervention des autorités fédérales. Celle-ci prend forme assez tôt, au cours de l'année 1959, dans les discussions autour de la raffinerie. Fin avril, le directeur du Service fédéral de l'hygiène publique, Arnold Sauter, prend contact avec les services vaudois et valaisan qui s'occupent de santé publique.[38] Démarche décisive, puisque c'est à sa suite que ces administrations sont pour la première fois impliquées dans le dossier. C'est également par l'entremise de Sauter qu'une entrevue est organisée à Aigle le 23 juin 1959, réunissant des délégués du Service de la santé publique du canton de Vaud et du Service de l'hygiène publique du canton du Valais, des représentants du projet de raffinerie ainsi qu'un expert de l'Organisation mondiale de la santé (OMS).[39] Dès le jour de cette réunion, les services cantonaux de la santé publique entreprennent d'obtenir rapidement le plus d'informations possibles. Le Service de la santé publique du canton de Vaud écrit ainsi notamment au *Air Pollution Control District* à Los Angeles;[40] à un géologue de l'Université de Lausanne, à qui il demande la teneur en soufre de différents pétroles bruts;[41] au Service de justice et de législation du Département cantonal de justice et police, afin de connaître la

37 Déclaration du Conseiller d'État vaudois René Villard, AEV, 3510-2, 10.14.2.15/2, «Procès-verbal de la conférence tenue à Sion au sujet des Raffineries du Rhône et de la Centrale thermique», 26.7.1961, p. 4.

38 ACV, SB 124 H 5/2, dossier 1, Lettre de A. Sauter (Service fédéral de l'hygiène publique) au Service de la santé publique du canton de Vaud et au Service de l'hygiène publique du canton du Valais, 29.4.1959; Lettre de P. Calpini (Service de l'hygiène publique du canton du Valais) au Service de la santé publique du canton de Vaud, 29.4.1959.

39 ACV, SB 124 H 5/2, dossier 4, Procès-verbal d'une réunion à Aigle entre John Buxell (expert de l'OMS), des représentants des autorités vaudoises et valaisannes, et des représentants des Raffineries du Rhône S.A., 23.6.1959.

40 ACV, SB 124 H 5/2, dossier 1, copie d'une lettre du Service de la santé publique au Air Pollution Control District, Los Angeles, 25.6.1959.

41 ACV, SB 124 H 5/2, dossier 1, Lettre de H. Badoux (professeur de géologie, Université de Lausanne) au Service de la Santé publique, 13.7.1959.

législation applicable;[42] ainsi qu'au directeur de l'Institut météorologique suisse, Jean Lugeon. Cette dernière prise de contact constitue un tournant. Mandaté à la fin de l'été 1959, Lugeon va étudier les régimes des vents dans la région d'Aigle, dans le but d'établir comment les émissions polluantes se diffuseraient et se dilueraient dans l'atmosphère, dans quelle mesure elles présenteraient un risque pour la santé publique et les cultures, et quelle hauteur les cheminées devraient avoir pour limiter au maximum les nuisances. Lugeon devient un personnage essentiel, à la fois du débat public en raison des avertissements qu'il lance dès l'automne 1959, et de la régulation des pollutions par les autorités.

L'intervention fédérale prend enfin la forme d'une mise en relation entre divers experts, venant consolider les savoirs des services cantonaux sur les questions techniques et juridiques relatives aux pollutions. En octobre 1959, une réunion est ainsi organisée lors de laquelle des conseillers d'État du canton de Vaud et du Valais écoutent les rapports, entre autres, d'Heinrich Ruf, un ingénieur du Laboratoire fédéral d'essai des matériaux (EMPA); de Otto Jaag, directeur de l'Institut fédéral pour l'aménagement, l'épuration et la protection des eaux (EAWAG); du Directeur du Service des eaux de Vevey-Montreux; d'Alfred Matthey-Doret, chef du Service fédéral de protection des eaux; et de Karl Wegmann, juriste à l'Office fédéral de l'industrie, des arts et métiers et du travail (OFIAMT).[43] Cette réunion débouche sur la constitution d'une commission à laquelle participent à la fois des fonctionnaires cantonaux et fédéraux. Les cadres des services de santé publiques cantonaux, les chimistes cantonaux, ainsi que le Valaisan Amez-Droz comme inspecteur des fabriques y côtoient Sauter, Lugeon, Matthey-Doret, Ruf et d'autres délégués de la Confédération.[44] Outre cette mise en contact, la commission en vient à jouer un véritable rôle dans l'examen des questions de

42 ACV, SB 124 H 5/2, dossier 1, Lettre du Service de la santé publique du canton de Vaud au Département de justice et police du canton de Vaud, Service de justice et de législation, 23.6.1959.

43 AEV, 6810-1, 4.1.2, Procès-verbal de la conférence concernant la construction d'une raffinerie de pétrole dans la plaine du Rhône et l'aménagement d'un oléoduc, 9.10.1959.

44 ACV, SB 124 H 5/2, dossier 7, «Commission chargée d'établir un questionnaire au sujet des Raffineries d'Aigle / Collombey. Compte-rendu de la première séance», 28.10.1959.

pollution, alors même que les cantons sont seuls compétents concernant les autorisations à délivrer aux infrastructures pétrolières. L'influence de cette commission se manifeste par exemple en mars 1960, lorsque c'est en son sein qu'il est décidé que «les services de l'hygiène des cantons de Vaud et du Valais prennent contact avec les promoteurs de la raffinerie et leur demandent des précisions»,[45] comme si la commission était devenue compétente pour décider de la suite des procédures.

Comme le montre cet exemple, l'implication des autorités fédérales se maintient au-delà de 1959. Elle joue un rôle majeur dans l'évolution des conditions mises à la construction. Un moment précis permet de l'illustrer: les quelques mois qui séparent la première autorisation de la centrale électrique en mars 1961 et la modification de cette autorisation après les recours, en novembre de la même année. Entre les deux décisions, les services fédéraux sont impliqués dans plusieurs développements influents. Le jour même de la première autorisation, le Conseil fédéral approuve un voyage en Allemagne, afin d'y visiter des raffineries et de discuter avec les autorités allemandes.[46] Le voyage a lieu en avril, et deux fonctionnaires vaudois et trois valaisans y participent aux côtés d'experts fédéraux (dont Sauter, Lugeon et Ruf).[47] Ensuite, en août, les représentants de la Confédération au sein de la commission susmentionnée rendent la «partie technique» de leur rapport final. Des divergences s'y font jour quant à la forme que doivent prendre les prescriptions des autorités, entre ceux pour qui elles ne doivent dicter que le but à atteindre, par exemple la concentration maximale de SO_2, et ceux qui défendent qu'il peut être souhaitable d'imposer des mesures techniques spécifiques, telles que des systèmes de refroidissement ou une hauteur minimale pour les cheminées.[48] Ce rapport influence certainement la décision vaudoise de novembre 1961. En effet, alors qu'en mars, l'autorisation

45 ACV, SB 124 H 5/2, dossier 12, «Commission chargée établir un questionnaire au sujet des Raffineries d'Aigle / Collombey. Compte-rendu de la deuxième séance», 18.3.1960.

46 AFS, E1004.1, Procès-verbal du Conseil fédéral, 28.3.1961, n° d'objet 573.

47 ACV, SB 124 H 5/2, Rapport final des représentants de la Confédération au sein de la commission chargée d'examiner les problèmes de la pollution de l'air et des eaux par la raffinerie de pétrole de Collombey et la centrale thermique d'Aigle, 29.8.1961, p. 3.

48 *Idem.*

délivrée se contentait d'édicter des seuils pour la concentration maximale de SO_2, la décision du Conseil d'État en novembre exige, on l'a vu, une cheminée de 300 m. de haut et une norme pour la teneur en soufre du combustible utilisé par la centrale électrique. De fait, lorsque le Conseiller d'État Charles Sollberger rend compte devant le Grand Conseil en novembre 1961, il explique que l'exécutif «a tenu [...] à s'assurer que le résultat imposé pourrait raisonnablement être atteint et à vérifier si les moyens prévus sont adéquats».[49] En outre, il se réfère non seulement à des discussions avec Lugeon et d'autres instances fédérales, dont la Commission fédérale pour l'hygiène de l'air, mais explicitement audit rapport du mois d'août. Enfin, le Conseil fédéral annonce le 14 novembre 1961 qu'il fera prochainement connaître publiquement son «point de vue».[50] Cela est clairement ressenti comme une pression voire une ingérence par le Conseil d'État vaudois, qui proteste officiellement.[51] En fait, le communiqué du 24 novembre équivaudra moins à une prise de position qu'à un état de la situation, prudent quant au danger de pollution.[52] Néanmoins, les craintes d'une ingérence fédérale ont sans doute joué en amont de la décision prise par le Conseil d'État vaudois le même jour.

49 Bulletin des séances du Grand Conseil du canton de Vaud. Automne 1961, p. 587.

50 Le Conseil fédéral s'est occupé des oléoducs en Suisse, in: Gazette de Lausanne, 15. 11. 1961, p. 7.

51 ACV, S 137/49, 1) Raffinerie et centrale thermique Aigle / Collombey, copie d'une lettre du Conseil d'État du canton de Vaud au Conseil fédéral, 18. 11. 1961.

52 G. D., Oléoducs et raffineries de pétrole en Suisse. Prise de position nuancée du Conseil fédéral, in: Gazette de Lausanne, 25/26. 11. 1961, p. 15; Transport und Raffinierung von Erdöl. Eine Klarstellung des Bundesrates, in: Neue Zürcher Zeitung, 25. 11. 1961, édition du matin, Blatt 8.

L'influence des «nouvelles conditions de concurrence dans le trafic des marchandises»[53]

La forte implication des autorités fédérales ne résulte pas en premier lieu d'une plus grande préoccupation pour les questions de pollution. Lorsque Arnold Sauter se met en rapport avec les services cantonaux de la santé publique en avril 1959, il se réfère dès les premières lignes à l'existence à l'échelon fédéral d'une commission interdépartementale étudiant les conséquences pour la Confédération de l'installation d'une raffinerie dans la région d'Aigle. Le directeur du Service fédéral de l'hygiène publique dit en effet intervenir à la demande du président de ladite commission, qu'il doit renseigner sur l'opinion des cantons quant aux conséquences des rejets de la future usine.[54] Même en supposant que Sauter se soit intéressé de son propre chef au projet pétrolier, l'existence d'une commission fédérale constitue à tout le moins une justification de ses démarches.

Or, à l'origine, les questions de pollutions ne figurent pas à l'ordre du jour de cette commission interdépartementale. La première séance, fin mars 1959, réunit ainsi des représentants du Département politique, de la Direction des douanes, du Département des postes et des chemins de fer, du Département de l'économie publique et de l'office du Délégué à la défense nationale économique. Lors de cette réunion et de la suivante, les hommes présents émettent de nombreuses réserves à l'encontre du projet sous des angles économiques, politiques et énergétiques. Économiquement, les perspectives de rentabilité de la future raffinerie sont sérieusement mises en doute. D'aucuns se demandent aussi si les avantages l'emporteront sur les inconvénients, du point de vue de l'économie nationale considérée dans son ensemble. Du point de vue politique, les interrogations portent sur les conséquences de l'oléoduc pour la neutralité et pour l'indépendance. D'une part, en permettant le transport de pétrole entre l'Italie et la République

53 Message du Conseil fédéral à l'Assemblée fédérale concernant le budget des chemins de fer fédéraux pour l'année 1961 (Du 4 novembre 1960), in: Feuille fédérale, 1960, vol. 2, p. 1214–1222, ici p. 1220.

54 ACV, SB 124 H 5/2, Dossier 1, Lettre de A. Sauter (Service fédéral de l'hygiène publique) au Service de la santé publique du canton de Vaud et au Service de l'hygiène publique du canton du Valais, 29.4.1959.

fédérale d'Allemagne, la nouvelle infrastructure est dans l'intérêt de l'OTAN, ce qui pourrait peut-être mener à des frictions du point de vue des relations internationales. D'autre part, la raffinerie projetée a une capacité annoncée de traitement d'environ deux millions de tonnes de brut par an, ce qui correspond alors à deux tiers de la consommation. Les membres de la commission estiment donc qu'à l'avenir, elle couvrira au moins la moitié des besoins suisses. Le pétrole brut étant livré par une compagnie étatique étrangère, la dépendance ainsi créée pourrait provoquer des difficultés politiques. Sous l'angle énergétique, enfin, la livraison d'une telle part de la consommation de produits pétroliers par un seul oléoduc inquiète du point de vue de la sécurité de l'approvisionnement. En outre, ce nouveau moyen de transport des produits pétroliers risque de conduire à une réduction du nombre de wagons-citernes et de bateaux-citernes, ce qui compliquerait un ravitaillement alternatif en cas de fermeture du pipeline.[55]

Assurément, ces considérations sont marquées au coin de ce qui s'appelle alors la «défense nationale économique» («wirtschaftliche Kriegsvorsorge», qu'on pourrait traduire aussi par «prévoyance économique [en cas] de guerre»). Après la Seconde Guerre mondiale, l'office fédéral qui s'en occupe est devenu une institution permanente, consolidée juridiquement par une loi en septembre 1955. Ses missions s'élargissent progressivement, en réaction notamment aux inquiétudes provoquées par la guerre de Corée. Il s'agit de pouvoir faire face aussi à d'éventuelles pénuries survenant en l'absence de conflit sur le sol européen.[56] En 1959, Fritz Hummler (1901–1980), le Délégué à la défense nationale économique, est chargé de coordonner les discussions sur les installations pétrolières projetées. Les expériences passées justifient incontestablement une attention des autorités fédérales à ces problèmes. En novembre 1956, la crise de Suez avait conduit à la promulgation de mesures d'économie de carburant et à la libération d'une partie des réserves d'essence.[57] Étonnamment, ce moment de tension à peine

55 AFS, E7310 A#1973/117#516*, Procès-verbal de la 1e réunion de la commission interdépartementale, 25. 3. 1959; AFS, E7310 A#1973/117#517*, Procès-verbal de la 2e réunion de la commission interdépartementale, 28. 5. 1959.

56 Maurice Cottier, Liberalismus oder Staatsintervention. Die Geschichte der Versorgungspolitik im Schweizer Bundesstaat, Zürich 2014, p. 134–137.

57 *Ibid.*, p. 142; Ganser, Europa im Erdölrausch, p. 104–108.

trois ans plus tôt n'est pas évoqué explicitement lors des discussions autour des futures infrastructures pétrolières. En revanche, la Seconde Guerre mondiale est citée, à l'appui de l'argument qu'il est plus facile en cas de crise d'importer des produits déjà raffinés plutôt que du pétrole brut.[58] En effet, les dépendances en matière d'approvisionnement sur un certain nombre de matières premières – dont le charbon, alors principale source d'énergie – avaient constitué une faiblesse pour la Confédération pendant les deux conflits mondiaux, contribuant par exemple en 1940 à l'octroi d'importants avantages commerciaux et financiers à l'Allemagne nazie.[59] On comprend d'autant mieux les interrogations que suscitent l'oléoduc et la raffinerie de ce point de vue. Les conséquences des futures infrastructures ne sont pourtant pas univoques. À diverses occasions, les fonctionnaires de la défense nationale économique évoquent aussi des avantages potentiels du projet. La centrale thermoélectrique est qualifiée de «très intéressante du point de vue de l'économie de guerre». La fourniture de grandes quantités de mazout et les perspectives d'un développement d'une activité pétrochimique domestique sont également vues comme positives.[60]

D'autres considérations donnent aux discussions à l'échelon fédéral une tonalité négative, en dépit de telles ambivalences. Les inconvénients craints par certains pour l'économie nationale dans son ensemble s'expliquent par l'opposition que les nouvelles infrastructures suscitent dans certaines branches. En effet, trois groupes principaux, et non des moindres, sont directement en concurrence avec le nouveau projet, et réagissent avec scepticisme et réticence, voire avec une nette désapprobation. En première place figurent les milieux de la navigation sur le Rhin. À partir de l'entre-deux-guerres, Bâle se taille une place de choix dans le commerce extérieur helvétique. Le transport fluvial de marchandises depuis et surtout vers la Suisse prend un premier essor, dépassant le million de tonnes dès 1930 et atteignant même presque

58 AFS, E7310 A#1973/117#516*, Procès-verbal de la 1e réunion de la commission interdépartementale, 25.3.1959, p. 5.

59 Martin Meier [et al.], Schweizerische Aussenwirtschaftspolitik 1930–1948. Strukturen – Verhandlungen – Funktionen, Zürich 2002, p. 179–189.

60 AFS, E7310 A#1973/117#518*, Procès-verbal de la 3e réunion de la commission interdépartementale, 25.6.1959, p. 7.

trois millions de tonnes en 1937.[61] Ce développement est en particulier rendu possible par la construction (1919–1923, 1924–1925) d'installations portuaires à Petit-Huningue (Kleinhüningen), quartier industriel au nord de la ville, par la réalisation d'un premier tronçon du Grand Canal d'Alsace et par de nouveaux travaux de correction du Rhin qui facilitent la navigation entre Bâle et Strasbourg à partir de 1935.[62] Après l'interruption de la Seconde Guerre mondiale, la croissance du trafic reprend rapidement (près de sept millions de tonnes en 1960) grâce un second port en amont de la ville, ouvert en 1941 à Birsfelden (canton de Bâle-Campagne), et la poursuite des travaux sur le Rhin et le Grand Canal d'Alsace. Entre 1950 et 1960, pas moins de 35 à 40 % du tonnage des importations totales du pays transitent par les ports de Bâle.[63] En matière de produits pétroliers, la proportion est même de 40 à 45 % environ.[64] Les ports bâlois comptent donc pour les échanges commerciaux suisses et en particulier l'importation de produits pétroliers; à l'inverse, ceux-ci pèsent lourd dans l'activité portuaire. Au tournant des années 1960, les dérivés du pétrole représentent environ 30 % du tonnage des marchandises arrivant à Bâle par le Rhin, juste derrière l'importation de charbon.[65]

Dans cette situation, les milieux de la navigation rhénane sont loin d'être réjouis par la perspective qu'une proportion considérable de l'essence et du mazout soit désormais raffinée en Suisse à partir de pétrole brut importé par pipeline. En outre, au moment où tombe l'annonce du projet de raffinerie à

61 Verkehrsentwicklung in den Rheinhäfen beider Basel 1904–1960, in: Strom und See. Zeitschrift für Schiffahrt und Weltverkehr 56/3 (1961), p. 109.

62 Hansrudolf Schwabe, Die Entwicklung der schweizerischen Rheinschiffahrt, 1904–1954, Basel 1954, p. 64–71; Barbara Lüem, Heimathafen Basel. Die Schweizer Rhein- und Hochseeschifffahrt, Basel 2003, p. 40–47.

63 Verkehrsentwicklung in den Rheinhäfen beider Basel 1904–1960, in: Strom und See 56/3 (1961), p. 109.

64 Nicolas Jaquet, Zum Plan einer Produktenpipeline von den Basler Rheinhäfen in den Raum von Zürich, in: Schweizerische Bauzeitung 83/22 (1965), p. 400–402.

65 Ils constituent 32,2 % du tonnage du trafic remontant le fleuve (y compris marchandises en transit) en 1958, 26,8 % en 1959, 29,3 % en 1960. Calculs d'après Werner Mangold, Die schweizerische und internationale Rheinschiffahrt im Jahre 1959, in: Strom und See 55/1 (1960), p. 13; Werner Mangold, Die Rheinschiffahrt nach der Schweiz im neuen Rekordjahr 1960, in: Strom und See 56/1 (1961), p. 7–8.

Aigle, la navigation fluviale est confrontée de manière plus générale au problème de la reconfiguration des flux pétroliers en Europe de l'ouest. D'une part, les autres oléoducs planifiés, entre Rotterdam et Cologne, entre Wilhelmshaven et Cologne, et entre Marseille et Strasbourg, vont rapprocher les capacités de raffinage de la Suisse. Cela remet en cause le transport fluvial de produits pétroliers, ou suggère en tout cas de réduire la flotte de tankers. D'autre part, la croissance du transport de produits pétroliers par le Rhin ralentit en raison des importations grandissantes en provenance d'Italie, où les capacités de raffinage dépassent la demande. Aux yeux des principaux concernés, ces évolutions seraient assurément renforcées par la construction de l'oléoduc Gênes-Aigle.[66]

Deux entreprises ferroviaires forment le second groupe touché par la nouvelle infrastructure pétrolière: les CFF et la compagnie du BLS, Bern-Lötschberg-Simplon. Toutes deux sont alors confrontées de manière croissante à la concurrence du transport automobile, concurrence que les oléoducs menacent donc de renforcer. Un rapport annuel du BLS parle à ce propos d'«hypertrophie des moyens de transport».[67] Les CFF et le BLS prennent toutefois des positions différentes. Courant 1959, la direction des CFF estime que l'importation de deux millions de tonnes de pétrole par oléoduc provoquerait une diminution des recettes de 32 millions de francs.[68] Au vu des comptes de l'entreprise, il s'agit d'une somme importante. L'année précédente, les recettes pour le trafic des marchandises s'étaient élevées à 481,9 millions de francs. L'excédent d'exploitation pour l'ensemble de l'activité, avant les amortissements et attributions à la caisse de pension et aux réserves, était quant à lui de 212,4 millions de francs, et le bénéfice net de

66 A[lbin] B[reitenmoser], Die Pipeline nach Aigle und die Rheinschiffahrt nach Basel, in: Strom und See 54/3 (1959), p. 62–63; Werner Mangold, Betrachtungen zur Lage der Tankschiffahrt nach der Schweiz unter Berücksichtigung der Raffinerie- und Pipelineprojekte, in: Strom und See 54/7-8 (1959), p. 220–226; Werner Mangold, Die schweizerische und internationale Rheinschiffahrt im Jahre 1959, in: Strom und See 55/1 (1960), p. 14–15.

67 Berner Alpenbahn-Gesellschaft Bern-Lötschberg-Simplon, Geschäftsbericht 1959, p. 5.

68 AFS, E8170D#1975/16#708*, Fasz. 50/1959, Procès-verbal d'une discussion entre les représentants de différents offices fédéraux, 8.4.1959, p. 7.

9,9 millions.[69] Cependant, de nombreuses inconnues subsistent, en particulier la possibilité pour les CFF de transporter non seulement les produits de la raffinerie mais aussi ceux d'éventuelles industries annexes, par exemple pétrochimiques. Impossible, selon l'expression d'un membre de la direction en avril 1959, «de faire des pronostics tant soit peu sérieux».[70] Quatre mois plus tard, un rapport interne, demandé par le Conseil d'administration des CFF à sa direction générale, reprend cette même estimation de 32 millions de francs, et cette même prudence quant au résultat net à escompter au final.[71] Dans cette situation, le rapport appelle les CFF à «faire preuve de retenue». D'une part, soutenir le projet de raffinerie, ce serait risquer de froisser les «milieux rhénans bâlois» et les importateurs actuels de produits pétroliers. D'autre part, s'y opposer, ce serait risquer de voir la raffinerie «passer entièrement à la route» pour le transport de sa production, et de s'attirer l'hostilité des cantons de Vaud et du Valais, et surtout de l'ENI et donc de l'Italie: «Notre position de chemin de fer de transit au Saint-Gothard, dépendant en partie du bon vouloir de l'Italie, nous serions bien mal inspirés de combattre activement le projet en question.»[72]

La compagnie du BLS, quant à elle, ne se satisfait pas d'une telle position de neutralité. Même si le Gothard constitue une partie importante de leur activité, les CFF sont actifs dans toute la Suisse. Au contraire, le BLS, né en 1906 de la volonté des milieux politiques bernois de disposer d'un accès à un

69 Message du Conseil fédéral à l'Assemblée fédérale concernant l'approbation des comptes et de la gestion des chemins de fer fédéraux pour 1958 (du 12 mai 1959), in: Feuille fédérale, 1959, vol. 1, p. 1302, 1305–1306.

70 Déclaration de A. Paillard, secrétaire général adjoint, dans AFS, E8170D#1975/16#708*, Fasz. 50/1959, procès-verbal d'une discussion entre les représentants de différents offices fédéraux, 8. 4. 1959, p. 7.

71 AEV, 3510-2, 10.14.2.8/2, «Répercussions probables de la construction du pipe-line Gênes-Collombey et de l'implantation des Raffineries du Rhône S.A. sur le trafic des carburants et combustibles liquides des CFF» (copie d'un rapport), 6. 8. 1959.

72 AEV, 3510-2, 10.14.2.8/2, «Répercussions probables de la construction du pipe-line Gênes-Collombey et de l'implantation des Raffineries du Rhône S.A. sur le trafic des carburants et combustibles liquides des CFF» (copie d'un rapport), 6. 8. 1959, p. 8.

axe de transit à travers les Alpes,[73] dépend beaucoup plus fortement du trafic à travers les tunnels du Simplon et du Lötschberg. Or, l'oléoduc fait directement concurrence à cette ligne pour l'approvisionnement de la Suisse occidentale. La direction du BLS craint que la compagnie soit gravement affectée si, comme le prévoient les chemins de fer italiens, l'acheminement par rail de produits pétroliers d'Italie vers la Suisse venait à disparaître complètement.[74] En avril 1959, son directeur estime en effet que les recettes diminueront de quatre millions de francs par an,[75] soit environ un cinquième des revenus du transport de marchandises, et un dixième de l'ensemble des recettes.[76] Contrairement aux CFF, le BLS ne peut guère espérer transporter une part importante des produits de la raffinerie, ses lignes étant trop éloignées d'Aigle, et sa direction n'éprouve apparemment pas les mêmes inquiétudes quant à d'éventuels problèmes diplomatiques avec l'Italie – elle figure donc parmi les figures de proue de l'opposition à la raffinerie.

Enfin, le projet représente bien entendu une concurrence pour les compagnies pétrolières déjà présentes sur le marché suisse. Dans l'ensemble, les milieux de l'importation de pétrole ne mènent pas une campagne d'opposition frontale. Comme le note la direction des CFF, qui s'est renseignée auprès d'eux au début de l'année 1959, «il semblerait qu'ils sont [sic] individuellement décidés à observer une stricte neutralité, et qu'ils sont partisans convaincus du libre jeu de la concurrence. Ils entendent seulement s'assurer d'emblée qu'aucune aide quelconque ne soit donnée à cette nouvelle concurrence, ni au départ ni par la suite, de la part de la

73 Anna Amacher, Dynamische und risikofreudige Berner: BLS und BKW auf dem Weg zur Pioniertat, 1902–1914, in: Berner Zeitschrift für Geschichte und Heimatkunde 69/2 (2007), p. 77–150.

74 Berner Alpenbahn-Gesellschaft Bern-Lötschberg-Simplon, Geschäftsbericht 1959, p. 5–6.

75 AFS, E8170D#1975/16#709*, Fasz. 50/1959, «Aktennotiz über die Aussprache vom 8. April 1959», 10.4.1959, p. 3.

76 Les recettes du transport marchandises s'élèvent à 20,5 millions de francs, l'ensemble du fret à 22,7 millions, auxquels viennent s'ajouter des recettes de 12,9 millions pour le trafic voyageurs. Cf. Berner Alpenbahn-Gesellschaft Bern-Lötschberg-Simplon, *Geschäftsbericht* 1959, p. 20 et 39.

Confédération ou de ses régies».[77] De fait, les démarches faites auprès des autorités fédérales demandent surtout que la raffinerie ne bénéficie pas d'avantages douaniers, qu'elle soit soumise aux mêmes obligations de constituer des stocks et aux mêmes tarifs de fret ferroviaire, qu'elle ne reçoive aucune subvention et qu'à aucun moment les autorités ne lui garantissent un débouché en obligeant les consommateurs à acheter ses produits.[78]

C'est en particulier ce dernier point sur lequel insistent aussi les milieux intéressés aux produits pétroliers comme clients plutôt que comme producteurs, notamment automobilistes et industriels de la chimie.[79] Pour eux, il s'agit d'empêcher la reproduction d'une situation similaire à celle de Hovag, une firme du canton des Grisons qui avait bénéficié d'un appui étatique parce qu'elle avait produit un biocarburant (éthanol) à partir de bois, dans le but de compenser en partie la rareté de l'essence pendant la guerre.[80] Au moment où la discussion prend de l'ampleur autour de la raffinerie, le rejet en votation, trois ans plus tôt, de la prolongation du soutien à l'entreprise est encore dans toutes les mémoires. La Fédération routière suisse s'oppose en outre à l'octroi de gratifications douanières à l'entreprise. Une partie de la taxation des importations de carburants est en effet attribuée au financement de la construction routière, en particulier celle des autoroutes, récemment décidée.[81] La crainte qu'à l'avenir des avantages soient accordés à la raffinerie explique les réflexions sur ses perspectives de rentabilité, mises en doute tant par les acteurs privés que par les fonctionnaires fédéraux.

77 Déclaration de A. Paillard, secrétaire général adjoint, dans AFS, E8170D#1975/16#708*, Fasz. 50/1959, Procès-verbal d'une discussion entre les représentants de différents offices fédéraux, 8.4.1959, p. 6–7.

78 AFS, E7310 A#1973/117#508*, Lettre de l'Association suisse des importateurs d'huiles de graissage à F. Hummler, délégué à la défense nationale économique, 13.5.1959.

79 AFS, E7310 A#1973/117#508*, Lettre de la Schweizerische Gesellschaft für chemische Industrie (SGCI) au Délégué à la défense nationale économique, 23.4.1959; AFS, E7310 A#1973/117#508*, Copie d'une lettre de la Fédération routière suisse au Conseil fédéral, 14.5.1959.

80 Regula Bochsler, Nylon und Napalm. Die Geschäfte der Emser Werke und ihres Gründers Werner Oswald, Zürich 2022.

81 AFS, E7310 A#1973/117#508*, Copie d'une lettre de la Fédération routière suisse au Conseil fédéral, 14.5.1959.

Ces différentes branches disposent d'un poids politique non négligeable, lié à leur poids économique. À Bâle, la navigation rhénane a partie liée avec le pouvoir cantonal, au point que la gestion des ports est largement confiée au *Rheinschiffahrtsamt*, l'office cantonal de la navigation sur le Rhin, qui se voit en outre déléguer des tâches officielles par l'État fédéral.[82] Alfred Schaller (1908–1985), ancien directeur du *Rheinschiffahrtsamt*, est membre du Conseil d'État bâlois (entre 1950 et 1966) et siège de longue date au Conseil national (entre 1947 et 1978). Jusqu'à la fin de l'année 1959, les milieux rhénans sont en outre représentés au Conseil national par Nicolas Jaquet (1898–1986), directeur de l'importante entreprise *Schweizerische Reederei AG*.[83] La compagnie du BLS, indépendante avec un statut privé, est quant à elle étroitement liée au canton de Berne, et elle peut compter sur le soutien de plusieurs conseillers nationaux, comme Robert Bratschi (1891–1981), directeur de la société, ou Samuel Brawand (1898–2001), conseiller d'État bernois jusqu'à ce qu'il prenne la succession de Bratschi à la tête du BLS en 1962.

Le poids politique de ces acteurs se traduit d'au moins deux manières. Premièrement, ils peuvent en faire usage par la mobilisation d'alliés pour obliger l'administration fédérale à tenir compte de leur position. Dès début mars 1959, le politicien conservateur Moritz Kämpfen (1907–1967), président de la ville de Brigue, proche des milieux des transports et notamment du BLS, dépose une interpellation parlementaire concernant l'oléoduc et la raffinerie. L'interpellation est signée par quarante-sept conseillers nationaux, parmi lesquels on retrouve notamment Schaller et Jaquet parmi les Bâlois, et Bratschi, Brawand ainsi qu'un autre administrateur du BLS parmi les dix-sept Bernois.[84] Comme l'interpellation n'est pas traitée comme prévue dans la session parlementaire de juin, Kämpfen dépose une motion, largement signée par les mêmes députés.[85] D'autres interventions parlementaires

82 Schwabe, Die Entwicklung der schweizerischen Rheinschiffahrt, p. 143.

83 Cette entreprise s'occuperait d'environ un quart du volume des marchandises transitant par les ports de Bâle dans les années 1950: Heinz Herold, 50 Jahre Schweizerische Reederei AG. Eine Chronik, Basel 1969, p. 54–55 et 71.

84 Pour le texte de l'interpellation et la liste des signataires, cf. Résumé des délibérations de l'Assemblée fédérale. Session de printemps 1959, p. 29.

85 Résumé des délibérations de l'Assemblée fédérale. Session d'été 1959, p. 20.

suivent. À la fin de l'année 1959, ces mêmes milieux accentuent la pression sur les autorités fédérales en préparant le lancement d'une initiative populaire. Le Conseil fédéral envisage alors une modification de la Constitution pour permettre à la Confédération de légiférer sur les pipelines. Doutant que la future loi corresponde à leurs préférences, les milieux de la navigation et des chemins de fer cherchent à imposer leur propre formulation de la modification constitutionnelle. Les autorités fédérales déploient alors des efforts considérables, couronnés de succès, pour dissuader ces hommes de lancer l'initiative.[86] Deuxièmement, le poids politique de ces milieux se manifeste par des relations étroites avec les autorités. Rien d'étonnant par exemple à ce que le directeur des CFF, entreprise publique, et celui du BLS soient invités à un échange de vues à l'initiative du Département fédéral des postes et chemins de fer.[87] Ce département s'engage d'ailleurs en faveur d'une «coordination des moyens de transport» par voie législative, qui vise à protéger les compagnies ferroviaires non seulement contre la concurrence des pipelines mais aussi contre celle de la route.[88]

Les intérêts économiques de ces groupes constituent ainsi la raison principale de la méfiance rencontrée par le projet d'oléoduc et de raffinerie dès les premières réunions au sein de l'administration fédérale. Il est difficile de juger de la sincérité des réticences concernant la politique de neutralité ou les risques pour la sécurité de l'approvisionnement énergétique. À tout le moins, les milieux de la navigation sur le Rhin et les compagnies ferroviaires ont compris le parti qu'ils pouvaient tirer des considérations de défense nationale économique, au point que leurs argumentations *pro domo* ressemblent fort aux discussions menées au sein des commissions fédérales.[89] Certains fonctionnaires fédéraux craignent d'ailleurs que les prises de position de la Confédération ne paraissent trop partiales, et s'efforcent de gommer les formulations trop critiques des réponses préparées aux interven-

86 AFS, E8170D#1975/16#708*, H. R. Siegrist, «Notiz an Herrn Bundesrat Wahlen. Pipelines» (copie), 20.11.1959.

87 AFS, E8170D#1975/16#708*, Fasz. 50/1959, Procès-verbal d'une discussion entre les représentants de différents offices fédéraux, 8.4.1959.

88 AFS, E7310 A#1973/117#518*, Procès-verbal de la 3e réunion de la commission interdépartementale, 25.6.1959.

89 Mangold, Betrachtungen zur Lage der Tankschiffahrt nach der Schweiz.

tions parlementaires.[90] C'est dans ce contexte que survient, à l'échelon fédéral, une prise en compte plus sérieuse des risques de pollution. Après la première séance de la commission interdépartementale, dominée par les interrogations plus ou moins critiques sur les futures conséquences politiques et économiques du projet pétrolier, Sauter prend contact avec les services sanitaires cantonaux. Lors de la deuxième séance de ladite commission, les discussions s'étendent ainsi à la protection des eaux et aux rejets gazeux de la raffinerie.[91] Le cadre est posé pour que l'intervention de la Confédération amène progressivement un durcissement des conditions mises à la construction des installations pétrolières.

Conclusion

Lorsque la Société financière italo-suisse, étroitement liée à l'ENI, l'entreprise pétrolière italienne, annonce début 1959 vouloir construire un oléoduc à travers la Suisse pour transporter du pétrole brut du port de Gênes jusqu'en Bavière, et d'en raffiner une partie dans la région d'Aigle, le projet est fort bien accueilli par les autorités locales – communes et cantons – directement concernées, qui poursuivent alors des objectifs de développement industriel. Les ingrédients semblent ainsi réunis pour que les problèmes de pollution et de santé publique restent ignorés. Pourtant, les conditions dictées à la construction des installations sont progressivement durcies et débouchent sur un changement de localisation de la centrale électrique devant brûler certaines des huiles lourdes résiduelles du processus de raffinage.[92] Les débats

90 AFS, E7310 A#1973/117#509*, Copie d'une lettre de l'Office de guerre de l'industrie et du travail au Délégué à la défense nationale économique, 4.6.1959.

91 AFS, E7310 A#1973/117#517*, Procès-verbal de la 2e réunion de la commission interdépartementale, 28.5.1959.

92 Les ressorts de ce déplacement semblent donc fort différents de ceux qui s'appliquent une dizaine d'années plus tard au choix d'un emplacement pour une raffinerie en région lyonnaise: Stéphane Frioux, Pas d'essence dans nos salades! La «raffinerie baladeuse» de la région lyonnaise (1970–1973), in: Le Mouvement Social 262 (2018): p. 37–54.

publics et l'opposition d'une partie des riverains des futures installations ont clairement contribué à ce résultat.

Le présent article a toutefois insisté sur un second facteur conduisant à l'affermissement de la régulation des pollutions: l'intervention des autorités fédérales. Or, celle-ci s'explique avant tout par la plus grande perméabilité de l'administration fédérale aux influences de milieux industriels opposés à l'infrastructure pétrolière pour des raisons tout autres que le danger des pollutions. En particulier, les entreprises de navigation sur le Rhin et les compagnies ferroviaires craignent de fortes baisses de leurs recettes si elles ne peuvent plus transporter autant de produits pétroliers. On ne saurait toutefois réduire l'administration fédérale à un simple porte-voix de ces milieux. De fait, dès les premières réunions interdépartementales, certains font valoir qu'il ne peut être question de s'opposer au projet parce qu'il risque d'affecter négativement les CFF et le BLS: «Une réduction du prix des transports serait en elle-même dans l'intérêt de la Suisse dans son ensemble, puisque nous nous plaçons du point de vue de la libre concurrence.»[93] Même au sein du Département des postes et des chemins de fer, des divergences existent sur la protection à accorder aux compagnies ferroviaires face aux oléoducs et à la concurrence des transports automobiles.[94] Plus généralement, la prégnance de l'idéologie libérale limite la possibilité de défendre ouvertement la protection d'intérêts particuliers, ou oblige en tout cas à une notable prudence rhétorique et à des professions de foi en l'économie privée, à laquelle l'État ne saurait «faire obstacle uniquement parce qu'un projet pourrait éventuellement lui paraître indésirable», comme l'exprime Fritz Hummler.[95] Il n'en reste pas moins, c'est le point crucial, que l'influence politique des milieux du transport fluvial et ferroviaire contribue au sein de

93 AFS, E7310 A#1973/117#516*, Procès-verbal de la 1e réunion de la commission interdépartementale, 25.3.1959, p. 8 (ma traduction).

94 AFS, E7310 A#1973/117#519*, Procès-verbal de la 4e réunion de la commission interdépartementale, 30.6.1959; Jonas Steinmann, Weichenstellungen. Die Krise der schweizerischen Eisenbahnen und ihre Bewältigung 1944–1982, Bern 2010, p. 160–166, 231–236.

95 AFS, E7310 A#1973/117#516*, Procès-verbal de la 1e réunion de la commission interdépartementale, 25.3.1959, p. 1 (ma traduction).

l'administration fédérale à un climat réticent, et donc à une prise en compte plus sérieuse des dangers posés par les nouvelles installations pétrolières.

Comme évoqué en introduction, les travaux d'histoire et de sociologie portant sur la politique des pollutions mettent en lumière la capacité collective des industriels de s'opposer aux réglementations qui les obligeraient à diminuer l'impact environnemental et sanitaire de leur activité. Ces recherches tendent alors à parler de l'industrie au singulier,[96] généralement parce qu'elles ne considèrent que la branche directement concernée, parfois parce qu'elles ne prêtent guère d'attention aux tensions qui traversent les milieux industriels dans leur ensemble. À l'inverse, un pan de l'histoire des entreprises s'est intéressé aux acteurs industriels et économiques «verts», aux entrepreneurs qui s'efforcent, avec plus ou moins de succès, de réduire les pollutions causées par leurs propres activités, ou à développer des produits ou des procédés plus respectueux de l'environnement.[97] L'analyse menée dans cet article suggère de ne pas oublier ceux que l'analyse des politiques publiques appelle les «groupes tiers», les acteurs qui, sans être directement visés par une politique environnementale, sont touchés négativement («tiers perdants») ou positivement («tiers gagnants»).[98] Ceux-ci ne se réduisent pas aux exemples évoqués par les politologues (population profitant d'un air propre, tourisme, entreprises de dépollution), comme le montre clairement le cas de la première grande raffinerie suisse. D'autres «tiers gagnants» peuvent jouer un rôle essentiel, en l'occurrence les milieux économiques avantagés par une norme anti-pollution qui constitue un frein pour un concurrent indésirable.

En somme, il s'agit de rappeler l'importance des phénomènes de contradictions et de concurrence dans les dynamiques capitalistes. Il serait

96 Par exemple: Emmanuel Henry [et al.], Introduction: Beyond the Production of Ignorance. The Pervasiveness of Industry Influence through the Tools of Chemical Regulation, in: Science, Technology, and Human Values 46/5 (2021), p. 911–924.

97 Christine Meisner Rosen, Businessmen against Pollution in Late Nineteenth Century Chicago, in: The Business History Review 69/3 (1995), p. 351–397; Geoffrey Jones, Profits and Sustainability. A History of Green Entrepreneurship, Oxford 2019.

98 Peter Knoepfel [et al.], Analyse des politiques suisses de l'environnement, Zürich 2010, p. 33–34, 52–54; Karin Ingold [et al.], Umweltpolitik der Schweiz. Ein Lehrbuch, Zürich 2016, p. 123.

regrettable que les discussions sur les liens entre capitalisme et bouleversements environnementaux se heurtent à une aporie opposant la mise en cause de certains acteurs spécifiques et celle de logiques impersonnelles contraignantes.[99] L'histoire narrée dans cet article n'est certainement pas le seul exemple où les intérêts divergents de différents industriels conduisent à un renforcement de la lutte contre les pollutions.[100] Ce constat débouche sur de nouveaux questionnements. À quelles conditions ce phénomène se produit-il ? Ne se réalise-t-il que dans une variante «corporatiste», «organisée» ou «coordonnée» du capitalisme ?[101] Seulement, comme cela semble être le cas ici, en cas d'asymétrie dans l'accès à l'appareil d'État entre l'industriel visé par la norme et ses concurrents ? Seulement lorsqu'un règlement ne touche qu'une entreprise – un front commun des milieux économiques émergeant sans doute plus facilement face à une législation générale ?

Il ne s'agit donc pas de suggérer, comme le font alors les promoteurs des installations pétrolières de la région d'Aigle, que les inquiétudes en matière de pollutions sont infondées en raison de leur caractère intéressé. Force est de constater que le danger était bien réel. Difficile d'estimer l'ampleur des dommages qui auraient eu lieu localement si des conditions moins sévères avaient été adoptées. Il conviendrait aussi de se pencher sur l'application des

99 Armel Campagne, Le capitalocène. Aux racines historiques du dérèglement climatique, Paris 2017, p. 84.

100 De manière similaire, dans leur synthèse sur le «gouvernement des problèmes sanitaires et environnementaux», Soraya Boudia et Nathalie Jas notent qu'une norme (en l'occurrence la dose journalière admissible) «pouvait aussi devenir un outil politique dans les jeux complexes auxquels des organisations internationales, des entreprises industrielles ou certains États se livraient afin d'encourager le développement de certains secteurs agricoles et agro-alimentaires» Cf. Soraya Boudia et Nathalie Jas, Gouverner un monde toxique, Versailles 2019, p. 48.

101 Cédric Humair [et al.], Les organisations patronales suisses entre coordination économique et influence politique. Bilan historiographique et pistes de recherche, in: Vingtième Siècle. Revue d'histoire 115 (2012), p. 115–127; Pierre Eichenberger, Stephanie Ginalski, 'Si vis pacem, para bellum'—the construction of business cooperation in the Swiss machinery industry, in: Socio-Economic Review 15/3 (2017), p. 615–635; Pierre Eichenberger, Le rôle des organisations patronales dans les variétés du capitalisme: l'exemple de l'industrie suisse des machines (1905–1913), in: Pierre Lamard, Nicolas Stoskopf (dir.), L'entreprise rhénane. Mythe ou réalité?, Paris 2015, p. 83–94.

mesures. Nul besoin toutefois d'hypothèses audacieuses: des pollutions ont bien eu lieu, notamment en ce qui concerne les sols et les eaux souterraines, même si leur gravité fait l'objet d'appréciations divergentes.[102] En outre, la réglementation au début des années 1960 est guidée par l'idée d'une possible neutralisation des polluants par leur dilution – d'où l'accent mis sur le régime des vents et la hauteur de la cheminée. En fait, le dioxyde de soufre émis en Europe occidentale jusque dans les années 1980, notamment par de nombreuses hautes cheminées industrielles, provoque des pluies acides à des centaines de kilomètres de son origine.[103] Enfin, en participant à fournir une énergie abondante et bon marché, les raffineries ont certainement participé au «syndrome des années 1950», selon la thèse de l'historien Christian Pfister, autrement dit à la croissance accélérée des rejets de déchets, de polluants et de gaz à effet de serre, et des autres impacts des sociétés humaines sur la biosphère depuis 1945.[104] À tous ces égards, il n'était donc pas question dans cet article d'applaudir les mesures adoptées par les pouvoirs publics, mais bien d'interroger les conditions de leur fabrication.

102 Marie Parvex, Raffinerie Tamoil: trois experts indépendants critiquent les analyses de la nappe phréatique, in: Le Temps, 5.3.2015; Olivier Rausis, Nicolas Maury, Le site de la raffinerie serait «peu contaminé», in: Le Nouvelliste, 1.4.2016, p. 11.

103 Rachel Emma Rothschild, Poisonous Skies. Acid Rain and the Globalization of Pollution, Chicago, London 2019.

104 Christian Pfister, Das «1950er Syndrom»: Die umweltgeschichtliche Epochenschwelle zwischen Industriegesellschaft und Konsumgesellschaft, in: Christian Pfister (dir.), Das 1950er Syndrom. Der Weg in die Konsumgesellschaft, Bern; Stuttgart [etc.] 1995, p. 51–96; Christian Pfister, The «1950s Syndrome» and the Transition from a Slow-Going to a Rapid Loss of Global Sustainability, in: Frank Uekötter (dir.), The Turning Points of Environmental History, Pittsburgh 2010, p. 90–118.

De la liberté d'interdire au verrou socio-technique. La Suisse face aux dangers de l'usage de l'essence au plomb (1921–2000)

Sabine Pitteloud, Tiphaine Robert

Abstract

From the Liberty to Forbid to Socio-Technical Lock-In: Switzerland Facing the Dangers of Leaded Petrol Use (1921–2000)
This article analyses the tortuous regulatory path of leaded petrol in Switzerland. The use of leaded petrol was forbidden by the Swiss government in 1925, reauthorised in 1947 and ultimately banned in 2000. Our analysis brings to light the complex coalitions of actors who participated in expertise production and policymaking, such as business and consumer associations, medical experts and state officials. It also shows how the tolerance to this toxic substance was socially and politically constructed. Leaded petrol was indeed accepted in the name of progress and thanks to the dissemination of doubts regarding its health impacts. Moreover, once leaded petrol had been adopted worldwide, it was extremely difficult to reverse such poisonous trajectories due to regulatory and trade dependencies.

> Par arrêté du 7 avril 1925, nous avons [interdit] d'additionner la benzine de combinaisons organiques du plomb, du sélénium et du tellure. Ces adjonctions, utilisées en Amérique, y ont provoqué certains accidents et l'on pouvait craindre que des benzines ainsi traitées ne fussent importées en Suisse; mais cette crainte ne s'est pas réalisée.[1]

> L'essence pour moteur contenant du plomb – la super – ne sera plus vendue en Suisse dès le 1er janvier 2000. Ainsi en a décidé le Conseil fédéral en modifiant l'ordonnance sur la protection de l'air (OPair). La Suisse introduit ces nouvelles exigences de qualité pour l'essence et l'huile diesel simultanément avec l'Union européenne.[2]

Interdite en 1925 en Suisse, l'essence au plomb est tolérée en 1947 puis réinterdite en l'an 2000. 75 ans séparent ces deux messages du Conseil

1 Rapports de gestion du Conseil fédéral, 1925, p. 246.
2 Communiqué du Conseil fédéral, 25.8.1998. https://www.admin.ch/gov/fr/accueil/documentation/communiques.msg-id-2778.html (26.9.2023).

fédéral annonçant l'interdiction de l'essence contenant du plomb en Suisse. Cette chronologie interroge: comment les autorités politiques en viennent-elles à devoir réinterdire en l'an 2000 un composant toxique dont elles avaient reconnu les dangers au début du siècle passé? Et ce d'autant plus que l'interdiction de l'essence plombée semble relever du bon sens, puisque des scientifiques du monde entier se sont opposés à son utilisation en raison de son impact sur l'environnement et la santé publique tout au long du 20e siècle. Élaboré dans les laboratoires de General Motors au début des années 1920, l'additif, en élevant l'indice d'octane, permettait l'élimination d'un bruit désagréable à l'accélération. L'usage du plomb comme additif comporte deux dangers: d'une part, la toxicité immédiate par inhalation ou contact, et d'autre part, la toxicité durable, par inhalation ou ingestion de produits contaminés brûlés dans les moteurs à très large échelle. L'exposition au plomb lors du début de la vie peut entraîner des dommages métaboliques, des déficits neuro-psychologiques, une perte de l'ouïe et des retards de croissance.[3] Elle affecte en outre les systèmes nerveux et digestifs, ainsi que les fonctions cardio-vasculaires et reproductives.[4]

En 1947, le Conseil fédéral était ainsi revenu sur son arrêté de 1925 et autorisait la vente et l'utilisation de l'essence dite éthylée, une appellation édulcorée pour nommer l'essence au plomb tétraéthyle (PTE). Elle est pourtant toujours aussi toxique. Le chemin sera ensuite long vers l'interdiction généralisée. Il faudra en effet attendre 2021, pour que l'Algérie, dernier pays commercialisant l'essence au plomb, y renonce.

Cet article étudie la régulation de l'essence au plomb en Suisse afin de comprendre les facteurs qui ont contribué à l'acceptation politique de ce toxique et d'identifier les mécanismes de blocage qui ont freiné son bannissement définitif. L'analyse interroge ainsi le narratif positiviste qui considère l'utilisation massive de composants toxiques après 1945 comme une externalité inévitable de la croissance économique et du progrès, dont la société et les politiques auraient pris progressivement conscience jusqu'à leur interdic-

3 Jerome O. Nriagu, Global Metal Pollution: Poisoning the Biosphere?, in: Environment. Science and Policy for Sustainable Development 32/7 (1990), p. 21–22.

4 Rémy Slama, Le mal du dehors. L'influence de l'environnement sur la santé, Paris 2017, p. 240–242.

tion.[5] Elle s'inscrit donc dans le renouveau de l'histoire environnementale qui invite à examiner de manière critique la notion de progrès et d'industrialisation,[6] à rediscuter la linéarité de la prise de conscience écologique,[7] et à réévaluer l'idée de maîtrise des toxiques par l'introduction de réglementations et seuils.[8] En outre, en se focalisant sur les verrous socio-techniques freinant le combat contre le plomb dans l'essence, l'analyse replace le processus de régulation suisse dans le contexte global de dépendance au pétrole et à l'automobile.[9] Elle s'inscrit dans une historiographie qui met en lumière le rôle du système capitaliste pour comprendre les origines de la crise environnementale et climatique contemporaine[10] et qui documente l'influence centrale des intérêts industriels et commerciaux pour expliquer les formes de gouvernance environnementale dans les secteurs automobile et pétrolier.[11] L'étude de Judith Rainhorn sur l'histoire d'une autre substance

5 Citons à titre d'exemple la page en allemand de Wikipedia qui reprend l'idée répandue par l'industrie du plomb que le tétraéthyle constitue l'antidétonant le plus efficace: Tetraethylblei, https://de.wikipedia.org/wiki/Tetraethylblei (18.7.2023).

6 Céline Pessis, Sezin Topçu, Christophe Bonneuil, Une autre histoire des «Trente glorieuses». Modernisation, contestations et pollutions dans la France d'après-guerre, Paris 2013.

7 Christophe Bonneuil, Jean-Baptiste Fressoz, The Shock of the Anthropocene. The Earth, History and Us, London 2016; François Jarrige, Thomas Le Roux, La Contamination du monde. Une histoire des pollutions à l'âge industriel, Paris 2020.

8 Soraya Boudia, Nathalie Jas, Gouverner un monde toxique, Versailles 2019.

9 Sur cette dépendance structurelle à l'automobile, voir: Giulio Mattioli, Cameron Roberts, Julia K. Steinberger, Andrew Brown, The Political Economy of Car Dependence: A Systems of Provision Approach, in: Energy Research & Social Science 66 (2020). https://doi.org/10.1016/j.erss.2020.101486 (12.1.2024) ; Tom McCarthy, Auto Mania: Cars, Consumers, and the Environment, New Haven 2007.

10 Armel Campagne, Le Capitalocène. Aux racines historiques du dérèglement climatique, Paris 2017; Hartmut Berghoff, Adam Rome (éds), Green Capitalism? Business and the Environment in the Twentieth Century, Philadelphia 2017; Ann-Kristin Bergquist, Renewing Business History in the Era of the Anthropocene, in: Business History Review 93/1 (2019), p. 3–24.

11 Samuel Klebaner, Normes environnementales européennes et stratégies des constructeurs automobiles. Un jeu coopératif aux résultats ambigus, Paris 2020; Laurent Warlouzet, The Role of the European Parliament in the Single Market Programme: The Cost

toxique à base de plomb – la céruse utilisée pour la peinture blanche – est un jalon important de la recherche sur l'acceptation politique du plomb malgré ses risques pour la santé. L'historienne montre que l'acceptation de cette substance au cours du 19e siècle s'explique selon le contexte par la fabrique du doute ou la confiance dans l'idée que le progrès industriel est capable de résoudre les nouveaux problèmes qu'il suscite. Les régulations de la céruse sont fortement influencées par les producteurs de plomb.[12]

En ce qui concerne l'histoire de l'usage de l'essence plombée en particulier, la littérature a mis en lumière le rôle de General Motors dans son invention et sa diffusion, ainsi que des scientifiques financés par l'industrie pour semer le doute quant à ses effets délétères sur la santé.[13] Si les conséquences désastreuses de l'emploi massif du PTE sont très bien documentées et l'histoire de son avènement est désormais bien connue, les études historiques sur sa dissémination hors des USA demeurent isolées et lacu-

of Non-Europe and the Car Emission Directive (1983–89), in: EIH Journal of European Integration History 27/1 (2021), p. 21–36; Grace Ballor, Liberal Environmentalism: The Public-Private Production of European Emissions Standards, in: Business History Review 97/3 (2023), p. 575–601; Jack Doyle, Taken for a Ride. Detroit's Big Three and the Politics of Pollution, New York 2000; Mattias Näsman et Sabine Pitteloud, The Power and Limits of Expertise: Swiss-Swedish Linking of Vehicle Emission Standards in the 1970s and 1980s, in: Business and Politics 24/3 (2022), p. 241–260; Naomi Oreskes, Erik M. Conway, Merchants of Doubt. How a Handful of Scientists Obscured the Truth on Issues from Tobacco Smoke to Climate Change, New York 2010; Geoffrey Supran, Naomi Oreskes, Rhetoric and Frame Analysis of ExxonMobil's Climate Change Communications, in: One Earth 4/5 (2021), p. 696–719; Christophe Bonneuil, Pierre-Louis Choquet, Benjamin Franta, Early Warnings and Emerging Accountability: Total's Responses to Global Warming, 1971–2021, in: Global Environmental Change 71 (2021). https://doi.org/10.1016/j.gloenvcha.2021.102386 (12.1.2024).

12 Judith Rainhorn, Blanc de plomb. Histoire d'un poison légal, Paris 2019.

13 Gerald Markowitz, David Rosner, Deceit and Denial. The Deadly Politics of Industrial Pollution, Berkeley / Los Angeles / London 2002; Jamie Lincoln Kitman, L'histoire secrète du plomb, Paris 2005; Alan P. Loeb, Birth of the Kettering Doctrine: Fordism, Sloanism and the Discovery of Tetraethyl Lead, in: Business and Economic History, 24/1 (1995), p. 72–87; Benjamin Ross, Steven Amter, The Polluters. The Making of our Chemically Altered Environment, New York / Oxford 2012; Christian Warren, Brush with Death. A Social History of Lead Poisoning, Baltimore, MD 2000.

naires à quelques exceptions près.[14] Pour le cas suisse, Breu et al. offrent une synthèse des étapes de l'élimination du plomb dans l'essence.[15] En mobilisant les sources publiques, leur narration tend néanmoins à considérer le choix du plomb comme inévitable et pas ou peu discuté avant les années 1970. En outre, l'histoire de la régulation de l'essence au plomb est rarement mise en relation avec l'élaboration de normes environnementales, discutées et développées dès les années 1960 tant par les États voisins de la Suisse que par les instances internationales, et qui créent des effets d'interdépendance non négligeables.

Cette contribution, en partant de l'interdiction du plomb en 1925, renverse donc la perspective. Plutôt que de se demander comment des autorités régulent une pollution – traditionnellement après la fameuse «prise de conscience» des années 1970 –, il s'agit plutôt de se demander comment les politiques rendent un poison légal et sous quelles influences. En outre, de par la forte intégration de la Suisse au commerce international, le cas helvétique est particulièrement fécond pour débattre de la viabilité d'un «Alleingang» sanitaro-environnemental et étudier dans quelle mesure l'action des autorités est contrainte par les impératifs économiques et d'approvisionnement énergétique. Sans considérer ces contraintes comme allant de soi, il s'agira plutôt de montrer comment celles-ci sont construites, instrumentalisées ou contestées par différents groupes sociaux dont les intérêts divergent.

Afin d'apporter cette perspective sur le processus de régulation du plomb en Suisse, différentes archives publiques et privées ont été mobilisées. Les archives fédérales sont particulièrement utiles pour documenter le travail

14 Des Wilson, The Lead Scandal, London 1983; voir la thèse en cours d'Alexandre Lauverjat, L'atmosphère hante l'Europe. Les politiques communautaires de lutte contre la pollution de l'air, 1975–2000, sous la direction de Laurent Warlouzet, Sorbonne Université.

15 Michael Breu, Samuel Gerber, Matthias Mosimann, Tomáš Vysušil, Vom Tiger im Tank – Die Geschichte des Bleibenzins, in: Gaia 11 (2002), p. 203–212. Cet article est une synthèse de leur étude en Sciences environmentales (Institut für Umweltwissenschaften, Universität Zürich): Bleibenzin – eine schwere Geschichte. Die Geschichte der Benzinverbleiung aus der Sicht der Politik, des Rechts, der Wirtschaft und der Ökologie, München 2002.

interne de commissions spécialisées, retracer les débats parlementaires ou encore les tensions entre différents départements de l'administration fédérale impliqués nationalement et internationalement dans cette régulation. Les archives de l'Union suisse du commerce et de l'industrie permettent de restituer la variété d'intérêts industriels à travers différents processus de consultation. Les intérêts particuliers du lobby automobile et ses stratégies d'influence sont appréhendés grâce aux archives du Touring Club Suisse (TCS). Le fonds personnel du toxicologue Heinrich Zangger, les archives du Bureau International du Travail (BIT) ainsi que des coupures de presse sont également mobilisés pour attester la conscience du problème du plomb et des alertes lancées aux autorités. Ces différents documents internes permettent d'entrer dans les rouages politiques et de comprendre la tolérance face à un poison. Cette histoire de près d'un siècle sera revisitée à travers cinq phases: l'interdiction suisse (1921–1947); l'acceptation politique du poison (1947); la multiplication des alertes (1947–1971); la montée des revendications environnementales et l'utilisation de l'initiative populaire (1971–1977); le verrou socio-technique et le cheminement vers l'interdiction du plomb dans l'essence (1978–2000).

Le poison d'Amérique (1921–1947)

En 1921, dans un laboratoire de recherche de General Motors Corporation basé à Dayton (Ohio), le chimiste Thomas Midgley met au point un additif à l'essence à même d'éliminer le cliquetis des moteurs et d'en améliorer la puissance. Il existait des alternatives mais cette technique à base de plomb tétraéthyle (PTE) – brevetable et commercialisable – avait l'avantage de promettre un grand profit à ses découvreurs. Cet additif est alors commercialisé par l'Ethyl Gasoline Corporation, une société fondée par General Motors, en coopération avec DuPont et la Standard Oil of New Jersey. Après plusieurs accidents mortels liés à la fabrication du mélange, le service de santé publique américain convoque une conférence à Washington en mai 1925, réunissant des représentants du Bureau des Mines, de l'Ethyl Corporation, des syndicats et des scientifiques toxicologues et/ou médecins du travail. Deux conceptions s'y opposent. D'un côté, les partisans du PTE le présentent comme la «vitamine» essentielle au bon fonctionnement de l'auto, un cadre de l'Ethyl ira jusqu'à le qualifier de «cadeau de Dieu». De l'autre côté, les adversaires du plomb sont taxés de réactionnaires retardant le progrès humain. Parmi les scientifiques opposants, les médecins Alice Hamilton et Yandel Henderson ont conscience que l'usage du PTE deviendra universel et estiment que la contamination aura des conséquences dramatiques sur la santé publique. À la suite de cette conférence et contre toute attente, l'Ethyl suspend alors la production. Les opposants croient à la victoire, mais cette manœuvre permet en fait de préserver l'image de l'entreprise et de préparer la riposte en finançant des études censées démontrer l'innocuité de ce mélange. Malgré la formation d'un comité d'évaluation, les services de santé américains concluent finalement quelques mois plus tard qu'il n'y a aucune raison d'interdire la vente d'essence au plomb.[16] Les mots de Markowitz et Rosner définissent bien l'option prise: «This is an unfortunate testament to the power of industry's conception that a valuable (profitable) product should continue to be used until it was proven to be hazardous to consumers».[17]

Le nouveau mélange suscite la méfiance en Europe, mais hormis en Suisse, aucune interdiction n'est prononcée pour une longue durée. En Grande-Bretagne, une commission ministérielle nommée en avril 1928 conclut deux ans plus tard qu'il n'y a pas lieu d'interdire ce produit.[18] En France, certains scientifiques tirent la sonnette d'alarme sans résultat au niveau législatif. L'étude menée par les Dr Kohn-Abrest et Loiret sur les «émissions de gaz nocifs et de fumée par les autos» est pourtant sans équivoque: «L'un [des additifs], le plomb tétraéthyle est un corps extrêmement toxique. Sa préparation est extrêmement dangereuse et les poussières plombeuses que la combustion de l'essence rejette dans l'atmosphère ne le sont pas moins».[19] Mais rapidement, le lobby automobile reprend à son compte le message rassurant diffusé par l'Ethyl Gasoline Corporation: «Tout

16 Markowitz, Rosner, Deceit and Denial, p. 20–35; Kittman, L'histoire secrète du plomb, p. 52–69.

17 Markowitz, Rosner, Deceit and Denial, p. 35.

18 Bureau international du Travail, Informations sociales, 34/8, 26 mai 1930, in: Bibliothèque nationale de France, Conservation numérique Gallica. https://gallica.bnf.fr/ark:/12148/bpt6k5524747t.image# (9.10.2023).

19 Paris-midi, 26 avril 1929.

ce qui a été raconté sur [l]a toxicité du plomb tétraéthyle] est une bonne blague», clame par exemple *L'Auto* en 1932.[20] Cette essence fait également parler d'elle au Bureau International du Travail (BIT), qui, lors de sa conférence internationale s'inquiète des conséquences de son exportation, mais là encore, aucune disposition officielle contre l'exportation du mélange n'est actée.[21]

En Suisse, on rend compte des accidents liés au nouveau mélange plombé dès 1924. Des journalistes le qualifient alors sans s'encombrer de nuances d'essence «vénéneuse»,[22] de «benzine empoisonnée»[23] ou d'une «substance extrêmement toxique».[24] Les rédactions reçoivent des courriers comme celui d'un lecteur du *Journal de Genève* qui estime «lamentable» qu'«on nous asperge de ce toxique».[25] Dans le même temps, un toxicologue renommé, Heinrich Zangger, alors directeur de l'Institut médicolégal de l'Université de Zurich, alerte les autorités et la presse: ces oxydes métalliques s'accumulent sur le sol, le plomb représente «un des poisons les plus violents du système nerveux central» et constitue «une des menaces les plus graves de la santé publique», particulièrement sur celle des enfants.[26]

L'interdiction «d'additionner la benzine de combinaisons organiques de plomb» est prononcée par le Conseil fédéral le 7 avril 1925.[27] Elle se base principalement sur la lecture des conclusions de Zangger. Pour appuyer sa décision, qui n'a pas fait l'objet de contestation au niveau parlementaire, le Conseil fédéral met en avant tant les accidents dans le processus de production, que les effets possibles à long terme. Notons encore que le Conseil fédéral ne renvoie pas l'inquiétude à celle d'un seul homme mais signale la «grande émotion, en particulier dans les milieux médicaux»

---

20 L'Auto, 12 mai 1932.

21 Journal de Genève, 2 août 1925.

22 Gazette de Lausanne, 27 février 1925.

23 Journal de Genève, 26 février 1925.

24 Der Bund, 6 novembre 1928.

25 Journal de Genève, 26 février 1925.

26 Heinrich Zangger, Eine gefährliche Verbesserung des Automobilbenzins, Sonderabdruck aus der Schweizerischen Medizinischen Wochenschrift 55/2 (1925).

27 Archives fédérales suisses (=AFS), Publications officielles numérisées, Rapport de gestion du Conseil fédéral, 1925, p. 246.

qu'avait suscité l'annonce de ce nouveau mélange produit par la Standard Oil.[28] Malgré tout, le plomb a déjà quelques défenseurs en Suisse dans les années 1920. Les milieux du tourisme et une branche du lobby automobile – la plus virulente, l'Automobile Club Suisse (ACS) – défendent l'additif et dénoncent la mesure d'interdiction suisse et l'attitude des autorités jugée «hostile à l'automobile».[29] L'ACS, via son président, l'ingénieur de renom Jules Mégevet, déclare que «la santé publique n'est nullement en danger». Il relève que les autorités américaines sont «aussi soucieuses que les nôtres» et que si le carburant était dangereux, il aurait été interdit. L'ACS pointe du doigt les tuyaux de plomb employés pour le gaz et l'eau potable et argue que «personne n'a eu l'idée jusqu'à présent de se préoccuper de ce grave danger pour notre système nerveux».[30]

Que retirer de ce débat? Même si elle n'a pas encore porté ses fruits dans le cas suisse, on décèle les premiers signes de la fabrique du doute. L'argumentaire de l'ACS relativise la dangerosité du PTE en soulignant la toxicité d'autres produits plombés pour faire diversion, un procédé récurrent dans les discours défendant l'utilisation de toxiques.[31] Un autre procédé est l'intimidation. L'artisan de l'interdiction suisse Heinrich Zangger renonce à une tournée de conférences aux USA après réception de lettres de menace et à l'écoute de confrères américains qui l'en dissuadent.[32] Ses propos sont par ailleurs déformés et contredits par un cadre de l'Ethyl dans le *New York*

28 AFS, Publications officielles numérisées, Procès-verbal(-aux) des décisions 7.4.-7.4. 1925, E1004.1 1000/9. Band 295 Ref. No 70, Antrag vom 30. März 1925 (Gesundheitsamt).

29 Neue Zürcher Zeitung, 21 mars 1925, cité in: Breu [et al.], Vom Tiger im Tank, p. 204.

30 La benzine empoisonnée, in: Journal de Genève, 1er mars 1925.

31 Emmanuel Henry, La fabrique des non-problèmes. Ou comment éviter que la politique s'en mêle, Paris 2021, p. 66.

32 Heribert Rausch, Zum 50-Jahre-Jubiläum des Umweltschutzartikels der Bundesverfassung – Ein kritischer Essay, Vereinigung für Umweltrecht, Umweltrecht in der Praxis, 2022, p. 129–166, ici p. 132 ; Breu [et al.], Bleibenzin – eine schwere Geschichte, p. 120.

Times au printemps 1925.[33] L'interdiction du mélange – désormais officiellement nommé benzine éthylée sur demande de l'Ethyl Gasoline Corporation de manière à éviter d'utiliser le terme de plomb[34] – est maintenue en Suisse jusqu'en 1947.

Malgré les quelques voix dissonantes mentionnées, l'interdiction représente une mesure assez unanime, saluée par la presse. Cette année 1925 met en évidence des choix qui pouvaient être pris sans craindre la pénurie car il n'existe pas de monopole quant au carburant, les gouvernements croyant encore en leur possible souveraineté en matière d'énergie.[35] Au niveau international, la fabrique du doute autour de l'additif plombé, financée par l'industrie du plomb, se met clairement en place dès 1925. Le toxicologue américain Robert Kehoe (1893–1992), médecin consultant en chef de l'Ethyl Corporation de 1925 à 1958, participera grandement à la défense du PTE, en assenant pendant plus de 40 ans que l'usage de cet additif ne représente aucun danger. Son ascension est liée au laboratoire Kettering au sein de l'Université de Cincinnati, fondé grâce aux dons de la GM, de Du Pont et de l'Ethyl. Il devient la référence mondiale de la toxicologie du plomb dès les années 1930.[36]

«Le progrès exige certains sacrifices». L'acceptation d'un poison (1947)

Entre les années 1920 et la fin de la Deuxième Guerre mondiale, l'essence au plomb s'impose au niveau mondial. Sa demande augmente progressivement en raison de la tendance de l'industrie automobile européenne à privilégier des moteurs puissants, capables de concurrencer les constructeurs améri-

33 Archives Heinrich Zangger, Zentralbibliothek, Zurich: 100. Briefe, Berichte, Artikel, Vorträge, handschriftliche Aufzeichnungen 1911–1941. Lettre de C. Deppé (propriétaire de Deppé Motors), 25 mars 1925.

34 Markowitz, Rosner, Deceit and Denial, p. 19.

35 Hans Hochuli, Die Entwicklung des schweizerischen Benzinmarktes 1936–1948, Zurich, Dissertation Volkswirtschaft, 1952.

36 Il restera consultant d'Ethyl jusqu'à sa mort en 1992. Voir: Kitman, L'histoire secrète du plomb, p. 78–79 ; Markowitz, Rosner, Deceit and Denial, p. 35.

cains. Cette puissance dépend de l'indice d'octane que le mélange à base de plomb permet d'augmenter. Dans le même temps, General Motors étend son influence sur le marché européen.[37] Le développement de l'additif en Europe est en outre lié de près au second conflit mondial et aux besoins de la flotte aérienne. L'Allemagne nazie participe à cette acceptation dès 1935, lorsque le Ministère de la défense américain tolère la fabrication du PTE par I.G. Farben.[38]

En Suisse, le mélange est toujours interdit pendant la Seconde Guerre mondiale. Comme dans d'autres pays, l'essence est alors rationnée. Deux entreprises sont mandatées par les autorités pour fabriquer un complément à l'essence dans le but de limiter les importations et d'économiser la benzine. Les carburants de remplacement liquides sont complétés par de la paraldéhyde et de l'alcool provenant du bois de forêts suisses.[39] Concédé comme un mal nécessaire par les milieux pro-automobiles pendant les années de privation, le mélange indigène suisse est décrié dès 1946. On l'accuse – parfois à tort[40] – d'entraîner des dysfonctionnements dans le moteur. En réalité, ce que les acteurs pro-automobiles ne peuvent accepter, c'est son prix. En Suisse, le prix à la colonne en 1948 est toujours un tiers plus cher que dans les dernières années d'avant-guerre, ce qui légitime cet argument.[41] Or, et cela est peu connu, ces additifs remplissent précisément pendant la guerre le rôle que joue le PTE encore interdit en Suisse: ils permettent l'augmentation de l'indice d'octane.[42] L'introduction de l'essence plombée est ainsi liée de près aux efforts pour abolir le mélange *made in Switzerland.*

37 Breu [et al.], Vom Tiger im Tank, p. 203; Kitman, L'histoire secrète du plomb.

38 Joseph Borkin, Die unheilige Allianz der I.G. Farben: eine Interessengemeinschaft im Dritten Reich, Frankfurt a.M. 1990.

39 Hochuli, Die Entwicklung des schweizerischen Benzinmarktes, p. 29–30. Voir aussi: Regula Bochsler, Nylon und Napalm: Die Geschäfte der Emser Werke und ihres Gründers Werner Oswald, Zürich 2022.

40 Des incidents avaient eu lieu durant l'été 1946. En fait, il s'agissait non d'un problème de l'additif mais de la proportion essence-alcool: Archives du TCS, Genève, boîte 175, 1947, dossiers et correspondance, conférences. Problèmes actuels du trafic routier, Conférence à Fribourg, 5 mai 1947.

41 Hochuli, Die Entwicklung des schweizerischen Benzinmarktes, p. 98–99.

42 On pourra utiliser de la benzine éthylisée, in: Touring, 17 avril 1947.

En 1946, la Fédération routière suisse (FRS), faîtière des principales associations de défense des automobilistes, dont la plus importante, le Touring Club Suisse, déclare la guerre à ce mélange, qualifié de «misérable cocktail fédéral».[43] La FRS cherche un moyen de «rendre inutile le mélange indigène»[44] et propose en 1946 aux autorités fédérales la levée de l'interdiction de l'essence éthylée, l'essence au plomb. La Section de la production d'énergie et de chaleur de l'Office de guerre pour l'industrie et le travail va dans le sens de la FRS: en 1946, l'alimentation de la Suisse en essence non plombée, en qualité et quantité suffisante, est menacée vu l'importance grandissante de l'essence plombée sur le marché,[45] et les trois premières entreprises importatrices en Suisse, Standard, Shell et BP font la promotion de l'essence plombée.[46] En 1947, le Département de l'Intérieur nomme une première «Commission pour la benzine éthylée» pour étudier les modalités de son introduction sur le marché suisse. La commission est composée principalement de responsables militaires, d'ingénieurs, du directeur de Carbura – l'organisation semi-étatique d'entraide importatrice de carburants – et d'un seul médecin – le Dr Dettling. Sur la base de son travail, le Conseil fédéral décide la levée de son interdiction en quelques minutes, le 17 avril 1947.[47]

Cette décision suscite des réactions. Le journal satirique *Nebelspalter* publie des caricatures, l'une d'elles représentant un lapin coiffé d'un bonnet traditionnel suisse, une allusion aux «Versuchkanninchen», l'équivalent en allemand de cobayes pour pointer le caractère expérimental et dangereux de cette décision.[48] Le Département de l'Intérieur complète alors cette ordonnance d'une série de recommandations liées à la manutention du nouveau carburant. Il forme une deuxième commission à la composition quasi

43 Touring, 22 mai 1947.

44 Archives du TCS, Genève, boîte 149. Protokoll der 17. Sitzung des Direktionssausschusses der FRS, 9 mai 1946.

45 Breu [et al.], Bleibenzin – eine schwere Geschichte, p. 121.

46 Hochuli, Die Entwicklung des schweizerischen Benzinmarktes.

47 Rapport du Conseil fédéral sur sa gestion en 1947, p. 180.

48 Benzin mit Blei-Tetraäthyl, Caricature de Carl Böckli, 29 mai 1947. https://digicopy.afz.ethz.ch/?&guid=8575114b0c374e6db3d675a1272d71e1 (30.5.2022).

identique à la première pour observer les répercussions sanitaires sur la santé publique dans les deux ans à venir.[49]

Les arguments en faveur du plomb sont portés dans la presse ainsi que dans les publications adressées aux automobilistes par les membres de la commission (le Dr Dettling et l'ingénieur Dr Schlaepfer). Ils insistent sur le premier danger, l'empoisonnement par contact direct alors que le second danger, celui de l'intoxication à long terme est, lui, minimisé. On met en avant l'inéluctabilité technique: la Suisse n'aurait plus le choix et est jugée en retard sur les autres pays motorisés. L'argument du prix est central.[50] Autre point évoqué en faveur du PTE, y compris par les responsables politiques: il est déjà utilisé dans d'autres pays, où aucune «influence néfaste» ne serait observée.[51]

Du côté des opposants, c'est justement l'incertitude qui est pointée du doigt. En juin 1947, le conseiller national Leupin, un démocrate de Bâle-Campagne et professeur de pharmacologie, dépose une interpellation auprès du Conseil fédéral lui demandant des renseignements sur les motifs de cette décision face aux inquiétudes dans la presse, des médecins praticiens et parmi les gens du métier.[52] L'interpellation de Leupin, soutenue par une douzaine de parlementaires, identifie déjà clairement la logique de légitimation du poison par les politiques ainsi que le rôle des lobbys. Le député parle de «Giftpolitik» (politique empoisonnée) qui «ne devrait pas laisser indifférents les parlementaires».[53] Il insiste surtout sur le deuxième danger, celui de l'empoisonnement chronique au plomb via l'inhalation et mentionne des effets cliniques en bonne partie vérifiés par la suite. Il s'emporte contre le fait

49 AFS, E3300C#1993/154#66*, Direktor Dr. A. Sauter: Eidg. Bleibenzinskommission; AFS, E5001F#1968/100#11*, Eidg. Bleibenzinkommission.

50 À la veille de l'entrée en scène de l'essence éthylisée. Le rapport décisif du professeur P. Schlaepfer, chef du Laboratoire fédéral d'essai des matériaux, in: Touring, 24 avril 1947; Der Bund, 1er juin 1947; Depuis le 1er juillet. Le nouveau carburant rouge aux colonnes d'essence. Ses caractéristiques, ses avantages, ses dangers, in: Touring, 10 juillet 1947; La Liberté, 2 juillet 1947; La Nouvelle revue de Lausanne, 16 juillet 1947.

51 Touring, 24 avril 1947.

52 Procès-verbaux de l'Assemblée fédérale, Conseil national, séance du 19 juin 1947, p. 747–748 (notre traduction).

53 *Idem.*

que les autorités suisses s'appuient sur des études issues du «trust intéressé d'Ethyl Gazoline Corporation». Pour terminer, le parlementaire en appelle au sens de la responsabilité des décideurs envers les générations futures pour renoncer à sa décision. La réponse du président de la Confédération Philipp Etter balaie l'argument de Leupin qui dénonçait le caractère partisan des recherches américaines. Etter évoque alors les conclusions d'autres études anglaises et garantit que l'affaire est suivie par la commission de manière «neutre». Leupin ne se déclare pas satisfait, accuse les autorités de prendre la population suisse pour des rats de laboratoire et rappelle le caractère exponentiel que ces émissions vont prendre.[54]

À mi-chemin entre les pro et anti-plomb, entre minimisation et dénonciation, on trouve un discours fataliste à l'exemple de la *Revue automobile*,[55] dont on pouvait attendre un alignement sur les organisations de défense des automobilistes.[56] Ses contributeurs reconnaissent l'existence des deux dangers. Ils vilipendent les «enthousiastes» qui «tentent de ridiculiser les soucis de nos hygiénistes» et se veulent pragmatiques:

> [L]e progrès exige certains sacrifices [...]. Les automobilistes auront en général, un meilleur rendement de leur moteur [...]. Faisons honnêtement, impartialement, scientifiquement, l'essai des deux ans prévu [...]. Wait and see! [...] Si nous devions payer trop cher les bienfaits techniques du plomb... Alors tant pis, remplaçons-le par autre chose.[57]

Ce point de vue nous mène à quelques réflexions intermédiaires concernant ce revirement de 1947 à l'aune de notre question initiale portant sur l'acceptation politique de ce toxique. L'opposition parlementaire ne sera pas

---

54 Plusieurs parlementaires (essentiellement chrétiens) se rallient à Leupin en insistant sur la nécessité de lutter «de manière préventive contre ces dangers» (Paul Zigerli, parti évangelique suisse, Zurich). Procès-verbaux de l'Assemblée fédérale, Conseil national, 4 décembre 1947; Au Conseil national, in: Journal de Genève, 5 décembre 1947.

55 Journal suisse de l'automobiliste, Organe central de l'Automobilisme et des Intérêts généraux de la Circulation.

56 Il se peut que cette nuance soit liée au lectorat cible de la revue qui s'adresse plutôt aux professionnels (garagistes, mécaniciens etc.), potentiels impactés, qu'aux automobilistes.

57 La nouvelle essence, in: La Revue automobile, 10 juillet 1947.

écoutée par les autorités. Il faudra en outre attendre 13 ans pour que la commission publie son rapport qui conclut qu'une interdiction n'est pas nécessaire.[58] Pourquoi cet échec? Le lobby automobile, mené par la Fédération routière, argue que ce passage au plomb est inévitable en termes technique et économique. Nous sommes ici en présence d'une politique du fait accompli où la commission agit comme outil permettant de gouverner les critiques. Leupin en a bien conscience: en deux ans, la commission ne peut mesurer les effets, invisibles les premières années. En outre, le processus de fabrique du doute est cette fois bien en marche. Le président de la Confédération se réfugie derrière des études financées par l'industrie pétrochimique. C'est la fin de l'«Alleingang» de la Suisse, dernier pays à interdire le mélange jusqu'à cette acceptation de 1947. Aurait-il pu en être autrement? La Suisse aurait pu, techniquement, continuer à utiliser son mélange maison mais au prix sans doute d'une déforestation massive et d'un prix de l'essence à la pompe beaucoup plus onéreux que dans les pays voisins. Force est de constater que le choix, face à la pression des pétroliers et du porte-monnaie des automobilistes, n'existait pas vraiment. Les autorités se retrouvaient dans une situation typique de verrou économico-technique.[59]

Les voix inaudibles (1947–1971)

L'additif toxique PTE est donc, dans l'après-guerre, considéré comme une évidence technique et économique à la fois par les autorités politiques et les acteurs des milieux automobiles. Les dangers de son utilisation sont minimisés par les chercheurs les plus renommés. Pourtant, même durant ces années-là, des voix critiques continuent de s'élever alors que le nombre d'autos privées explose dans les sociétés occidentales. Les risques liés à

58 Ueli Haefeli, Luftreinhaltepolitik im Strassenverkehr in den USA, in Deutschland und in der Schweiz. Ein Vergleich der Entwicklung nach 1945, in: Christoph Maria Merki, Hans-Ulrich Schiedt (dir.), Strasse und Strassenverkehr / Routes et circulation routière, traverse. Zeitschrift für Geschichte 6/2, (1999), p. 171–191.

59 Tiphaine Robert, Political Acceptance of Dangerous Technology: The Example of Leaded Petrol through the Case Study of Switzerland (1921–1970), in: Environment and History, Ahead of Print, doi: 10.3828/whp.eh.63830915903593.

l'additif du plomb sont sous-estimés par les autorités. Pourquoi ce déni, malgré la conscience du péril en cours dans certains milieux scientifiques? Comment expliquer l'impuissance de ces voix face à la contamination généralisée au plomb?

On l'a vu, une commission de contrôle avait été mandatée par le Conseil fédéral pour observer les effets de l'introduction de l'essence plombée en Suisse. Deux ans plus tard, en 1949, le mandat de la commission est renouvelé sans qu'elle produise de rapport, «les recherches n'[ayant] pas donné de résultat clair», se dédouane-t-elle alors.[60] En 1953, un rapport intermédiaire conclut qu'il n'y a pas de «dangers significatifs à craindre pour la population».[61] Cette étude portant sur la présence de particules de plomb dans les aliments se veut rassurante et comporte des biais étayés par des recherches ultérieures.[62]

En dehors des cercles scientifiques organiques à la Confédération, des études de médecins praticiens suisses dénoncent l'omniprésence du plomb dans l'air et les corps et ses conséquences cliniques.[63] Dès les années 1950, on assiste à une forme de concurrence entre les médecins de la Commission fédérale de l'hygiène de l'air – ou plutôt son président, le Dr Högger, qui édulcore les conclusions de ses collaborateurs dans les rapports; et les lanceurs d'alertes «outsiders» comme le Dr Fatzer, militant de la première heure contre l'essence plombée et qui refusera d'ailleurs d'intégrer la commission, ou le Dr Cramer à Genève, qui en appelle en 1964 à l'interdic-

60 AFS, E7310 A#1973/117#203*, Protokoll über die Sitzung des Carbura Vorstandes, 9 juin 1949.

61 AFS, E3300C#1993/154#66*, Direktor Dr. A. Sauter: Eidg. Bleibenzinskommission: Untersuchung über die Verunreinigungen mit Bleiverbindungen, hervorgerufen durch die Verwendung bleitetraäthylhaltiger Motofahrzeug-Treibstoffe, 30 octobre 1953.

62 Pour les détails: Alexandre Elsig, Tiphaine Robert, Le diable est dans la dose. Bataille d'experts autour du plomb dans l'essence en 1971, in: traverse. Revue d'histoire 31/1 (2024), p. 110–117.

63 Theodor Bersin, Bleihaltige Treibstoff-Abgasegifte, in: Medizinische Neuheiten: Monatschrift der Firma Laboratorien Hausmann AG (Sankt Gallen) 63/4, (1957), p. 53–60; R. Fatzer, Anzeichen von Bleivergiftung?, in: Schweizerische Medizinische Wochenschrift 27/5 (1953); L. Jecklin, Zur Bestimmung des Bleigehaltes in Bleibenzin, in: Separatabdruck aus Leben und Umwelt 12 (1956), p. 198–201.

tion pure et simple «quels que soient les intérêts en cause, même s'ils sont pétroliers».[64]

Ces inquiétudes ont même été portées au niveau parlementaire. En 1955, huit ans après l'introduction de l'essence plombée et l'intervention de Leupin, un autre conseiller national, le député zurichois indépendant Alois Grendelmeier, dépose un postulat sur la benzine éthylée, soutenu par une vingtaine de parlementaires. Il demande au Conseil fédéral s'il «n'estime pas» que vu l'augmentation de la circulation, il y a «une menace pour la santé publique».[65] Il demande que des experts neutres soient chargés d'étudier les effets de la benzine sur la santé, la publication d'un rapport ainsi que des mesures en fonction de leurs recommandations. Dans son argumentaire, le député met en avant la «souffrance de la population» qui n'a «pas d'autre choix que de vivre dans cet air». Il relève qu'à peu près 1 milliard de litres d'essence sont consommés chaque année en Suisse, ce qui signifie quelque 250 000 kilos de sels de plomb brûlés par année. Le député signale l'unanimité parmi les médecins qui confirment les prédictions d'Heinrich Zangger dans les années 1920. Grendelmeier regrette le caractère bureaucratique, éloigné du terrain, de la commission et l'absence de médecins praticiens «qui portent attention à la vie et aux souffrances de la population». Comme face à Leupin huit ans plus tôt, Philipp Etter justifie sa politique de tolérance face au plomb par l'argument technique. Il s'appuie à nouveau sur les dires du Dr Dettling, sur le fait que tous les autres pays s'y sont mis et les résultats intermédiaires rassurants de la commission (qui s'appuient sur les recherches de Kehoe). L'ironie est qu'Etter accepte le postulat de Grendelmeier justement parce que la commission n'a pas encore publié ses résultats, signe que le Conseil fédéral prendrait en compte les inquiétudes exprimées.[66]

Notons que les milieux de défense de l'automobile occultent ce débat dans les années 1950. À cette époque, le TCS prend une envergure inédite et vu l'absence de constructeurs en Suisse, il représente un véritable levier de la

64 Dr Cramer, La Suisse, [s.d.], cité dans: Une grave question. Le plomb menace-t-il la santé publique?, in: Touring, 13 février 1964.

65 Procès-verbaux de l'Assemblée fédérale, séance du 28 septembre 1955, dès p. 242.

66 *Idem.* Voir aussi : Von Flüssigkeiten aller Art, in: Die Tat, 30 septembre 1955 (notre traduction des extraits cités).

motorisation et participe à l'acceptation des nuisances du trafic motorisé. Les prestations de service (dépannage, etc.) qu'il offre dopent le nombre de ses sociétaires,[67] ce qui confie à ce groupe de pression une reconnaissance auprès des autorités.[68] Il jouit également d'une certaine emprise sur la presse. En témoigne l'invitation de journalistes, tous frais payés, à des visites d'infrastructures autoroutières en Europe. Vu son rôle prépondérant dans l'expertise routière, on peut se demander si l'occultation des dégâts sanitaires par ses soins ne biaise pas le débat. Au cours des années 1960, la presse des associations de défense des automobilistes commence à aborder les questions de la pollution au PTE. Elle tend à la minimiser, voire à la nier,[69] même si certains articles se prononcent contre l'additif plombé, témoignant du rôle ambivalent des associations pro-automobiles, qui défendent à la fois l'industrie et les consommateurs.[70] Nous devons également relever le poids grandissant des études de Kehoe. Dans l'après-guerre, il devient une sorte de porte-parole du camp des défenseurs du plomb. Lorsque des États, à l'instar de la Suède en 1946, s'inquiètent des conséquences de l'utilisation massive de l'essence plombée et portent leurs inquiétudes au BIT, Kehoe intervient directement auprès des instances sanitaires nationales.[71] En Suisse, on perçoit cette influence grandissante dans les rapports intermédiaires de la Commission pour la benzine éthylée, puis dans la Commission pour l'hygiène de l'air dès 1961 et dans la définition du seuil limite. En Suisse, il sera très progressivement abaissé de 630 milligrammes par litre en 1947 à 150

67 Un demi-million de personnes en 1969: Touring, 2 janvier 1969.

68 André Mach, Groupes d'intérêt et pouvoir politique, Lausanne 2015, p. 37.

69 Par exemple en parlant de «prétendue pollution dangereuse de l'atmosphère»: Les problèmes du plomb et de l'oxyde de carbone dans les gaz d'échappement, in: Touring, 10 avril 1969.

70 Une grave question. Le plomb menace-t-il la santé publique?, in: Touring, 13 février 1964; Le conducteur est-il toujours un meurtrier?, in: Touring, 8 mars 1973; Diminution de la teneur en plomb de l'essence. Problèmes et contradictions, in: Touring, 17 mars 1977; Les effets sur l'homme des gaz d'échappement des moteurs, in: Touring, 30 juin 1977.

71 Archives du BIT: File Number: 24-2-1-1; Position 52, Jacket 1; 1946–1959. Lettre de D. Vaage, 30 octobre 1946; réponse de National Safety control, 15 novembre 1946 (F. A. Van Atta, Industrial Hygienist), Chicago.

milligrammes pour l'essence normale en 1984. Au moment où Grendelmeier tente d'alerter les autorités, il est toujours à 630, et ce n'est qu'en 1971 qu'il sera abaissé à 540 milligrammes.[72]

Lutter contre des mobilisations citoyennes plutôt que contre le poison (1971–1977)

Même si, comme on l'a vu, l'utilisation de l'essence plombée ainsi que les méthodes de Kehoe ont toujours été dénoncées par de nombreux scientifiques, c'est à la fin des années 1960 que le géochimiste Clair Patterson (1922–1995) parvient à démontrer le biais principal des recherches de Kehoe: ses groupes de contrôle, à la plomburie considérée comme normale, sont en réalité porteurs d'un taux déjà élevé.[73] Ces découvertes et le lent processus de délégitimation des études de Kehoe facilitent la déplombisation progressive de l'essence dès les années 1970, du moins pour les pays occidentaux. En Suisse, les politiques reconnaissent la nécessité sanitaire de réduire la teneur en plomb, sans pour autant adopter une attitude volontariste. La limite de plomb est fixée à 540 milligrammes par litre pour la benzine standard et à 570 pour la benzine dite «Super», ce qui correspond de fait au *statu quo* puisque ce sont les valeurs que l'on retrouve en moyenne dans les citernes des stations essence à cette époque.[74] En 1974 à nouveau, les normes sont abaissées à 400 milligrammes par litre en suivant l'évolution qui a déjà eu lieu dans la pratique.

La question du plomb dans l'essence, de même que celle de nombreux autres composants néfastes pour la santé publique que contiennent les émissions automobiles, vont néanmoins devenir des sujets politiques de plus en plus saillants. Cette repolitisation résulte notamment de la visibilisation croissante des externalités négatives liées à l'automobile, dont le nombre a explosé depuis l'après-guerre. Aux États-Unis, la ville de Los Angeles est par

72 AFS, E3300C#1996/290#623*, Reduktion des Bleigehalts im Motorenbenzin «unverbleit» 1983–1985.

73 Markowitz, Rosner, Deceit and Denial, p. 111–114; Kitman, p. 80–81; Warren, Brush with Death, p. 214; Jarrige, Le Roux, La Contamination du monde, p. 310.

74 Breu [et al.], Vom Tiger im Tank, p. 205.

exemple victime de plusieurs épisodes de smogs importants qui poussent l’État de Californie à prendre des mesures de limitation des polluants dès les années 1960, suivie par des normes fédérales introduites dans le Clean Air Act de 1970. Cette législation fait des États-Unis le pays pionnier en la matière, dont les valeurs limites fixées sont rapidement discutées dans les pays européens et au sein de la Commission économique pour l’Europe des Nations-Unies (UNECE). En outre, les voix des scientifiques qui dénonçaient depuis longtemps les effets délétères du plomb et d’autres gaz toxiques d’échappement se voient renforcées par les mouvements sociaux. Lors des manifestations de masse de la Journée de la Terre en avril 1970, la voiture est pointée du doigt comme l’ennemi numéro un.[75] En Suisse, des organisations militantes nouvellement créées au début de la décennie, comme la Société suisse pour la protection de l’environnement, demandent une réduction drastique de la teneur en plomb dans l’essence et d’autres toxiques dans les émissions automobiles comme les oxydes d’azote (NO_x) et le monoxyde de carbone (CO).[76] Pour montrer qu’il se saisit du sujet, le Département fédéral de l’intérieur crée en 1974 l’«Arbeitsgruppe für Fragen des Motorenbenzins» afin de documenter la concentration en plomb dans les régions fortement urbanisées et dans le sang des habitants.[77] Les organisations environnementales et une partie croissante de la population considèrent néanmoins que le moment de la documentation est révolu et qu’il est grand temps de passer à l’action. Pour ce faire, les cercles militants vont tirer profit des spécificités institutionnelles helvétiques.

L’initiative populaire qui permet à n’importe quel groupe de citoyen.nes de porter un objet en votation du moment où il récolte 100 000 signatures (50 000 en 1970), confère aux mouvements environnementaux une porte d’entrée directe pour faire entendre leur voix au niveau politique. Cette possibilité est utilisée à plusieurs reprises dans les années 1970 afin de susciter un débat public sur les externalités liées au trafic routier, de changer les normes réglementaires ou encore de rendre la planification des autoroutes

75 Adam Rome, The Genius of Earth Day. How a 1970 Teach-In Unexpectedly Made the First Green Generation, New York 2014.

76 Breu [et al.], Vom Tiger im Tank, p. 209.

77 *Ibid*, p. 205.

plus démocratique. En particulier, l'initiative «Contre la pollution atmosphérique causée par les véhicules à moteur», dite initiative Albatros, lancée en 1973 par un collectif nommé «Arbeitsgruppe saubere Schweiz», vise à appliquer les normes d'émissions en vigueur aux États-Unis en 1978. Bien que l'initiative ne prévoie pas de valeur limite pour le plomb, son introduction impliquerait de facto de commercialiser des automobiles équipées de catalyseurs à trois voies comme aux États-Unis et au Japon, et dont le fonctionnement requiert de l'essence sans plomb. Le manque d'approvisionnement en essence sans plomb engendre ainsi un verrou technique rendant l'abaissement des normes d'émissions automobiles irréaliste.

La question du plomb empoisonne donc les débats sur les normes d'émissions. Si suite à de nombreuses publications scientifiques, il demeure peu de place pour le doute quant aux problèmes sanitaires liés à la diffusion de l'essence au plomb, certains groupes d'intérêts opposés à des normes d'émissions plus ambitieuses n'hésitent pas à argumenter que les preuves scientifiques de toxicité sont toujours insuffisantes. Ainsi, lors d'auditions organisées par la commission parlementaire chargée d'étudier l'initiative Albatros, sont invités comme experts les directeurs de l'entreprise de camion Saurer et de General Motors Suisse SA, ainsi que des représentants de l'Union professionnelle suisse de l'automobile et de la Chambre syndicale de l'automobile. Leur parole s'oppose alors à celle des représentants issus du comité d'initiative et de la Société suisse pour la protection de l'environnement.[78] Désabusée par ce processus d'audition, Liselotte Spreng, une parlementaire, médecin de profession et membre du Parti radical démocratique suisse,[79] fait l'observation suivante:

> Hier, j'ai retiré une impression très mitigée des experts. J'ai relevé de graves contradictions et des hésitations. Les uns ont dit qu'il en coûterait des millions pour

78 AFS, E3360 A#1988/98#596*, Commission du Conseil national chargée d'examiner le message concernant l'initiative populaire contre la pollution atmosphérique causée par les véhicules à moteur, du 8 septembre 1976, Séance du 12–13 novembre 1976.

79 Base de données des élites suisses, Université de Lausanne, https://www2.unil.ch/elitessuisses/personne.php?id=55194 (5.9.2023).

> réduire la teneur de l'essence en plomb, les autres, que les difficultés n'étaient pas insurmontables. On a même prétendu que le plomb n'était pas toxique![80]

Une autre de ses collègues, la conseillère nationale genevoise Monique Bauer-Lagier, membre du parti libéral,[81] regrette également la relativisation des enjeux de santé publique face aux intérêts économiques, soulignant:

> Les mesures promises sont sans cesse remises à plus tard, pour des raisons économiques. [...] On sous-estime les coûts sociaux résultant des maladies de la civilisation; il serait temps de les prendre également en considération. Notre population a l'impression qu'on donne toujours la priorité à certains groupes importants disposant de moyens financiers considérables.[82]

Les interventions de ces deux parlementaires féminines sont intéressantes, car celles-ci portent un regard neuf sur la construction de l'expertise environnementale au sein des commissions parlementaires. En effet, elles font partie de la première génération de parlementaires suisses élues, les femmes ayant obtenu le droit de vote et d'éligibilité au niveau fédéral en 1971 seulement. Bien que de droite, elles notent de manière limpide l'importance accordée aux groupes d'intérêts économiques, dont les articles économiques inscrits dans la Constitution en 1947 prévoient la consultation systématique. Dans le système de consultation à la suisse, et y compris dans le domaine environnemental, c'est donc l'intérêt qui fait l'expert, sans qu'il n'y ait de hiérarchisation entre buts économiques et buts de santé publique, ni poids particulier accordé aux experts scientifiques.

80 AFS, E3360 A#1988/98#596*, Liselotte Spreng, Commission du Conseil national chargée d'examiner le message concernant l'initiative populaire contre la pollution atmosphérique causée par les véhicules à moteur, du 8 septembre 1976, Séance du 12–13 novembre 1976.

81 Base de données des élites suisses, Université de Lausanne, https://www2.unil.ch/elitessuisses/personne.php?id=55133 (9.9.2023).

82 AFS, E3360 A#1988/98#596*, Monique Bauer-Lagier, Commission du Conseil national chargée d'examiner le message concernant l'initiative populaire contre la pollution atmosphérique causée par les véhicules à moteur, du 8 septembre 1976, Séance du 12–13 novembre 1976.

Pour contrer l'initiative Albatros, le Conseil fédéral propose ses propres mesures de réduction d'émissions pour 1982, en suivant un calendrier moins ambitieux. Sa feuille de route prévoit néanmoins l'introduction de normes plus contraignantes que celles en vigueur dans la plupart des pays européens qui résultent d'un règlement développé au sein de la Commission économique pour l'Europe des Nations-Unies (UNECE) et adopté en directive communautaire par les membres de la Communauté économique européenne (CEE). Le plan du Conseil fédéral prévoit en outre une réduction de la teneur en plomb de l'essence à 150 milligrammes par litres, alors que les normes pour la super demeurent inchangées depuis 1974 à 400 milligrammes. Le Département fédéral de l'intérieur invite une fois de plus à «prendre en compte, outre les aspects toxicologiques et écologiques, ceux liés à la technologie des moteurs et du raffinage, ainsi que les interdépendances en matière d'approvisionnement, d'économie et de politique commerciale.»[83] Les chambres, les départements fédéraux concernés, de même que les groupements économiques se rallient finalement derrière le plan du Conseil fédéral, car il n'est qu'une feuille de route sans obligations contraignantes et il permet de couper l'herbe sous les pieds à l'initiative Albatros.

Durant la campagne politique en vue de la votation, le Conseiller fédéral Kurt Furgler s'engage publiquement à faire respecter le plan de réduction des émissions du Conseil fédéral, critiquant les délais jugés irréalistes de l'initiative Albatros et soulignant la nécessité pour la Suisse d'agir de concert avec ses voisins européens. En matière de rhétorique, on oppose l'extrémisme et l'émotivité supposés des défenseurs de l'environnement à la raison, au pragmatisme et à la mesure associés à l'attitude des autorités. Les lobbys automobiles capitalisent quant à eux sur le contexte de crise industrielle pour souligner les impacts potentiels sur l'emploi et le commerce. L'Union pétrolière (UP) ainsi que la Fédération d'importateurs suisses indépendants en produits pétroliers (AVIA) mettent en garde contre l'implémentation de normes ambitieuses qui nécessiterait une réduction de la teneur en plomb à

83 Archiv für Zeitgeschichte (=AfZ), IB Vorort-Archiv, 117.3.1. Eidgenössisches Departement des Innern, an die Empfänger des Berichtes Motorbenzin und Umwelt unter besondere Berücksichtigung des Bleiproblems, 3 mars 1977.

même de créer des difficultés d'approvisionnement.[84] Du côté des usagers, le TCS souligne la diminution du choix pour les consommateurs ainsi que les augmentations probables du prix des voitures neuves. Les milieux automobiles critiquent également «l'idéalisme naïf» et «l'émotivité populaire», appelant leurs membres par le biais de l'*Auto Magazine,* à se «préparer courageusement à une bataille sans merci dans le pire des cas, ou à un compromis à l'amiable, style helvétique, dans le meilleur».[85] L'initiative est finalement rejetée par 61,9 % des citoyens et citoyennes qui se sont rendu.es aux urnes. Néanmoins, une étude a posteriori sur les motivations des votants souligne que ceux-ci étaient majoritairement convaincus du bien-fondé d'introduire de nouvelles normes d'émissions, mais faisaient confiance aux autorités politiques pour prendre les mesures appropriées dans le laps de temps promis.[86]

La décennie des années 1970 se caractérise donc par une pression accrue de la société civile pour diminuer les rejets de substances toxiques liées à l'utilisation de l'automobile. L'initiative populaire, propre au système politique suisse, permet de placer la question des émissions automobiles au cœur des débats politiques, ce qui force le Conseil fédéral à sortir de sa léthargie exécutive qui avait marqué l'après-guerre. Néanmoins, comme le veut l'institutionnalisation des procédures de consultation en Suisse, les groupes d'intérêt liés à l'industrie automobile sont auditionnés comme experts par les chambres et leur voix contrebalance celle des scientifiques et des associations écologistes. Les politiques se rallient finalement à une voie médiane, ou pour reprendre les mots de l'*Auto Magazine* à «un compromis à l'amiable style helvétique», à savoir la feuille de route du Conseil fédéral. Le Conseil fédéral compte alors sur une solution multilatérale au niveau européen et sur la bonne volonté des importateurs de pétrole, qui se sont prononcés en faveur de son plan durant la campagne autour de l'initiative Albatros. Or, comme le

84 AfZ, IB Vorort-Archiv, 117.3.1. Erdölvereinigung, Herabsetzung des Bleigehaltes im Normalbenzin; Änderung der Verordnung über verbotene giftige Stoffe, Art.2a, an die Eidg. Departement des Innern, 5 août 1977.

85 AfZ, IB wf-Archiv II/7525, Mappe 1. Oskar Böhni, Du plomb dans l'aile, Sortons de notre réserve, Auto, Nr. 9, 1977.

86 AFS, E3363 A#2006/82#244*, Centre de recherche politique en Suisse, Université de Berne, Analyse des votations fédérales du 25 septembre 1977, p. 5.

montre la partie suivante, les intérêts automobiles et commerciaux vont se manifester tant au niveau suisse qu'international et contribuer à diluer les mesures envisagées dans la feuille de route et retarder l'introduction de l'essence sans plomb en Suisse et en Europe.

Faire sauter le verrou : un chemin semé d'embûches (1978–2000)

Dès le rejet de l'initiative Albatros, la balle se trouve dans le camp du Conseil fédéral qui, pour honorer ses promesses faites durant la campagne, se doit de suivre son plan de réduction des émissions et pour ce faire, assurer à moyen terme l'approvisionnement en essence sans plomb. Une baisse de la teneur en plomb généralisée à 150 milligrammes par litre d'essence est également préconisée dans un rapport établi par l'«Arbeitsgruppe für Fragen des Motorenbenzins» qui avait été mandaté pour étudier la question. La «motion Früh» qui est acceptée par les deux chambres du parlement, demande également l'introduction généralisée de cette limite pour 1978.[87] Sensible aux arguments de l'industrie pétrolière, le Conseil fédéral opte néanmoins pour une politique des petits pas, avec un abaissement en 1978 de la limite de la teneur en plomb à 150 milligrammes par litre pour la benzine dite «Normale» alors que la limite pour la «Super», qui représente pourtant près des deux tiers des ventes, demeure inchangée à 400 milligrammes. L'AVIA justifie ce délai supplémentaire du fait que «la réduction de la teneur en plomb dans l'essence dans les pays voisins – qui sont les principales sources d'approvisionnement pour la Suisse – prend plus de temps que prévu» et met en garde contre une situation monopoliste et une augmentation des prix en cas de «Sonderfall» helvétique.[88] En 1978, la République fédérale d'Allemagne, pays le plus avancé en Europe sur la régulation du plomb, compte pour seulement 8,6 % des importations d'essence suisses. En outre, l'Union pétrolière, dans ses échanges avec le Département fédéral de l'intérieur,

87 AFS, E3363 A#2006/82#244, Motion de la commission du conseil national (Commission), pollution de l'air par les véhicules à moteur, 8 mars 1977.

88 AfZ, IB Vorort-Archiv, 117.3.1. AVIA, Herabsetzung des Bleigehaltes im Superbenzin, an den Vorort des SHIV, 2 octobre 1978.

évoque la révolution iranienne et le deuxième choc pétrolier pour appeler à la prudence.[89] Otto Niederhauser, délégué à l'approvisionnement économique du pays en cas de guerre et directeur de la multinationale Ciba-Geigy, souligne également auprès du Conseil fédéral que le timing est «particulièrement inopportun», tout en précisant qu'il serait «le premier à recommander l'abaissement de la teneur en plomb de l'essence super au moment où cette décision pourra être prise sans affaiblir les possibilités d'approvisionnement du pays, c'est-à-dire lorsqu'une telle mesure entrera en vigueur en harmonie avec nos fournisseurs principaux, spécialement avec ceux de la Communauté économique européenne.»[90]

La lenteur du Conseil fédéral laisse néanmoins de plus en plus sceptique. Au-delà des mouvements écologistes, même l'Union suisse du commerce et de l'industrie et le Parti Radical questionnent le laps de temps prévu pour l'abaissement à 150 milligrammes pour la Super, annoncé seulement pour 1982.[91] Comme l'expliquent Mosiman et al., cette décision mène alors à un fiasco en matière de gouvernance environnementale, puisqu'elle a comme effet de renchérir la benzine Normale au profit de la Super plus polluante, sans diminution notable des émissions de plomb.[92] En outre, il est autorisé que la benzine dépasse ces limites dans les stocks obligatoires de réserve servant à assurer l'approvisionnement du pays, stocks qui *in fine*, sont

89 AfZ, IB Vorort-Archiv, 117.3.1. Erdöl-Vereinigung, Herabsetzung des Bleigehaltes im Superbenzin; Änderung der Verordnung vom 23. Dezember 1971 über verbotene giftige Stoffe, Art. 2a, an das Eidg. Departement des Innern, 15 février 1979.

90 AFS, E7115 A#1990/60#70*, Otto Niederhauser, Le délégué à la défense nationale économique, Diminution de la teneur en plomb de l'essence super / modification de l'article 2a de l'ordonnance du 23 décembre 1971 sur l'interdiction des substances toxiques, à M. Hans Hürlimann, Président de la Confédération, Chef du Département fédéral de l'intérieur, 28 mai 1979.

91 AfZ, IB Vorort-Archiv, 117.3.1. B. Wehrli, F. Ebner, Vorort des SHIV, Herabsetzung des Bleigehaltes im Superbenzin; Aenderung der Verordnung über Verbotene giftige Stoffe, Art. 2a, 1 août 1978; Chr. Beusch, Presseinformation an den Vorort des SHIV, 2 octobre 1978.

92 Breu [et al.], Vom Tiger im Tank, p. 206.

utilisés et contribuent à ce que les taux de plomb en pompe ne s'abaissent pas conformément aux normes édictées.[93]

En ce qui concerne la réduction des émissions automobiles après le rejet de l'initiative Albatros de 1977, le Conseil fédéral espère encore pouvoir agir de concert avec ses voisins européens au sein de la Commission économique pour l'Europe des Nations Unies (UNECE) en vue d'abaisser les normes d'émissions et d'introduire l'essence sans plomb qui permettrait l'utilisation de la technologie nécessaire. Les constructeurs automobiles italiens, britanniques et français font pression sur leur gouvernement respectif pour bloquer toutes tentatives de réduire les émissions en Europe, car contrairement aux industries allemande et suédoise qui exportent massivement aux États-Unis, ils ne maîtrisent guère la technologie du catalyseur à trois voies.[94] Toute solution multilatérale apparaît donc hors de portée, si bien qu'en vertu des promesses réitérées, le Conseil fédéral se voit contraint d'annoncer en 1979 la résiliation de la participation suisse au règlement onusien et d'adopter de nouvelles normes de manière unilatérale pour 1982. Cet «Alleingang» fera par la suite l'objet de luttes politiques renouvelées.

Comme prévu par la Constitution suisse, les groupes intéressés, et donc en première ligne les importateurs de voitures et de pétrole, sont consultés au sujet de l'implémentation de la feuille de route du Conseil fédéral pour 1982. Ceux qui avaient soutenu que ce plan était raisonnable et réaliste face à l'initiative Albatros, retournent rapidement leur veste en soulignant à nouveau les problèmes commerciaux et d'approvisionnement potentiels pour remettre en question le calendrier envisagé. Dans sa réponse, l'Union suisse du commerce et de l'industrie, l'association faîtière qui représente l'industrie suisse, met en exergue le conflit entre les buts environnementaux et la sécurité d'approvisionnement du pays en essence, du moment où la sans-plomb serait introduite de manière unilatérale.[95] Comme le résume la *Basler Zeitung*, pour bien des milieux intéressés, «Alleingang kostet Geld».[96] En

93 *Idem.*

94 Klebaner, Normes environnementales européennes, p. 30–33.

95 AfZ, IB Vorort-Archiv, 117.3.1. Jetzer, Rühl, Vorort des SHIV, Herabsetzung des Bleigehaltes im Superbenzin; Aenderung der Verordnung über verbotene giftige Stoffe, Art. 2a., 09 octobre 1978.

96 Alleingang kostet Geld, in: Basler Zeitung, 19 mars 1981.

outre, au sein de l'Administration fédérale, les fonctionnaires chargés de la politique commerciale suisse au sein de la Division du commerce s'opposent avec véhémence aux efforts de l'Office fédéral de l'environnement.[97] En effet, la Division du commerce qui s'était jusqu'alors peu souciée de la question des normes environnementales, comprend rapidement que la Commission européenne et certains des États membres, en premier lieu la France et l'Italie, sont très critiques envers la Suisse car ces nouvelles normes favoriseraient les constructeurs japonais et américains. Les nouvelles limites d'émissions se voient donc dénoncées comme «un moyen de discrimination arbitraire [et] une restriction déguisée dans le commerce entre les parties contractantes», au moment même où les diplomates helvétiques négocient au cas par cas l'abaissement des barrières non-tarifaires en vertu de l'accord de libre-échange ratifié entre la Suisse et la CEE en 1972.[98] La Commission européenne émet un avis sur la future législation suisse en relativisant les risques pour la santé et en soulignant la dépendance en matière d'approvisionnement envers ses voisins, mettant bien en lumière le verrou technique:

> L'évaluation des risques réels pour la santé publique dus aux gaz nocifs émis par les véhicules automobiles demeure assez subjective en raison essentiellement de l'insuffisance de connaissances qui règne encore dans ce domaine. […] Les dispositifs catalytiques utilisés actuellement en série aux USA et au Japon exigent l'emploi d'essence sans additifs plombifères, pour assurer leur efficacité pendant une durée de vie acceptable. Il s'agira donc pour la Suisse, au cas où elle devrait avoir recours à ce type de catalyseurs, de s'approvisionner en essence sans plomb, d'une qualité suffisante pour permettre le fonctionnement sans problèmes des moteurs des voitures sur son marché. Dans aucun pays européen l'essence sans plomb est actuellement produite, ou son introduction prévue avant la fin de cette décennie.[99]

97 AFS, E3363 A#2006/82#245*, Handelsabteilung EVD, Dienst für internationale Industrie und Energiefragen, Fragen im Zusammenhang mit den Ausführungen der Abteilung für Luftreinhaltung (AL) des Amtes für Umweltschutz (Beilagen von 22. November 1978), 7 décembre 1978.

98 AfZ, IB Vorort-Archiv, 117.3.2. P. Duchateau, Commission des communautés européennes, Direction générale des relations extérieures, à l'Ambassadeur P. Cuenoud, Chef de la Mission de Suisse auprès des Communautés européennes, 12 juin 1981.

99 AfZ, IB Vorort-Archiv, 117.3.2. Commentaire des Communautés Européennes au sujet de la modification des prescriptions sur les gaz d'échappement des véhicules auto-

La CEE demande donc à la Suisse de «réexaminer le projet à la lumière de nos préoccupations, dans l'esprit des principes de notre Accord de libre-échange, ainsi que de l'interdépendance et de la coopération croissante entre la Suisse et la Communauté.»[100]

Le fait que les normes environnementales sont interprétées comme des mesures protectionnistes inquiète l'industrie d'exportation helvétique. Ainsi, bien qu'il n'existe pas en Suisse d'intérêts automobiles du côté de la production (à l'exception de l'entreprise de camion Saurer et de la filiale General Motors à Bienne qui ferme en 1975), l'industrie est globalement hostile aux normes d'émissions en raison des mesures de rétorsion qu'elles pourraient susciter du point de vue commercial.[101] Cette opposition des milieux économiques helvétiques et de la Division du commerce, ainsi que les menaces formulées par la Commission européenne et certains États voisins contribuent à un report de l'entrée en vigueur des normes d'émissions envisagées en 1982 pour 1986 et de facto rendent l'introduction de l'essence sans plomb moins urgente.

La pression politique des milieux pro-environnementaux sur le Conseil fédéral ne disparaît néanmoins pas et les critiques se voient même renforcées en raison du phénomène de *Waldsterben*. Les scientifiques attribuent le dépérissement des forêts qui touche particulièrement les pays scandinaves, l'Allemagne et la Suisse, aux émissions industrielles et automobiles. Sous la pression de l'opinion publique et faisant fi des blocages au niveau européen, l'Allemagne annonce en 1983 sa résolution à introduire l'essence sans plomb. Les pays les plus progressistes, en particulier la Suisse, la Suède et l'Allemagne intensifient leur collaboration pour préparer logistiquement le contrôle des normes d'émissions plus restrictives, ainsi que pour faciliter

mobiles, figurant dans l'ordonnance suisse du 27 août 1969 sur la construction et l'équipement des véhicules routiers (OCE), Bruxelles, 22 mai 1981.

100 AfZ, IB Vorort-Archiv, 117.3.2. P. Duchateau, Commission des communautés européennes, Direction générale des relations extérieures, à l'Ambassadeur P. Cuenoud, Chef de la Mission de Suisse auprès des Communautés européennes, 12 juin 1981.

101 Sabine Pitteloud, Delay and Dilution in the Implementation of Environmental Norms: Business Groups and the Regulation of Car Emissions in Switzerland in the 1970s–1980s, in: Working Paper, Paul Bairoch Institute of Economic History (2020), p. 9–10.

l'introduction à large échelle de l'essence sans plomb.[102] Cette coopération permet de montrer l'émergence d'un front commun et de relativiser les critiques insistant sur les répercussions négatives d'un «Alleingang». De plus, elle favorise l'échange international d'expertise qui permet de contrer une partie des objections techniques.[103]

Finalement, à partir de la seconde moitié des années 1980, les milieux initialement les plus hostiles, à savoir les importateurs de voitures et de pétrole, ont eu tout le loisir de s'adapter et abandonnent progressivement leur opposition de principe. Les normes environnementales et de santé publique suivent donc la lente volonté d'adaptation des milieux économiques, alors que les solutions techniques existent déjà. Le vice-directeur de Shell Suisse, dans un discours adressé à l'ACS, salue la volonté d'interdire l'essence plombée ainsi que l'introduction des nouvelles limites d'émission pour le NOx, le CO et le SO_2 en 1987.[104] À la fin 1984, le Conseil fédéral prononce enfin l'interdiction de la vente de l'essence Normale et ordonne la limitation de la teneur en plomb à 13 milligrammes pour la Super.[105] Les automobiles à catalyseur pénètrent sur le marché suisse dès 1985, soit plus de treize ans après les débuts de leur commercialisation aux États-Unis. L'on peut à ce titre parler d'une décennie perdue par rapport aux ambitions de l'initiative Albatros.[106] En 1987, l'heure est au bilan, et de l'aveu même de l'Association des importateurs suisses d'automobiles (AISA), les nouvelles normes n'ont nullement impacté l'importation de véhicules qui bat des records.[107] En outre, les trajectoires politiques passées engendrent une certaine inertie: en 1986, seule une voiture sur cinq roule à l'essence sans

102 AFS, E3363 A#2006/82#244, Bundesamt für Umweltschutz, Bericht über das Informationsgespräch zwischen Vertretern von Schweden, Norwegen, Kanada und der Schweiz über Fragen des Bleibenzins und der Autoabgase in Genf, 15 février, 1980.

103 Näsman and Pitteloud, The Power and Limits of Expertise, p. 256.

104 AFS, E3363 A#2006/82#240*, ACS Automobil Club der Schweiz, Vortrag von Werner V. Hofman, Vize-Direktor Shell Switzerland, Bleifreies Benzin, 24 octobre 1984.

105 Breu [et al.], Vom Tiger im Tank, p. 207.

106 Pitteloud, Delay and Dilution, p. 12.

107 Les importateurs de voitures espèrent une année record, in: Journal de Genève, 14 septembre 1988.

plomb.[108] L'Allemagne abandonne définitivement la vente d'essence plombée en 1996 et la Suisse, ne se risquant plus à un «Sonderfall», en interdit l'usage dès le 1er janvier 2000 en même temps que les autres pays européens.

Conclusion

«L'époque de l'essence au plomb est révolue, une menace majeure pour la santé des êtres humains et de la planète est ainsi éliminée.»[109] C'est par cette phrase que le Programme des Nations Unies pour l'environnement (PNUE) annonçait en 2021 l'interdiction généralisée de l'essence plombée au niveau mondial dans un communiqué publié à la suite de la décision de l'Algérie, dernier pays à franchir le pas. La directrice du PNUE, Inger Andersen, se réjouissait alors du «fait qu'une alliance de gouvernements, d'entreprises et d'organisations de la société civile [...] ait réussi à débarrasser le monde de ce carburant toxique témoign[ant] du pouvoir du multilatéralisme pour faire avancer le monde vers la durabilité et un avenir plus propre et plus vert.»[110] Le PNUE célébrait donc cette interdiction comme un succès qui devait permettre de prévenir 1,2 million de décès prématurés par an et de faire économiser 2 450 milliards à l'économie mondiale. L'éclairage historique apporté par cet article amène à réévaluer ce narratif de succès et de progrès sanitaro-environnemental sous divers aspects.

Premièrement, en termes de narratif, l'histoire du plomb relève davantage de la construction d'une tolérance sociétale et politique à ce poison, plutôt que d'une introduction malencontreuse et accidentelle de ce toxique, dont les effets délétères se verraient corrigés une fois la prise de conscience environnementale et sanitaire effectuée. Le cas helvétique est emblématique à cet égard puisque la Confédération décida de bannir l'ajout de plomb à l'essence en 1925 en raison de sa dangerosité, avant de le réautoriser en 1947. Le toxicologue zurichois Heinrich Zangger, parmi d'autres chercheurs et chercheuses, alerta en effet sur les dangers du plomb pour la santé publique

108 Breu [et al.], Vom Tiger im Tank, p. 207.

109 UNEP, Communiqué de presse, https://www.unep.org/fr/actualites-et-recits/communique-de-presse/lepoque-de-lessence-au-plomb-est-revolue-une-menace (26.9.2023).

110 *Idem.*

dès les années 1920. La généralisation de l'additif au plomb engendrera par la suite une contamination massive et mondiale, si bien qu'en 1983, une étude britannique concluait: «It is doubtful whether any part of the earth's surface or any form of life remains uncontaminated by anthropogenic [man-made] lead.»[111] La trajectoire décrite relève donc davantage du syndrome du pompier pyromane que du régulateur éclairé.

Deuxièmement, si le communiqué du PNUE célébrait le rôle des différentes parties prenantes dans le règlement du problème, y compris celui des entreprises, l'analyse des sources historiques dévoile l'importance des intérêts économiques et commerciaux pour expliquer la tolérance des autorités au poison et l'inertie politique en la matière qui s'étale sur plusieurs décennies. General Motors fut à l'origine de l'ajout de plomb à l'essence qui augmentait la puissance des moteurs, et a œuvré à en faire un succès commercial en brevetant l'essence plombée et en créant l'Ethyl Corporation en coopération avec DuPont et la Standard Oil pour la diffuser. Les entreprises intéressées travaillèrent à son acceptation politique par le lobbying au travers de la Lead Industries Association et par le financement de contre-expertises. La fabrique du doute empoisonna durablement les débats politiques, où tout opposant à la régulation pouvait faire valoir le manque de consensus scientifique. De plus, une fois l'essence plombée devenue la norme en Europe et dans le monde, en raison notamment de l'hégémonie économique américaine, ainsi que du commerce et des investissements directs à l'étranger opérés par les constructeurs automobiles, les intérêts économiques et commerciaux contribuèrent durablement à la préservation de ce toxique statu quo. Les automobilistes et leurs associations de consommateurs, à l'instar du TCS et de l'ACS en Suisse, sans systématiquement nier la dangerosité du plomb, défendirent son utilisation au nom du progrès technique, inéluctablement accompagné de quelques nuisances dont il s'agissait de s'accommoder. Et lorsque les critiques furent de plus en plus importantes dans l'arène publique dans les années 1970, les importateurs de pétrole et d'automobiles firent planer la menace des surcoûts et brandissaient la crise économique et les chocs pétroliers pour faire craindre des pertes d'emplois et un risque de pénurie énergétique. Même sans industrie automo-

111 Report by Britain's Royal Commission on Environmental Pollution, 1983.

bile en Suisse, les milieux d'exportation adoptèrent une opposition de principe aux normes environnementales du moment où celles-ci seraient appliquées unilatéralement par la Suisse, car ils les assimilaient à des barrières non-tarifaires contrevenant au libre-échange. Les entreprises ont donc assurément été des parties prenantes, comme le soulignait le PNUE, mais ont-elles pour autant été des partenaires crédibles dans la recherche de solutions? Cet exemple dévoile plutôt que leur participation au jeu politique s'apparentait pendant longtemps à de la pure et simple obstruction. Par ailleurs, quand enfin, l'industrie automobile avait pris le pli de l'essence sans plomb, elle a utilisé ce revirement comme argument de vente. Désormais équipées d'un catalyseur, les voitures auraient ainsi «satisfait aux plus rudes impératifs de dépollution» clame par exemple BMW en 1984, diffusant une rhétorique techno-solutioniste.[112] Le parc automobile a alors été entièrement renouvelé au profit de la santé publique certes, mais surtout au profit des constructeurs.

Troisièmement, outre les acteurs économiques, le PNUE mettait en avant l'action décisive des gouvernements et de la société civile. L'exemple de la régulation de l'essence plombée rend néanmoins compte de certaines limites des démocraties libérales, et en particulier, du système politique suisse, pour administrer les pollutions. En tant qu'État historiquement dominé par les partis bourgeois, la consultation des groupes d'intérêts économiques y était très bien institutionnalisée. Ils furent ainsi associés aux travaux des commissions extra-parlementaires, auditionnés et consultés durant le processus législatif et jouirent de liens privilégiés avec certains offices de l'administration, notamment la Division du commerce. En outre, il n'existait pas de hiérarchie entre différents types d'expertise et d'enjeux, qu'ils fussent économiques, énergétiques, environnementaux ou de santé publique, si bien que dans le système de consultation à la sauce helvétique, ce fut finalement l'intérêt qui fit l'expert. La voix des scientifiques n'en était donc qu'une parmi d'autres, et ne pesa souvent que peu face aux choix décrits comme «pragmatiques» et justifiés par la raison économique. De surcroit, l'institutionnalisation de différentes commissions dénuées de pou-

112 «La voiture ou l'environnement? Si vous préférez opposer des techniques innovatrices plutôt que des jérémiades aux défis actuels, le moment est venu de tester une BMW», Publicité pour BMW, *L'Hebdo*, 8 novembre 1984.

voir exécutif, mais mandatées pour étudier la question des pollutions joua un rôle très ambivalent. Elles servirent notamment à montrer une mobilisation des autorités politiques, tout en perpétuant l'idée que des connaissances supplémentaires étaient nécessaires avant d'agir. Cette manière de procéder s'apparenta donc à un «gouvernement de la critique» contribuant *in fine* à la briser et à retarder l'action politique. Cette histoire de la régulation du plomb met néanmoins en lumière l'intérêt de l'initiative populaire pour (re)politiser les enjeux environnementaux et de santé publique, sans pour autant garantir que les engagements politiques fussent tenus. En définitive, bien que les gouvernements apparaissaient comme l'ancre de salut pour réguler les externalités qui découlent des logiques d'exploitations capitalistes, le jeu politique fut en partie pipé par des intérêts (économiques) jugés plus importants que d'autres (environnementaux).

Quatrième observation, les jeux d'échelles et les imbrications législatives furent cruciaux pour expliquer la trajectoire historique de la régulation de l'essence plombée. À cet égard, le constat du PNUE qui louait «le pouvoir du multilatéralisme pour faire avancer le monde vers la durabilité et un avenir plus propre et plus vert»[113] détonne quelque peu avec l'analyse historique du cas suisse, puisque l'«Alleingang» aurait été souhaitable d'un point de vue sanitaro-environnemental. Celui-ci se révéla néanmoins extrêmement difficile à poursuivre en raison de la dépendance commerciale et énergétique de la Suisse. En outre, les arènes multilatérales, y compris au sein du système onusien avec l'UNECE, montrèrent leurs limites pour réguler les pollutions liées à l'automobile puisque les solutions trouvées n'équivalaient que trop souvent aux plus petits dénominateurs communs, les États membres ayant à cœur de défendre leurs constructeurs nationaux. Les pressions exercées par la CEE et certains États voisins invoquant la primauté des accords de libre-échange sur les normes environnementales contribuèrent également à freiner la volonté politique en Suisse. Pour ne rien arranger, la nécessité d'introduire l'essence sans plomb en Europe était étroitement liée à la possibilité de réguler d'autres toxiques contenus dans les émissions automobiles en adoptant les catalyseurs. Ainsi, les retards en la matière participèrent à cimenter

113 UNEP, Communiqué de presse, https://www.unep.org/fr/actualites-et-recits/communique-de-presse/lepoque-de-lessence-au-plomb-est-revolue-une-menace (26.9.2023).

un verrou socio-technique qui freina l'adoption de la technologie la moins polluante. Si le tableau n'est pas totalement sombre, puisque la coopération avec les États plus progressistes tels que la Suède et l'Allemagne facilita logistiquement l'implémentation des nouvelles normes, c'est l'image d'inertie qui prime. La *path dependency* joua de toute sa pesanteur dans cette histoire, puisqu'une fois que la tolérance à l'essence au plomb fut institutionnalisée politiquement, elle imprégna au niveau européen les modèles économiques, de transports et d'approvisionnement énergique, rendant tout renoncement complexe et coûteux.

En définitive, cette analyse de l'histoire de l'essence plombée en Suisse invite donc à revisiter de manière critique le récit linéaire de succès des régulations des toxiques à la suite de la prise de conscience environnementale des années 1970 et à proposer une chronologie qui se révèle bien plus chaotique, pour reprendre les mots de Judith Rainhorn. En outre, si le plomb disparaît progressivement des gaz d'échappement à mesure du renouvellement du parc automobile, sa pollution de l'environnement et des corps nous accompagnera sans doute à jamais. Enfin, le plomb s'apparente à un arbre qui cache la forêt aux vues des enjeux environnementaux contemporains qui résultent du nombre incommensurable de composants toxiques déversés dans le cadre du fonctionnement quotidien des économies. Sans parler du fléau sans doute le plus important car son émission massive va jusqu'à menacer la vie humaine sur la planète: le CO_2. Cette histoire du plomb peut nous inquiéter d'autant plus que son éradication aurait dû être aisée en comparaison de celle d'autres polluants: sa dangerosité était reconnue dès le départ, il existait des technologies alternatives et il était possible de s'en passer sans repenser fondamentalement le système de transports et d'approvisionnement énergétique. Une victoire sanitaire et environnementale à la Pyrrhus?

Notices biographiques des éditrices et éditeurs du volume

Nicolas Chachereau est assistant (post-doc) au Département d'histoire de l'Université de Bâle et collaborateur scientifique au Laboratoire d'histoire des sciences et des techniques de l'École polytechnique fédérale de Lausanne. Ses recherches se situent aux croisements de l'histoire des techniques, de l'économie et de la politique. Après avoir étudié la mise en place d'une législation sur les brevets d'invention en Suisse, il s'intéresse désormais à la construction d'infrastructures pétrolières en Europe de l'Ouest après 1945.
nicolas@nchachereau.ch

Alexandre Elsig est maître d'enseignement et de recherche en histoire environnementale à l'Université de Neuchâtel. Ses travaux portent principalement sur les modes de production des savoirs dans des contextes de controverse et de conflit, qu'il s'agisse des stratégies de propagande déployées pendant la Première Guerre mondiale, des phénomènes de pollution dans les vallées alpines de la deuxième industrialisation ou de la détermination et de l'application des normes écotoxicologiques dans le second après-guerre.
alexandre.elsig@unine.ch

Sabine Pitteloud est professeure assistante en histoire contemporaine à UniDistance Suisse. Elle est également co-rédactrice en chef de la revue *Entreprises et histoire.* Ses recherches portent sur l'histoire politique du capitalisme. Elle a en particulier étudié le rôle politique des entreprises multinationales et leur régulation en Suisse et à l'international. Actuellement, elle mène un nouveau projet de recherche qui analyse l'implication des associations patronales européennes dans la gouvernance environnementale après 1945.
sabine.pitteloud@unidistance.ch

Tiphaine Robert est maîtresse d'enseignement et de recherche suppléante à l'Université de Lausanne et chargée de cours à UniDistance Suisse. Dans le sillage du projet FNS Postdoc.Mobility «L'auto autocrate? Une histoire politique de la voiture en Suisse [1950–2000]» (Laboratoire de sociologie

urbaine, EPFL; Rachel Carson Center, Munich; Université de Lyon), elle travaille sur l'histoire de la motorisation dans une perspective d'histoire environnementale. Elle a obtenu une bourse FNS Ambizione (Université de Berne) pour un nouveau projet portant sur le mobilité piétonne à l'ère automobile.
tiphaine.robert@unidistance.ch

Notices biographiques des auteur·e·s

Claudia Aufdermauer, freiberufliche Historikerin und Autorin, ehemalige wissenschaftliche Mitarbeiterin der Alfred Escher-Stiftung. Sie ist Co-Autorin der Biografie von Bundesrat Emil Welti und interessiert sich insbesondere für das 19. Jahrhundert. 2024 erschien im Verlag Hier und Jetzt ihr Buch «Vergiftete Schweiz. Eine andere Geschichte der Industrialisierung». Homepage: https://www.geschichteschreiben.ch.
claudia.aufdermauer@icloud.com

Samuel Beroud est chercheur postdoctoral au Ronald Reagan Institute et au Woodroow Wilson International Center for Scholars, tous deux à Washington D.C. Il a obtenu son doctorat en histoire économique à l'Université de Genève en 2021 et a étudié à l'Université de Lausanne, Columbia University, Sciences Po, Paris, et London School of Economics. Il a également travaillé au Graduate Insitute de Genève et à l'Université de Jyväskylä.
samuel.beroud@gmail.com

Nicolas Chachereau est assistant (post-doc) au Département d'histoire de l'Université de Bâle et collaborateur scientifique au Laboratoire d'histoire des sciences et des techniques de l'École polytechnique fédérale de Lausanne. Ses recherches se situent aux croisements de l'histoire des techniques, de l'économie et de la politique. Après avoir étudié la mise en place d'une législation sur les brevets d'invention en Suisse, il s'intéresse désormais à la construction d'infrastructures pétrolières en Europe de l'Ouest après 1945.
nicolas@nchachereau.ch

Alexandre Elsig est maître d'enseignement et de recherche en histoire environnementale à l'Université de Neuchâtel. Ses travaux portent principalement sur les modes de production des savoirs dans des contextes de controverse et de conflit, qu'il s'agisse des stratégies de propagande déployées pendant la Première Guerre mondiale, des phénomènes de pollution dans les vallées alpines de la deuxième industrialisation ou de la détermination et de l'application des normes écotoxicologiques dans le second après-guerre.
alexandre.elsig@unine.ch

Irene Pallua ist Doktorandin am Institut für Geschichte und Europäische Ethnologie an der Universität Innsbruck, wo sie als wissenschaftliche Mitarbeiterin tätig war. Ihr Hauptforschungsinteresse gilt der Geschichte der Energie an der Schnittstelle von Technik, Gesellschaft und Umwelt. In ihrem Dissertationsprojekt behandelt sie die Geschichte des Heizens in der Schweiz zwischen 1850 und 1980, wobei sie sich besonders auf das Fortbestehen und den Wandel von Heizungspraktiken konzentriert.
irene.pallua@gmail.com

Sabine Pitteloud est professeure assistante en histoire contemporaine à UniDistance Suisse. Elle est également co-rédactrice en chef de la revue *Entreprises et histoire.* Ses recherches portent sur l'histoire politique du capitalisme. Elle a en particulier étudié le rôle politique des entreprises multinationales et leur régulation en Suisse et à l'international. Actuellement, elle mène un nouveau projet de recherche qui analyse l'implication des associations patronales européennes dans la gouvernance environnementale après 1945.
sabine.pitteloud@unidistance.ch

Tiphaine Robert est maîtresse d'enseignement et de recherche suppléante à l'Université de Lausanne et chargée de cours à UniDistance Suisse. Dans le sillage du projet FNS Postdoc.Mobility «L'auto autocrate? Une histoire politique de la voiture en Suisse [1950–2000]» (Laboratoire de sociologie urbaine, EPFL; Rachel Carson Center, Munich; Université de Lyon), elle travaille sur l'histoire de la motorisation dans une perspective d'histoire environnementale. Elle a obtenu une bourse FNS Ambizione (Université de Berne) pour un nouveau projet portant sur le mobilité piétonne à l'ère automobile.
tiphaine.robert@unidistance.ch